高等职业教育系列教材

Photoshop CC 视觉设计案例教程

主　编　林道贵
副主编　陈　昶　李　夏　鲁　芮　王　敏
参　编　林振忠　薛莹莹　魏丽芬　王海梦　丘　烽
主　审　张秀玉

机械工业出版社

本书全面系统地介绍了 Photoshop CC 2017 的基本操作方法及图像制作技巧，内容包括 Photoshop CC 2017 的工作区域和基本操作、工具的使用方法与技巧、图层的概念及应用、图像色彩的调节、通道与蒙版的使用、路径与动作、滤镜的应用、文字的创建与效果设计、视频动画。本书从基本操作及色彩知识入手，将软件技术与美学结合起来，每章均以案例目标引入，结合具体案例实践，详细阐述完成该案例所需要用到的相关知识点。

本书配有 34 个二维码资源，读者可扫描二维码观看视频进行深入学习。

本书是一本理论与案例实践紧密结合的教材，可以作为职业院校平面广告设计、虚拟现实、数字媒体、数字展示技术、影视动画等专业课程用书。

读者可扫描本书封底“IT”字样的二维码，关注后输入本书书号中的 5 位数字（62878）获取本书电子资源的下载链接，本书电子资源包括二维码视频、素材、电子课件。

图书在版编目（CIP）数据

Photoshop CC 视觉设计案例教程 / 林道贵主编. —北京：机械工业出版社，2019.3（2021.7 重印）
高等职业教育系列教材

ISBN 978-7-111-62878-1

Ⅰ. ①P… Ⅱ. ①林… Ⅲ. ①图像处理软件－高等职业教育－教材
Ⅳ. ①TP391.413

中国版本图书馆 CIP 数据核字（2019）第 097970 号

机械工业出版社（北京市百万庄大街 22 号　邮政编码 100037）
策划编辑：李文轶　　责任编辑：李文轶
责任校对：张艳霞　　责任印制：张　博
涿州市般润文化传播有限公司印刷

2021 年 7 月第 1 版 • 第 2 次印刷
184mm×260mm • 16.75 印张 • 323 千字
2501－4000 册
标准书号：ISBN 978-7-111-62878-1
定价：49.90 元

电话服务
客服电话：010-88361066
010-88379833
010-68326294

网络服务
机　工　官　网：www.cmpbook.com
机　工　官　博：weibo.com/cmp1952
金　　书　　网：www.golden-book.com
机工教育服务网：www.cmpedu.com

前　言

Photoshop CC 2017 的功能强大，易学易用，深受广大图像处理爱好者和平面设计人员的喜爱。Photoshop 是 Adobe 公司开发的图形图像处理软件，广泛应用于海报、网页、包装、装潢、广告宣传等平面设计和服装设计，以及虚拟现实、数字展示、多媒体设计、动画制作和出版印刷等领域。Photoshop CC 2017 和以往版本相比，增加了搜索功能，支持 emoji 表情包在内的 SVG 字体，同时在人脸识别的基础上引入了智能的人脸识别液化滤镜等新功能，为用户进行平面设计提供了更好的设计集成环境。本书对 Photoshop CC 2017 新增加的功能进行了重点讲述。

本书从案例的设计创意、完成本案例需掌握的知识、案例的具体操作步骤这 3 个方面展开，共分 9 个章节：第 1 章和第 2 章为 Photoshop 软件的基础部分，分别讲述了 Photoshop CC 2017 的工作区域和基本操作、工具的使用方法与技巧；第 3～7 章为 Photoshop 主要功能的介绍，分别对图层的概念及应用、图像色彩的调节、通道与蒙版的使用、路径与动作、滤镜的应用，按由浅入深、循序渐进的思路进行讲述；第 8 章和第 9 章为 Photoshop 的综合应用及扩展，分别讲述文字的创建与效果设计、视频动画。本书涵盖了 Photoshop CC 2017 软件中的常用命令，除了对命令、工具进行详细讲解外，还运用了大量典型案例进行实际操作的练习。

本书是机械工业出版社组织出版的“高等职业教育系列教材”之一，由福建信息职业技术学院林道贵组织编写，并负责总体修改和统稿。其中，第 1、3 章由陈昶编写，第 6 章由闽江学院软件学院的薛莹莹编写，第 4、7 章由郑州信息科技职业学院的鲁芮编写，第 5 章由福建第二轻工业学校的丘烽、林道贵编写，第 2、9 章由福建信息职业技术学院的李夏编写，第 8 章由福建信息职业技术学院的王海梦编写。福建船政交通职业学院的王敏、泉州工艺美术学院的林振忠、福建信息职业技术学院的魏丽芬、戴复璟、林宏鸿参与了教材资料整理工作，福建信息职业技术学院的张秀玉作为主审，提出了许多宝贵的建议，在此一并表示诚挚的感谢。

读者可扫描书中二维码观看案例操作的视频（34 个）。读者可扫描本书封底“IT”字样的二维码，关注后输入本书书号中的五位数字（62878）获取本书电子资源的下载链接，本书电子资源包括二维码视频、素材、电子课件。

由于作者的水平有限，书中难免存在不足，恳请广大读者批评指正。

编　者

目　录

第 1 章　Photoshop CC 2017 的工作区域和基本操作

【教学目标】

通过本章的学习，读者可对彩色和图像的基本知识有一个基本的了解和认识，对 Photoshop CC 2017 软件的操作界面、工作区域及工具箱有比较全面的了解。本章将对 Photoshop CC 2017 的工作区域及基本操作进行详细讲解；并对 Photoshop CC 2017 新增加的功能进行介绍。本章知识要点、能力要求及相关知识如表 1-1 所示。读者通过本章的学习，能够较好地掌握软件的基本操作。

【教学要求】

表 1-1　本章知识要点、能力要求及相关知识

知 识 要 点	能 力 要 求	相 关 知 识
彩色和图像的基本知识	理解	图像的分类、主要参数、颜色模式和图像文件格式等
Photoshop 基本操作	掌握	文件的基本操作、图像的基本操作
网页横幅制作	掌握	图片大小处理、裁剪工具
Photoshop CC 2017 新增功能	了解	svg 字体、人脸识别液化滤镜、搜索功能、增强的属性面板、强化的抠图功能等

【设计案例】

（1）“福建景点”网页横幅

（2）色环及三原色混色

（3）“天天留影”电子相册封面

1.1　色彩和图像的基本知识

1.1.1　色彩的基本知识

为什么要学色彩的基本知识？

色彩的基本知识非常重要，只有学好色彩的基本知识，才能在作品中进行很好的色彩搭配，做出标识性强、具有视觉冲击力的作品来。

什么是色彩？人是如何感受到色彩的？

色彩是人类对光的视觉效应。当物象受光照射后，其信息通过视网膜，再经过视觉神经传达到大脑的视觉中枢，人类才会看到色彩。因此，经过光、眼睛、大脑 3 个环节，人类才能感受到色彩。

什么叫作色彩构成？

将两个以上的色彩根据不同的要求按照色彩规律的原则重新组合搭配，构成新的色彩关系，就叫作色彩构成。

人要看到色彩必须要有光。光从哪里来呢？这就需要有光源。

1．光源

光源分自然光源（如太阳光）和人造光源（如灯光），自然光源就是依靠自身的资源发光的物体（如太阳）。

2．物体色和固有色

物体本身不会发光，光源色经物体表面的吸收、反射，反映到视觉中产生光色感觉，人们才能看到它。

物体在自然光照下，只反射其中一种波长的光，而其他波长的光全部吸收，这个物体则呈现反射光的颜色。如果某一物体反射所有色光，那么人们便感觉这个物体是白色的。如果把光全部吸收，那么就呈现黑色。实际上，现实生活中的颜色是极其丰富的，各种物体不可能单纯反射一种波长的光，只能说对某一种波长的光反射得多，而对其他波长的光按不同比例反射得少。因此，物体的颜色不是一种绝对标准的颜色，而是倾向某一种颜色，同时又具有其他色光的成分。总之，物体的色彩是受光源的色彩和该物体的吸收与反射能力所决定的。图 1-1 展示了光源色、固有色和环境色对物体色的影响。

图 1-1　光源色、固有色和环境色对物体色的影响

3．色彩的三要素

色彩的三要素是指色相、纯度（即饱和度）、明度。

（1）色相

色相就是颜色的相貌。色相是与颜色主波长有关的颜色特性。从实验中知道，不同波长的可见光具有不同的颜色。众多波长的光以不同比例混合可以形成各种各样的颜色，但只要波长组成情况一定，颜色就确定了。非彩色（黑、白、灰色）不存在色相属性，色彩（红、橙、黄、绿、青、蓝、紫等）都是表示颜色外貌的属性。有时色相也称为色调。

（2）纯度（即饱和度）

纯度指颜色的强度，表示色相中灰色成分所占的比例，用 0～100（纯色）来表示。

（3）明度

明度是颜色的相对明暗程度，通常用 0（黑）～100（白）来度量。

色环（色相环）是一种圆形排列的色相光谱，色环图如图 1-2、图 1-3 所示。

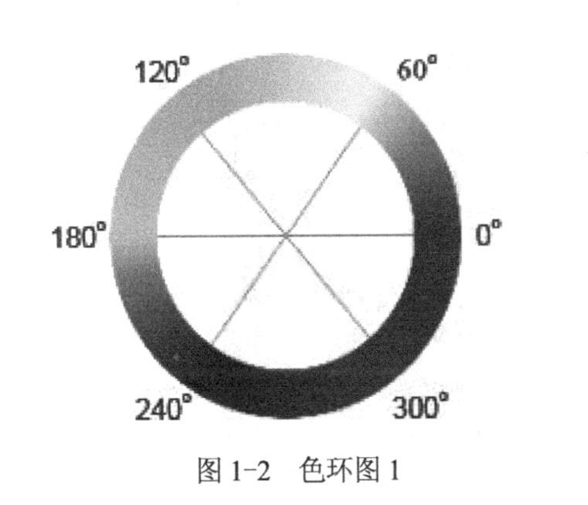

图 1-2　色环图 1

图 1-3　色环图 2

4．色彩的混合

色彩有 3 种混合方式：加法混合、减法混合、中性混合。

（1）原色

不能用其他色混合而成的色彩叫作原色。用原色却可以混出其他色彩。

原色有两个系统，一种是色光的三原色，另一种是色素三原色。

色光的三原色：红光（Red）、绿光（Green）、蓝光（Blue）。色光的三原色可简写为 RGB。

色素的三原色：青色（Cyan）、品红（Magenta）、黄色（Yellow）。印刷中简写为 CMY。

（2）色彩的加法混合

加法混合指色光的混合。两色或多色光相混合，混合出的新色光，明度增高，因为新色光的明度是参加混合的各色光明度之和。参加混合的色光越多，混合出的新色的明度就越高。如果把各种色光全部混合在一起则成为极强白色光。这种混合叫作正混合或加法混合。

计算机显示器的色彩是通过加法混合叠加出来的，它能够显示出百万种色彩，其三原色是红（Red）、绿（Green）、蓝（Blue），所以称为 RGB 模式，其混合如图 1-4b 所示。

相近的两种颜色相混合必得到它们中间的那种颜色，即红色和绿色混合得到黄色。色环中相对的是互补色，互补色混合会得到白色。

（3）色彩的减法混合

减法混合即负混合，指色素的混合。色素的混合是明度降低的减光现象。颜料、染料、涂料等色素的性质与光谱上的单色光不同，是属于物体色的复色光，色料的显色是白光中的色光经部分反射与吸收的结果，是吸收部分相混合所产生的减光现象。

在理论上，将品红（Magenta）、黄色（Yellow）、青色（Cyan）3 种色素均匀混合时，3 种色光将全部被吸收，产生黑色。但在实际操作中，因色料含有杂质而形成棕褐色，所以加入了黑色颜料（Black），形成 CMYK 色彩模式，如图 1-4a 所示。这是计算机平面设计的专用色彩模式，在印前处理中有着非常重要的作用，是四色印刷的基础。

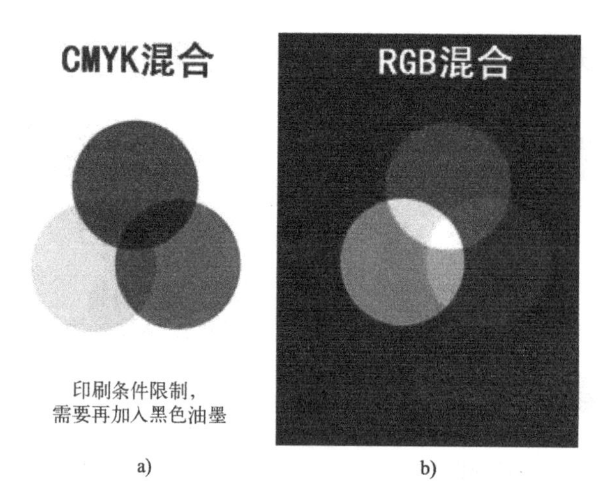

a)　　b)

图 1-4　CMYK 混合和 RGB 混合

a) CMYK 混合　b) RGB 混合

（4）色彩的中性混合

中性混合是基于人的视觉生理特征所产生的视觉色彩混合。它包括回旋板的混合方法（平均混合）与空间混合（并置混合）。回旋板的混合和空间混合实际上都是视网膜上的混合。

这两种混合均为中性混合，混合出的新色彩的明度基本等于参加混合的色彩的明度平均值。

1.1.2　图像的主要参数

1．分辨率

通常，可以将分辨率分为显示分辨率和图像分辨率两种。

（1）显示分辨率

显示分辨率（也叫作屏幕分辨率）指每个单位长度内显示的像素或点数的个数，通常以“点/英寸”（dot/inch）来表示。显示分辨率也可以描述为在屏幕的最大显示区域内水平与垂直方向的像素（pixel）或点的个数。例如，1024×768 像素的分辨率表示显示屏幕纵向有 768 行，每行有 1024 像素，即共有 768432 像素。屏幕可以显示的像素个数越多，图像就越清晰。

显示分辨率不但与显示器和显示卡的质量有关，而且还与显示模式的设置有关。选择 Windows 的“开始”→“设置”→“控制面板”命令，打开“控制面板”窗口，单击“调整屏幕分辨率”链接，打开“屏幕分辨率”对话框，如图 1-5 所示，单击“分辨

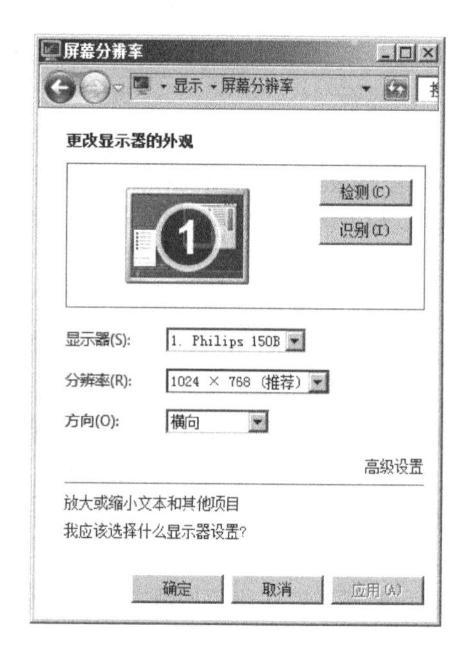

图 1-5 “屏幕分辨率”对话框

率”下拉按钮，可以调整显示分辨率。

（2）图像分辨率

图像分辨率指打印图像时每个单位长度上打印的像素个数，通常以“像素/英寸”（pixel/inch，ppi）来表示，也可以描述为组成一幅图像的像素个数。例如，800×600 像素的图像分辨率表示该幅图像有 600 行，每行 800 像素。它既反映了该图像的精细程度，又给出了该图像的大小。如果图像分辨率大于显示分辨率，则只会显示其中的一部分。在显示分辨率一定的情况下，图像分辨率越高，图像越清晰，图像的文件所占用的磁盘空间就会越大。

2．颜色深度

点阵图像中各像素的颜色信息用若干二进制数据来描述。二进制的位数即点阵图像的颜色深度，它决定了图像中可以出现的颜色的最大种类数。目前，颜色深度有 1、4、8、16、24、32 等。例如，颜色深度为 1 时，表示点阵图像中各像素的颜色只有 2^1（即 2）位，可以表示两种颜色（黑、白两色）；为 8 时，表示各像素的颜色为 8 位，可以表示 2^8（256）种颜色；为 24 时，表示各像素的颜色为 24 位，可以表示 2^{24}（16777216）种颜色。它用 3 个 8 位来分别表示 R、G、B 颜色，这种图像称为“真彩色图像”。颜色深度为 32 时，使用 3 个 8 位来分别表示 R、G、B 颜色，另一个 8 位用来表示图像的其他属性，如透明度等。

颜色深度不但与显示器和显示卡的质量、驱动程序有关，而且还与显示模式的设置有关。读者可以在“更改显示器的外观”对话框的“高级设置”中设置颜色深度。

1.1.3 数字图像的分类

1．点阵图

点阵图也称为“位图”，它由多种不同颜色和不同深浅的像素点组成。像素是组成图像的最小单位，许许多多的像素构成一幅完整的图像。在一幅图像中，像素越小，数量越多，则图像越清晰。在 Photoshop 软件中打开点阵图像，放大到 1600 倍时，可见到放大后的点阵图像明显是由像素组成的。如图 1-6a 所示。

点阵图的图像文件记录的是组成点阵图的各像素点的颜色和亮度信息。颜色的种类越多，组成图像的像素越多，图像文件越大。通常，点阵图可以表现得更自然、更逼真，更接近于实际观察到的真实画面。但图像文件一般比较大，在将其放大，尤其是放大较大倍数时，会产生锯齿状失真。

2．矢量图

通常把矢量图称为“图形”，矢量图使用直线和曲线来描述图形，这些图形的元素是一些点、线、矩形、多边形、圆和弧线等，它们都是通过数学公式计算获得的。显示矢量图时，需要相应的软件读取这些命令，并将命令转换为组成图形的各个图形元素。由于矢量图可通过公式计算获得，所以矢量图的体积一般较小。矢量图最大的优点是进行放大、缩小或旋转等操作时不会失真。最大的缺点是难以表现色彩层次丰富的逼真图像效果。Adobe 公司的 Illustrator、Corel 公司的 CorelDRAW 是众多矢量图形设计软件中的佼佼者。Flash 制作的动画也是矢量图动画。

矢量图与位图最大的区别是，它不受分辨率的影响。因此在印刷时，可以任意放大或缩小图形而不会影响出图的清晰度，可以按最高分辨率显示到输出设备上，如图 1-6b 所示。

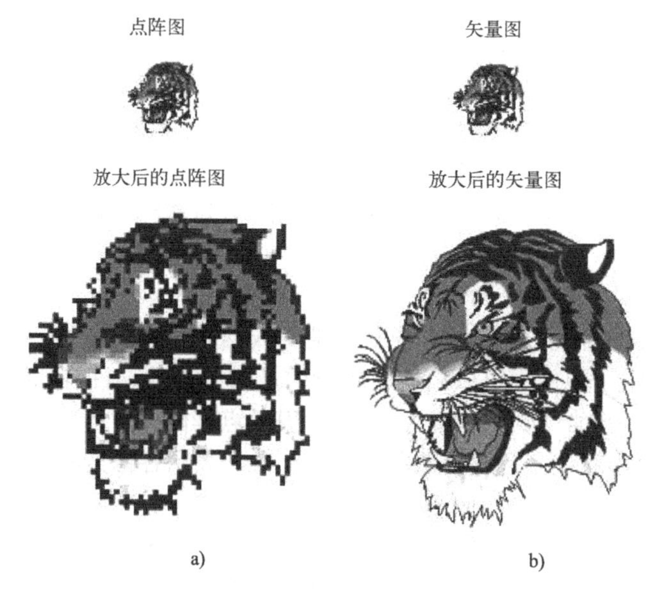

图 1-6　点阵图与矢量图

1.1.4　色彩模式和图像文件格式

1．色彩模式

色彩模式又称颜色模式，在 Photoshop 中，了解色彩模式的概念是很重要的，因为色彩模式决定显示和打印电子图像的色彩模型（简单说，色彩模型是用于表现颜色的一种数学算法），即一幅电子图像用什么样的方式在计算机中显示或打印输出。常见的色彩模式包括位图模式、灰度模式、双色调模式、HSB（色相、饱和度、亮度）模式、RGB（红、绿、蓝）模式、CMYK（青、品红、黄、黑）模式、Lab 模式、索引色模式、多通道模式及 8/16 位模式。每种模式的图像描述、重现色彩的原理及所能显示的颜色数量是不同的。

（1）HSB 模式

HSB 模式是基于人眼对色彩的观察来定义的。在此模式中，所有的颜色都用色相（色调）、饱和度、亮度 3 个特性来描述，具体可见 1.1.1 小节中的色彩三要素。

（2）RGB 模式

RGB 模式基于自然界中的 3 种基色光的混合原理，将红（Red）、绿（Green）和蓝（Blue）3 种基色按照从 0（黑）～255（白色）的亮度值在每个色阶中分配，从而指定其色彩。不同亮度的基色混合后，便会产生 256×256×256 种颜色，约为 1670 万种。例如一种明亮的红色，可能 R 值为 246，G 值为 20，B 值为 50。当 3 种基色的亮度值相等时，产生灰色；当 3 种亮度值都是 255 时，产生纯白色；而当所有亮度值都是 0 时，产生纯黑色。3 种色光混合生成的颜色一般比原来的颜色亮度值高，因此 RGB 模式产生颜色的方法又被称为色光加色法。

（3）CMYK 模式

CMYK 颜色模式是一种印刷模式。其中的 4 个字母分别指青（Cyan）、洋红

（Magenta）、黄（Yellow）、黑（Black），在印刷中代表4种颜色的油墨。CMYK模式与RGB模式相比，产生色彩的原理不同。在 RGB 模式中，由光源发出的色光混合生成颜色；在 CMYK 模式中，光线照到有不同比例 C、M、Y、K 油墨的纸上，部分光谱被吸收后，反射到人眼的光产生颜色。由于 C、M、Y、K 在混合成色时，随着 C、M、Y、K 这 4 种成分的增多，反射到人眼的光会越来越少，光线的亮度会越来越低，所以 CMYK 模式产生颜色的方法又被称为色光减色法。

（4）Lab 模式

Lab 模式的原型是 CIE 协会在 1931 年制定的一个衡量颜色的标准，在 1976 年被重新定义并命名为 CIELab。此模式解决了由于不同的显示器和打印设备所造成的颜色扶植的差异，也就是它不依赖于设备。

Lab 模式是以一个亮度分量 L 及两个颜色分量 a 和 b 来表示颜色的。其中，L 的取值范围是 0～100，a 分量代表由绿色到红色的光谱变化，而 b 分量代表由蓝色到黄色的光谱变化，a 和 b 的取值范围均为-120～120。

Lab 模式所包含的颜色范围最广，能够包含所有的 RGB 和 CMYK 模式中的颜色。CMYK 模式所包含的颜色最少，有些在屏幕上看到的颜色在印刷品上无法实现。

（5）其他颜色模式

除 HSB 模式、RGB 模式、CMYK 模式和 Lab 模式之外，Photoshop 还支持（或处理）其他的颜色模式。这些模式包括位图模式、灰度模式、双色调模式、索引色模式和多通道模式，并且这些颜色模式有其特殊的用途。例如，灰度模式的图像只有灰度值，而没有颜色信息；索引色模式尽管可以使用颜色，但最多只有 256 色，常用于颜色数较少的卡通图片或表情动画图片等。

2．图像文件格式

文件格式（File Formats）是一种将文件以不同方式进行保存的格式。对于图形图像，由于记录的内容和压缩方式不同，其文件格式也不同。不同的文件格式具有不同的文件扩展名，不同格式的图形图像文件都有不同的特点、产生背景和应用的范围。Photoshop 中主要包括固有格式（PSD）、常用格式（JPEG、PNG、TIFF、GIF、BMP、PDF、PICT、TGA）、不常用格式（Amiga IFF、PCX、Scitex CT）等。

（1）固有格式

Photoshop 的固有格式 PSD 体现了 Photoshop 独特的功能。例如，PSD 格式可以比其他格式更快速地打开和保存图像，很好地保存图层、蒙版，压缩方案不会导致数据丢失等。

（2）常用格式

1）JPEG 格式：JPEG（Joint Photographic Experts Group）是平时最常用的图像格式。它是一个最有效、最基本的有损压缩格式，被大多数图形处理软件所支持。JPEG 格式的图像还广泛用于 Web 的制作。如果对图像质量要求不高，但又要求存储大量图片，使用 JPEG 无疑是一个好办法。但是，如果进行图像输出打印，则最好不使用 JPEG 格式，因为它是以损坏图像质量为前提而提高压缩质量的，可以使用 EPS、DCS 这样的图形格式。

2）PNG 格式：PNG（Portable Network Graphics）是一种无损压缩的位图格式。其设计

目的是试图替代 GIF 和 TIFF 文件格式，同时增加一些 GIF 文件格式所不具备的特性。PNG 格式是专门为 Web 设计的，是一种将图像压缩到 Web 上的文件格式。和 GIF 格式不同的是，PNG 格式并不仅限于 256 色，其优点在于支持真彩和灰度级图像的同时，还支持 Alpha 通道的透明/半透明效果。

3）TIFF 格式：TIFF（Tag Image File Format，有标签的图像文件格式）格式是 Aldus 在苹果公司 Mac 机初期开发的，目的是使扫描图像标准化。它是跨越 Mac 与 PC 平台的应用最广泛的图像打印格式。TIFF 使用 LZW 无损压缩，大大减少了图像体积。另外，TIFF 格式的重要功能是可以保存通道，这对于处理图像是非常有好处的。

4）GIF 格式：GIF（Graphics Interchange Format）格式是网页图像最常采用的格式。GIF 采用 LZW 压缩，限定在 256 色以内。GIF 格式以 87a 和 89a 两种代码表示。GIF87a 严格支持不透明像素，而 GIF89a 则可以控制哪些区域透明，因此更大地缩小了 GIF 的尺寸。如果要使用 GIF 格式，就必须转换成索引色模式（Indexed Color），使色彩数目转换为 256 或更少。在 Photoshop 中，可使用“存储为 Web 所用格式”命令保存为 GIF 格式。

5）BMP 格式：BMP（Bitmap）是微软开发的 Microsoft Pain 的固有格式。这种格式被大多数软件所支持。BMP 格式采用了一种叫作 RLE 的无损压缩方式，对图像质量不会产生什么影响。

6）PDF 格式：PDF（Portable Document Format）是由 Adobe Systems 创建的一种文件格式，允许在屏幕上查看电子文档。PDF 文件还可被嵌入到 Wcb 的 HTML 文档中。

7）PICT 格式：PICT 是苹果公司 Mac 机上常见的数据文件格式之一。如果要将图像保存成一种能够在 Mac 上打开的格式，选择 PICT 格式要比 JPEG 好，因为它打开的速度相当快。另外，如果要在 PC 上用 Photoshop 打开一幅 Mac 上的 PICT 文件，建议在 PC 上安装 QuickTime，否则将不能打开 PICT 图像。

8）TGA 格式：TGA（Tagged Graphics）是由美国 Truevision 公司为支持图像行捕捉和本公司的显示卡而设计的一种图像文件格式。它支持任意大小的图像，图像的颜色为 1～32 位，具有很强的颜色表达能力。该格式已经广泛应用于真彩色扫描和动画设计领域，是一种国际通用的图像文件格式。简单地说，TGA 格式几乎没有压缩，所以文件一般很大（1MB 多）。关联的软件有 Photoshop、After Effect、Premiere 等。输出 TGA 格式为 AVI 或是 MPEG 文件，可以用 After Effect、Premiere 等软件。

1.2 Photoshop CC 2017 的工作区简介

1.2.1 菜单栏和快捷菜单

1. 工作区概述

读者可以从多个预设工作区中进行选择或创建自己的工作区来调整各个应用程序，以适合自己的工作方式。

虽然不同产品中的默认工作区布局不同，但是对其中元素的处理方式基本相同，Photoshop CC 2017 的工作区如图 1-7 所示。

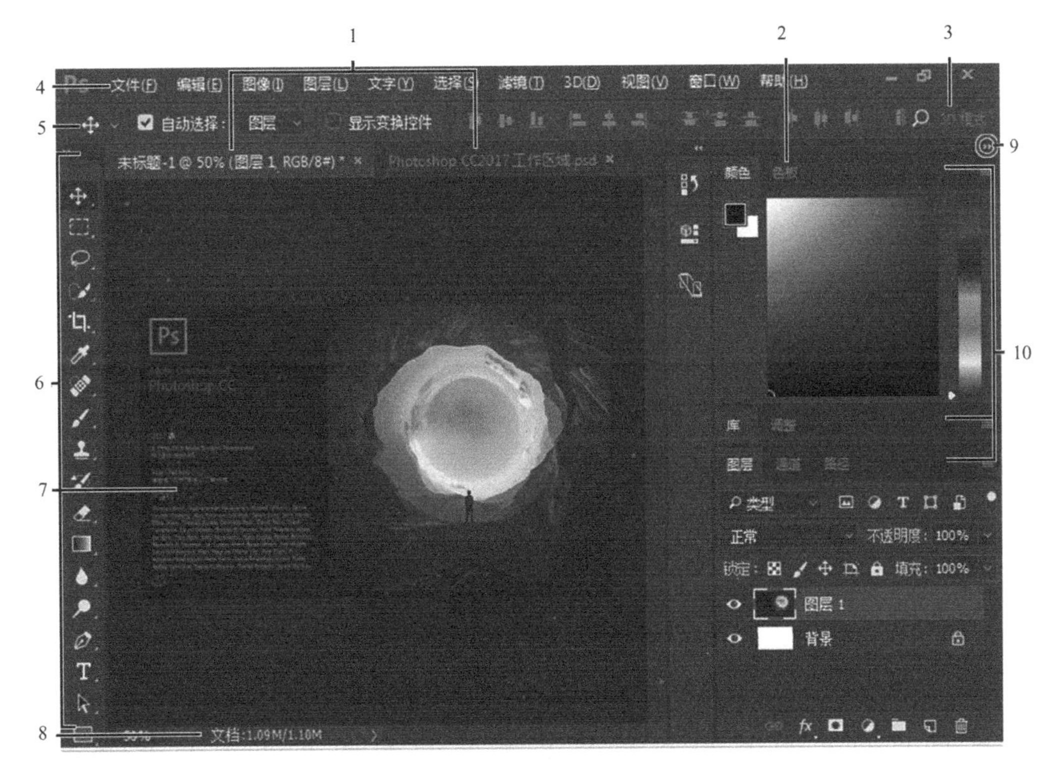

图 1-7　Photoshop CC 2017 工作区

1—选项卡式“文档”窗口　2—面板标题栏　3—工作区切换器　4—菜单栏　5—选项栏
6—工具箱　7—编辑的文档　8—状态栏　9—“折叠为图标”按钮　10—垂直停放的面板组

- Photoshop CC 2017 的菜单栏位于顶部，其中有 11 个菜单项。单击主菜单项，可打开其下拉菜单，单击菜单之外的任何处或按〈Esc〉键、〈Alt〉键或〈F10〉键，可以关闭已打开的菜单。菜单的形式与同其他 Windows 软件的菜单形式相同，并遵循相同的约定。例如，命令名右边是快捷键名称；命令名右边有省略号“…”，表示单击该命令后会打开一个对话框。
- 工具箱包含用于创建和编辑图像、图稿、页面元素等的工具。使用这些工具可以进行绘图（画）、修饰、选择、取样、移动、注释、查看图像和切换前景色与背景色等操作，具体见第 1.2.2 小节。
- 选项栏显示当前所选工具的选项和参数。
- 文档窗口显示当前正在处理的文件。可以将文档窗口设置为选项卡式窗口，并且在某些情况下可以进行分组和停放。
- 面板可以帮助监视和修改当前的图像处理工作。可以对面板进行编组、堆叠或停放。

2．隐藏或显示所有面板

要隐藏或显示所有面板（包括工具面板和控制面板），可以按〈Tab〉键进行切换。若要隐藏或显示所有面板（除工具面板和控制面板之外），则按〈Shift+Tab〉组合键。

注意：如果在菜单“编辑”→“首选项”→“工作区”这个首选项中选择“自动显示隐

藏面板”选项，可以暂时显示隐藏的面板。

3．显示面板选项

单击位于面板右上角的面板菜单图标，可显示面板选项。

注意：在将面板最小化时，也可以打开面板菜单。在 Photoshop 中，如果需要更改“控制面板和工具提示中文本的字体大小，可以通过菜单“编辑”→“首选项”→“界面”中的“用户界面字体大小”选取字体大小。

4．重新配置工具面板

可以将工具面板中的工具放在一栏中显示，也可以单击工具面板左上方的双箭头，将工具栏放在两栏中并排显示。

5．快捷菜单

用鼠标右键单击（以下简称“右击”）画布窗口选项栏最左边的工具按钮或一些面板（如“图层”面板）处，可打开一个快捷菜单，其中列出当前状态下可以执行的命令。单击其中的一个命令，即可执行相应的操作。

1.2.2 选项栏和工具箱

1．选项栏

选项栏位于工作区顶部的菜单栏下面。选项栏与当前选用的工具相关——它会随所选工具的不同而改变。选项栏中的某些设置（如绘画模式和不透明度）是几种工具共有的，而有些设置则是某一种工具特有的。

可以通过使用手柄栏在工作区中移动选项栏，也可以将它停放在屏幕的顶部或底部。将鼠标指针悬停在工具上时，将会出现工具提示，如图 1-8 所示。要显示或隐藏选项栏，则选择“窗口”→“选项”命令。

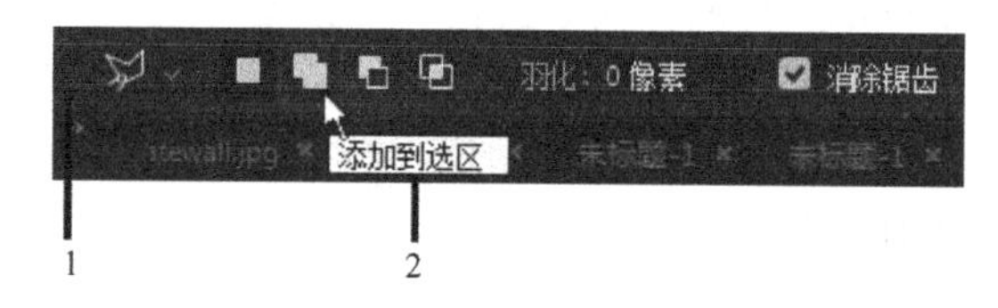

图 1-8　选项栏的工具提示

1—手柄栏　2—工具提示

要将工具回到其默认设置，右击（Windows 系统）或按住〈Ctrl〉键单击（Mac 系统）选项栏中的工具图标，然后从弹出的快捷菜单中选择“复位工具”或“复位所有工具”命令。

2．工具箱

启动 Photoshop 时，工具箱将显示在屏幕左侧。工具箱中的某些工具会在上下文相关选项栏中提供一些选项。通过这些工具，可以输入文字，选择、绘画、绘制、编辑、移动、注释、查看图像，或对图像进行取样。其他工具可以更改前景色/背景色，转到 Adobe Online，以及在不同的模式中工作。工具箱概览如图 1-9 所示。

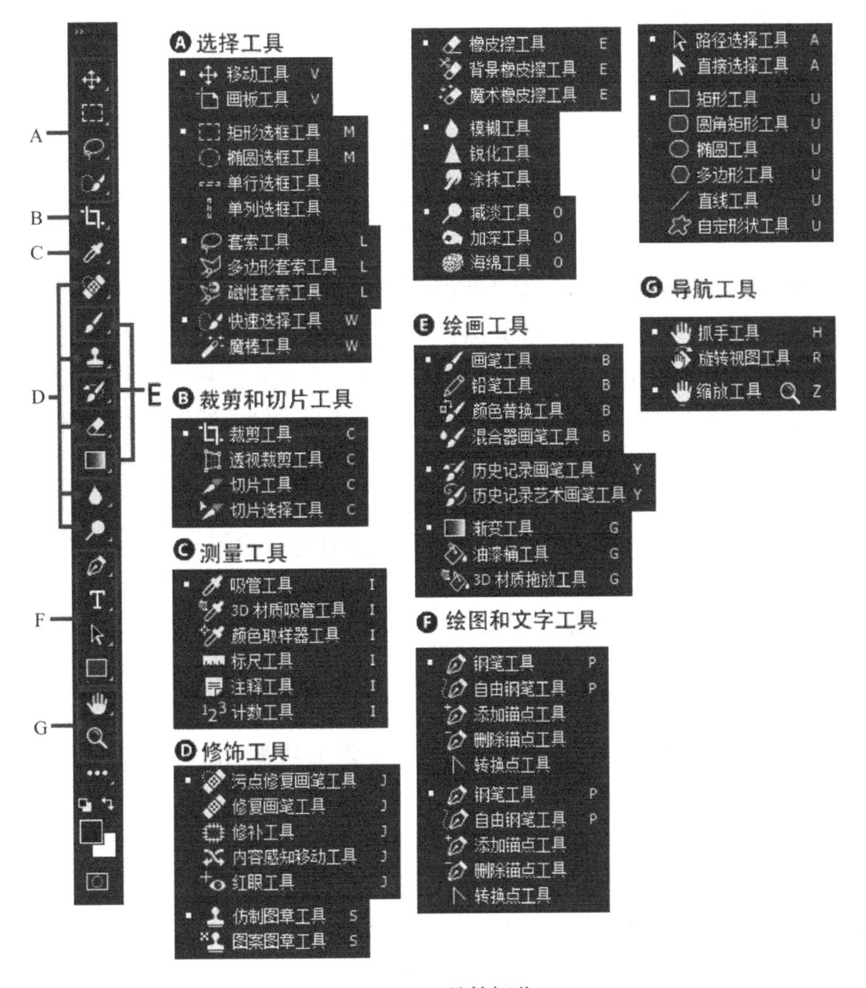

图 1-9 工具箱概览

■—表示默认工具，后面对应的字母是键盘上的快捷键

可以展开某些工具以查看它们后面的隐藏工具，工具图标右下角的小三角形表示存在隐藏工具，如图 1-10 所示。

将鼠标指针放在工具按钮上，可以查看有关该工具的信息。工具的名称将出现在指针下面的工具提示中。

（1）选择工具

执行下列操作之一可选择工具。

- 单击“工具箱”中的某个工具。如果工具的右下角有小三角形，则按住鼠标左键可查看隐藏的工具，然后单击要选择的工具。
- 按工具的快捷键。快捷键显示在工具提示中。例如，可以通过按〈V〉键来选择移动工具。

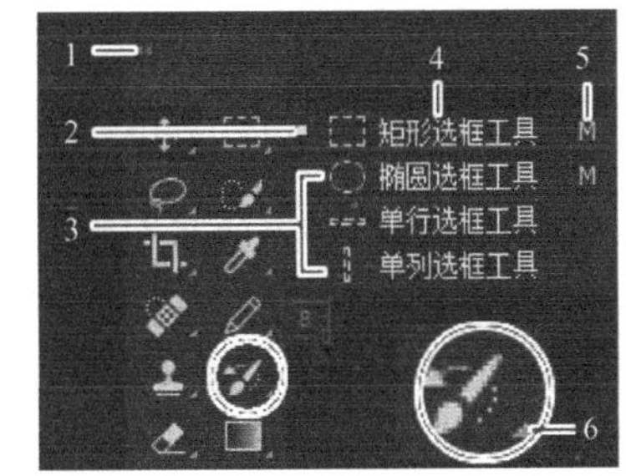

图 1-10 访问工具

1—工具箱 2—当前工具 3—隐藏的工具 4—工具名称 5—工具快捷键 6—表示隐藏工具的三角形

注意：按住快捷键可临时切换到工具，释放快捷键后，Photoshop 会返回到临时切换前所使用的工具。

（2）循环切换隐藏的工具

默认情况下，按住〈Shift〉键并重复按工具的快捷键可以循环地在一组隐藏工具之间进行切换。

（3）更改工具指针

每个默认指针都有不同的热点，它是图像中效果或动作的起点。对于大多数工具，都可以换成以热点为中心的十字线形的精确光标。

大多数情况下，工具的指针与该工具的图标相同；在选择工具时将看到该指针。选框工具的默认指针是十字线指针；文本工具的默认指针是 I 形指针；绘图工具的默认指针是“画笔大小”指针。

1）选择“编辑”→“首选项”→“光标”选项。

2）选择“绘画光标”或“其他光标”下的工具指针进行设置。

- 标准：将指针显示为工具图标。
- 精确：将指针显示为十字线。
- 正常画笔笔尖：指针轮廓大小相当于该工具影响区域大小约 50%的范围。此选项显示受影响最明显的像素。
- 全尺寸画笔笔尖：指针轮廓大小几乎相当于该工具影响区域大小全部的范围，或者说，几乎所有像素都将受到影响。
- 在画笔笔尖显示十字线：在画笔形状的中心显示十字线。

3）单击“确定”按钮。

注意：要切换某些工具指针的标准光标和精确光标，可按〈Caps Lock〉键。

（4）通过拖动调整绘画光标的大小或更改绘画光标的硬度

通过在图像中拖动，可以调整绘画光标的大小或更改绘画光标的硬度。要调整光标大小，可按住〈Alt〉键和鼠标右键，并向左或向右拖动。要更改硬度，可向上或向下拖动。在进行拖动时，可以对绘画光标的绘制效果进行预览。

1.2.3 画布窗口和状态栏

1. 画布窗口

画布窗口也称为“文档窗口”，是绘制和编辑图像的窗口。在 Photoshop CC 2017 中，画布窗口默认是以选项卡的形式存在于工作区中央的，以方便用户进行多文档编辑。选择菜单“窗口”→“排列”→“使所有内容在窗口中浮动”命令，则所有的文档会按以前的版本那样以文档子窗口的形式层叠起来。选择菜单“窗口”→“排列”→“将所有内容合并到选项卡中”命令，则恢复以选项卡形式排列的已经打开的各画布窗口。画布窗口的标题栏上显示当前图像文件的名称、显示比例、当前图层的名称和彩色模式等信息。将鼠标指针移到画布窗口的标题栏时，会显示打开图像的路径和文件名称等信息。

（1）建立画布窗口

在新建一个（选择菜单“文件”→“新建”命令）或打开一个图像文件后，即可建立一个新的画布窗口。

读者可同时打开多个画布窗口，还可以新建一个有相同图像的画布窗口。例如，在已经打开“菊花.jpg”图像的情况下，选择菜单“窗口”→“排列”→“为‘菊花.jpg’新建窗口”命令，可以在两个画布窗口中打开“菊花.jpg”图像，如图 1-11 所示。在其中一个画布窗口中执行的操作，会在相同图像的其他画布窗口中产生相同的效果。

图 1-11　相同图像的两个画布窗口

（2）选择画布窗口

当打开多个画布窗口时，只能在一个画布窗口中操作，这个窗口称为“当前画布窗口”，其标题栏高亮显示。单击画布窗口中部或标题栏即可选择该画布窗口，使其成为当前画布窗口。

（3）调整多个画布窗口的相对位置

选择菜单“窗口”→“排列”→“层叠”命令，可以使多个画布窗口层叠放置。选择菜单“窗口”→“排列”→“平铺”命令，可以使多个画布窗口平铺放置。

2．状态栏

状态栏位于每个文档窗口的底部，可显示诸如现用图像的当前放大率和文件大小等有用的信息，以及有关使用工具的简要说明。如果启用了 Adobe Drive，状态栏还会显示 Adobe Drive 信息，状态栏可选显示项如图 1-12 所示。

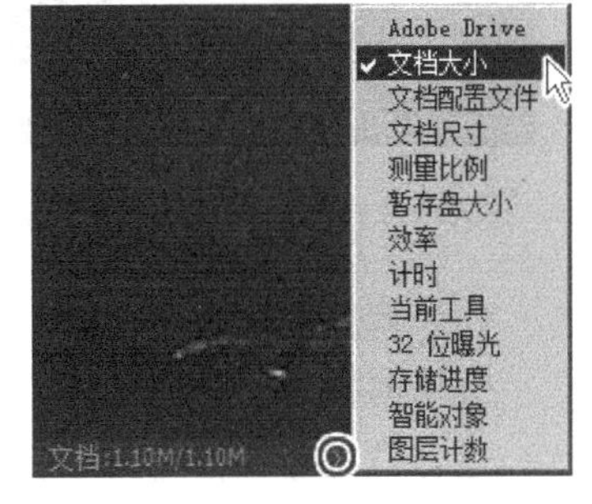

图 1-12　状态栏中可选的显示项

注意：单击状态栏的文件信息区域可以显示文档的宽度、高度、通道和分辨率。

1.2.4　面板和存储工作区

1．面板

面板是重要的图像处理辅助工具，具有随着调整可随时看到效果的特点。它可以被方便地拆分、组合和移动，所以又称为浮动面板，或简称为面板。双击其标题栏可以将面板收缩，再次双击可以将面板展开。

（1）面板菜单

面板的右上角均有一个菜单按钮，单击该按钮可打开该面板的菜单（称为“面板菜单”），利用该菜单可以扩充面板的功能。例如，单击“历史记录”面板的菜单按钮，打开的“历史记录”面板菜单如图 1-13 所示。

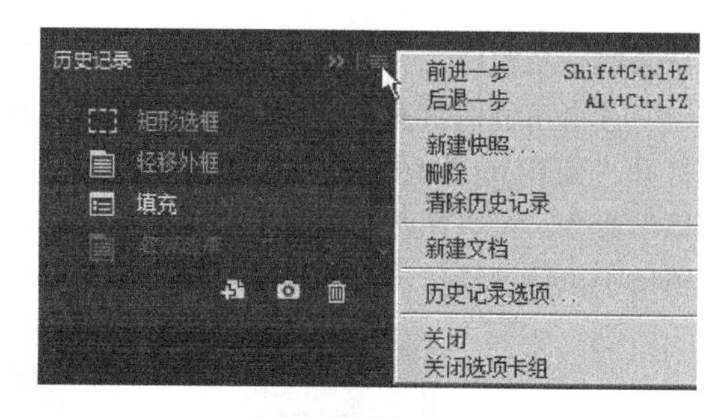

图 1-13 “历史记录”面板菜单

（2）显示和隐藏面板

选择菜单“窗口”→“画笔”命令（“画笔”是面板名称，打开其他面板与此类似），即会在该命令前打上勾，并显示相应的面板。再次选择该命令，就会清除前面的勾，隐藏相应的面板。

（3）拆分与合并面板

拖动面板组中要拆分的面板的标签（例如“图层”面板）到面板组外，即可拆分面板，如图 1-14 所示；拖动面板的标签到其他面板或面板组中，即可合并面板，例如，将“图层”面板拖动到“通道”和“路径”面板组中，即可与“通道”和“路径”面板组合并，如图 1-15 所示。

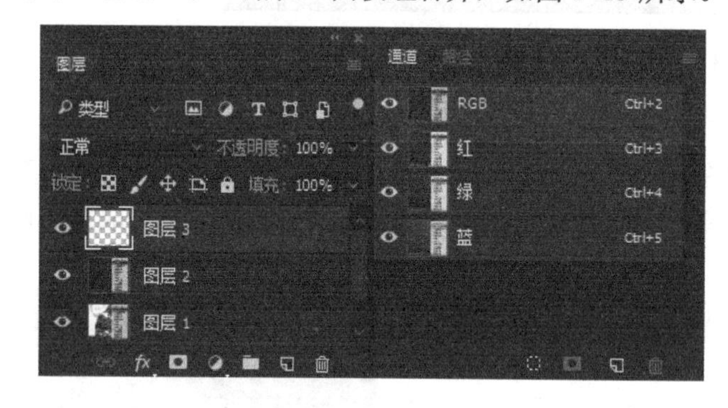

图 1-14 拆分面板

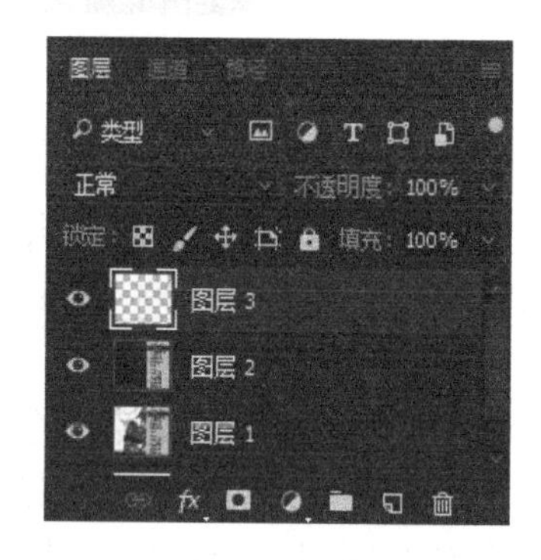

图 1-15 合并面板

（4）调整面板的位置和大小

拖动面板的标题栏可移动面板组或单个面板，拖动面板的边缘处可调整面板的大小。

注意：选择菜单“窗口”→“工作区”→“复位面板位置”命令，可将所有面板复位到系统默认的状态。

2. 存储工作区

对于要存储配置的工作区，可执行以下操作。

1）选择菜单“窗口”→“工作区”→“新建工作区”命令。

2）输入工作区的名称。

3）在“捕捉”选项组中可根据需要选择一个或多个选项，如图 1-16 所示。

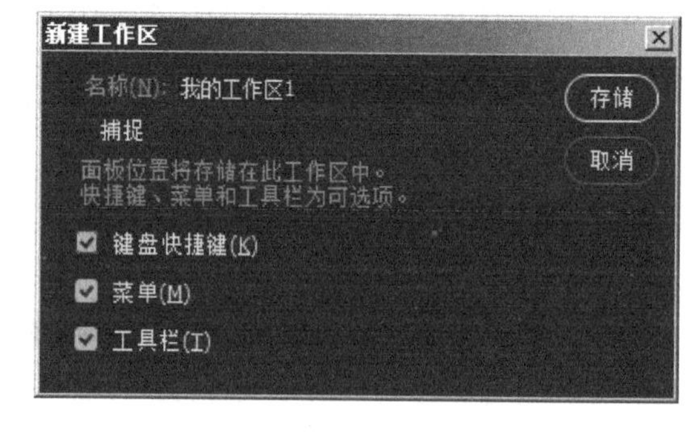

图 1-16 存储工作区

在保存了工作区之后，可以随时从应用程序栏上的工作区切换器中选择一个工作区。

注意：在 Photoshop 中，可以为各个工作区指定快捷键，以便在它们之间快速进行导航。

1.3 文件的基本操作

1.3.1 打开、存储和关闭文件

1. 打开文件

可以使用“打开”命令和“最近打开文件”命令来打开文件。

在打开有些文件（如相机原始数据文件和 PDF 文件）时，必须在对话框中指定设置和选项，才能在 Photoshop 中完全打开。

使用“打开”命令打开文件的步骤如下。

1）选择菜单“文件”→“打开”命令，即打开一个“打开”对话框，如图 1-17 所示。

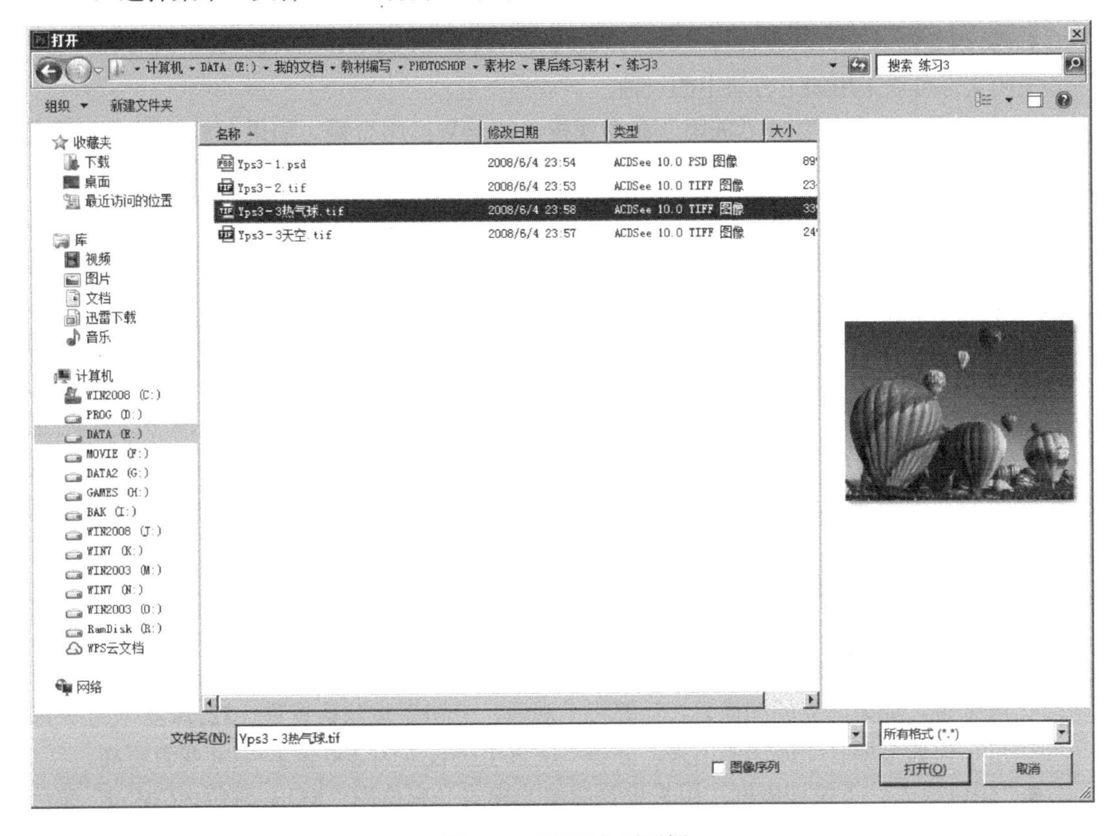

图 1-17 “打开”对话框

2）选择要打开的文件的名称，如果要选择多个文件并打开，可以结合〈Shift〉键或〈Ctrl〉键对文件进行连续或不连续的选择后再打开。如果文件未出现，可从“文件类型”下拉式菜单中选择用于显示所有文件的选项。

3）单击“打开”按钮。在某些情况下会出现一个对话框，可以使用该对话框设置格式的特定选项。

2. 存储文件

1）选择菜单“文件”→“存储为”命令，打开“存储为”对话框。选择文件类型和文件夹，输入文件名，还可以确定是否存储图像的图层、通道和 ICC 配置文件等。再单击“保存”按钮这时会打开相应图像格式的对话框，从中可设置与图像格式有关的一些选项，最后单击“确定”按钮以保存图像。如存储为 JPG 格式的图像则会打开“JPEG 选项”对话框，如图 1-18 所示。

2）选择菜单“文件”→“存储”命令，如果是第一次存储新建的图像文件，则打开“存储为”对话框，操作方法同步骤 1)；如果不是第一次存储新建或打开的图像文件，则不会打开该对话框，而直接保存图像文件。

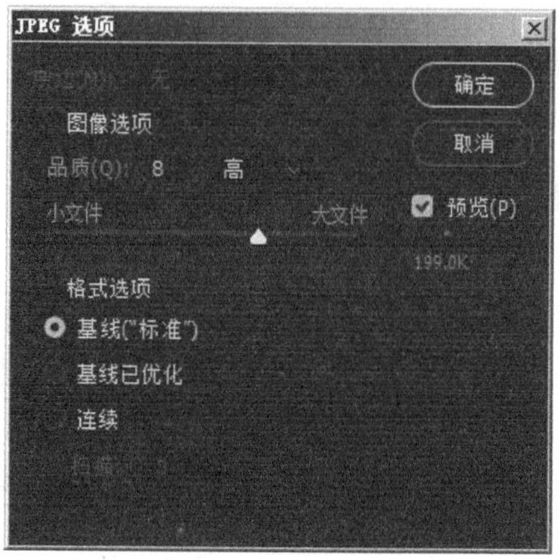

图 1-18 “JPEG 选项”对话框

3. 关闭文件

关闭文件可以采用如下方法中的一种。

- 选择菜单“文件”→“关闭”命令或按〈Ctrl+W〉组合键。如果在修改图像后没有保存，则显示一个提示框，提示用户是否保存图像。单击“是”按钮保存图像，然后关闭当前的画布窗口。
- 单击当前画布窗口右上角的按钮。

1.3.2 新建图像文件和改变画布大小

1. 新建图像文件

选择菜单“文件”→“新建”命令，打开“新建文档”对话框，如图 1-19 所示。对话框上方的“最近使用项”“已保存”“照片”“打印”“图稿和插图”“Web”“移动设备”“胶片和视频”分别表示预先设定好的几种文档类型。每种类型下分别有多种“空白文件预设”。其中，对话框右边的“预设详细信息”区域各选项的作用如下。

- “未标题-1”文本框：可输入图像文件的名称。
- “宽度”和“高度”栏：用来设置图像的尺寸大小（可选择像素和厘米等单位）。
- “分辨率”栏：用来设置图像的分辨率（单位有“像素/英寸”和“像素/厘米”）。一般来说，如果建立的图像只在计算机上观看，分辨率按默认设置（72 像素/英寸）即可，但如果要打印或印刷出来，分辨率应该至少设置为 200 像素/英寸或者更高。
- “颜色模式”下拉列表框：用来设置图像的模式（有位图、RGB 颜色、CMYK 颜色和 LAB 颜色 5 种选项）和位数（有 8 位和 16 位等选项）。
- “背景内容”下拉列表框：可设置画布的背景内容为白色、黑色、背景色、透明或自定义（颜色）。
- “高级选项”：包含“颜色配置文件”和“像素长宽比”。一般选默认值“工作中的 RGB:sRGB IEC61966-2.1”和“方形像素”即可。
- “未标题-1”旁边的按钮：表示将当前设置好的预设值进行保存，以方便下次新建相同参数的文档。

选择好预设空白文档参数后，单击“创建”按钮，即完成新建文档。

图 1-19 “新建文档”对话框

2. 改变画布大小

选择菜单“图像”→“画布大小”命令，打开“画布大小”对话框，如图 1-20 所示。其中各选项的作用如下。

- “宽度”和“高度”文本框及其单位下拉列表框：用来确定画布大小和单位。
- “定位”选项组：单击其中的按钮，可以选择图像的部位。如果选中“相对”复选框，则输入的数据相对于原来图像的宽度和高度数据，此时可以输入正数（表示扩大）或负数（表示缩小和图像）。
- “画布扩展颜色”下拉列表框：用来设置画布扩展部分的颜色，设置后单击“确定”按钮，完成画布大小的调整。如果设置的新画布比原画布小，会打开图 1-21 所示的提示对话框，单击“继续”按钮，完成画布大小的调整和图像的裁切。

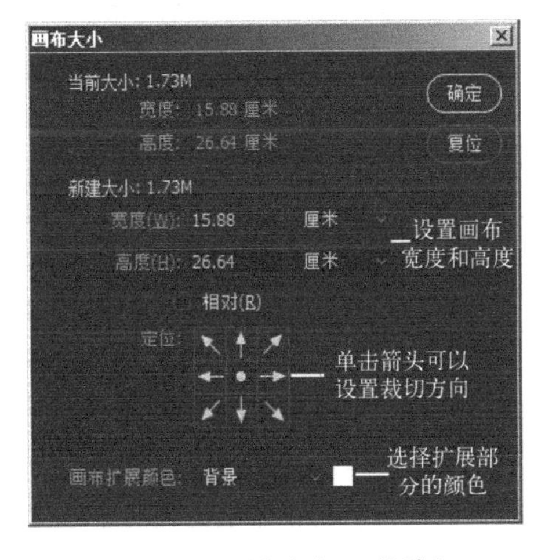

图 1-20 “画布大小”对话框

图 1-21 裁切提示对话框

3．旋转画布

1）选择菜单“图像”→“图像旋转”命令，可以选下级菜单命令，按选定方式旋转整幅图像，如图 1-22 所示。

2）选择菜单“图像”→“任意角度”命令，打开“旋转画布”对话框，如图 1-23 所示。用其可设置旋转角度和旋转方向，单击“确定”按钮即可完成画布旋转。

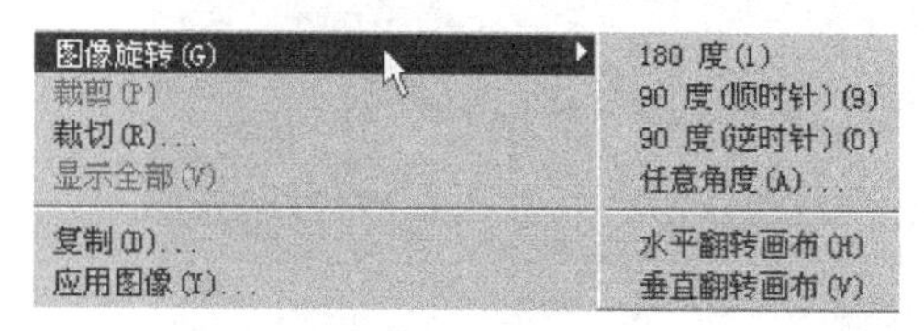

图 1-22 “图像旋转”菜单

图 1-23 “旋转画布”对话框

1.4 图像的基本操作

1.4.1 调整图像的显示比例

调整图像显示比例的使用方法如下。

1）单击工具箱中的“缩放工具”按钮，单击画布窗口中部，即可调整图像的显示比例。按住〈Alt〉键单击画布窗口中部，即可缩小图像显示比例。拖动选择图像的一部分，即可使该部分图像布满整个画布窗口。

2）使用“导航器”面板打开一幅图像，此时的“导航器”面板如图 1-24 所示。拖动其中的滑块或改变文本框中的数据，可以改变图像的显示比例。当图像大于画布窗口时，拖动其中的方框，可调整图像的显示区域。只有在方框中的图像才会在画布窗口中显示。

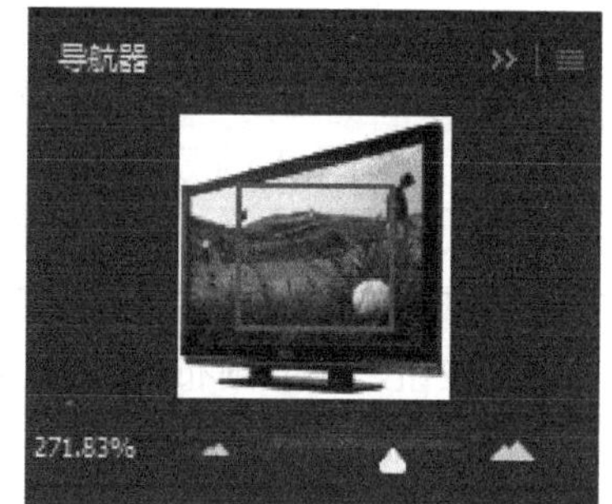

图 1-24 “导航器”面板

1.4.2 定位和测量图像

1．在画布窗口中显示网格

选择菜单“视图”→“显示”→“网格”命令（快捷键为〈Ctrl+'〉），在画布窗口中显示网格。网格不会随图像输出，只是作为图像处理时的参考。再次执行该命令，清除画布窗口中的网格。

2．在画布窗口中显示标尺和参考线

1）选择菜单“视图”→“标尺”命令（快捷键〈Ctrl+R〉），在画布窗口中的上边和左边显示标尺，如图 1-25 所示。再次执行该命令，清除标尺。

2）选择“移动工具”，将标尺拖动到画布窗口中，即可产生水平或垂直的参考线，如图 1-26 所示（两条水平参考线和两条垂直参考线）。参考线起到辅助作图定位、对齐等作用，不会随图像输出。

3）右击标尺，打开快捷菜单，如图 1-27 所示，选择其中的命令可以改变标尺单位。

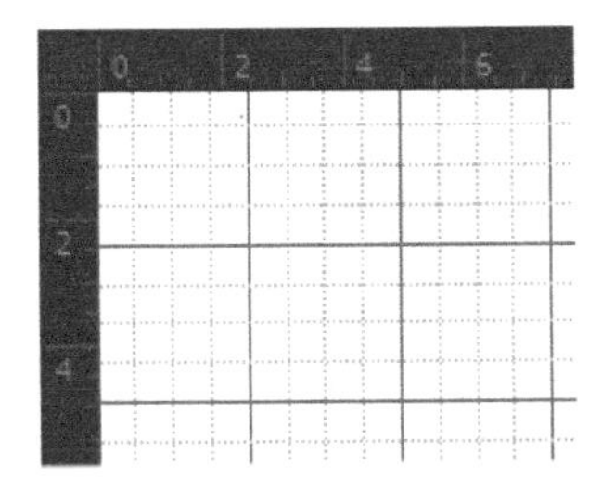

图 1-25　显示的标尺

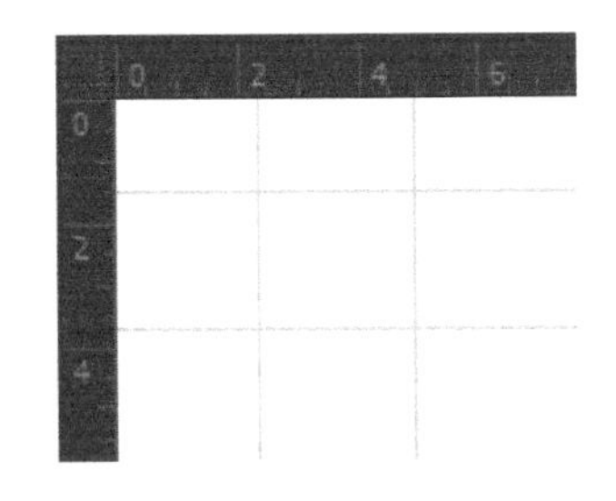

图 1-26　显示参考线

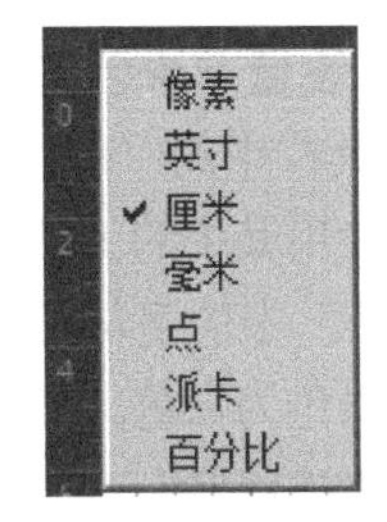

图 1-27　标尺单位快捷菜单

4）选择菜单“视图”→“新建参考线”命令，打开“新建参考线”对话框，如图 1-28 所示。从中设置新参考线的方向与精确位置，单击“确定”按钮，在指定的位置添加新参考线。选择菜单“视图”→“显示”→“参考线”命令，显示参考线。再次执行该命令，隐藏参考线。

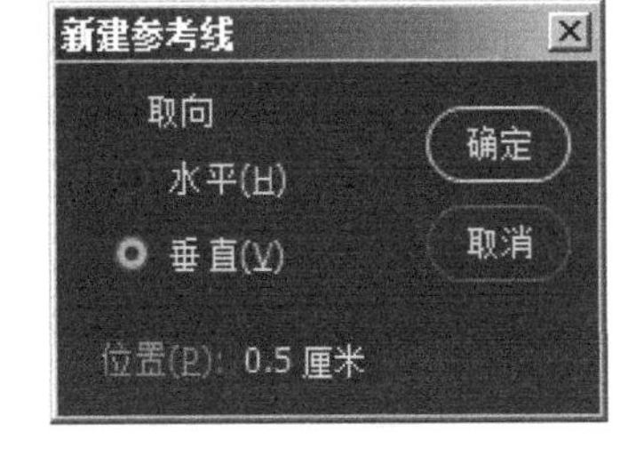

图 1-28 “新建参考线”对话框

5）选择菜单“视图”→“清除参考线”命令，清除所有参考线。

6）单击工具箱中的“移动工具”按钮，拖动参考线可以调整其位置。

7）选择菜单“视图”→“锁定参考线”命令，可锁定参考线，使其不能移动。再次执行该命令，解除锁定。

3．使用标尺工具

使用工具箱中的“标尺工具”（也称为“测量工具”），可以精确测量出画布窗口中任意两点间的距离和两点间直线与水平直线的夹角。

1）单击工具箱中的“标尺工具”按钮。

2）在画布窗口中拖出一条直线，如图 1-29 所示，该直线不会与图像一起输出。此时，“信息”面板中“A：”右边的数据为直线与水平直线的夹角。“L：”右边的数据为两点间的距离，如图 1-30 所示。测量的结果也会显示在“标尺工具”的选项栏中。

图 1-29　拖出一条直线

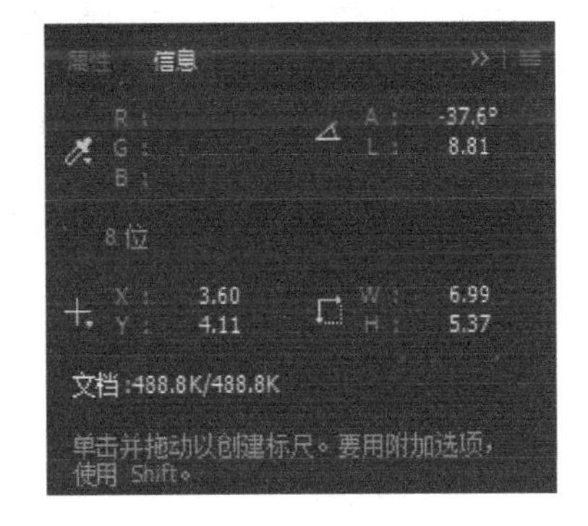

图 1-30 “信息”面板

3）单击选项栏中的“清除”按钮或工具箱中的其他工具按钮，清除用于测量的直线。

1.4.3 设置前景色和背景色

1. 设置前景色和背景色

工具栏中的“前景色和背景色工具”如图 1-31 所示，使用其中的工具可以设置前景色和背景色。其中“(D)”中的字母 D 为快捷键，默认前景色为黑色，背景色为白色。当单击“设置前景色”图标时，会打开“拾色器”对话框，在其中可以设置前景色。

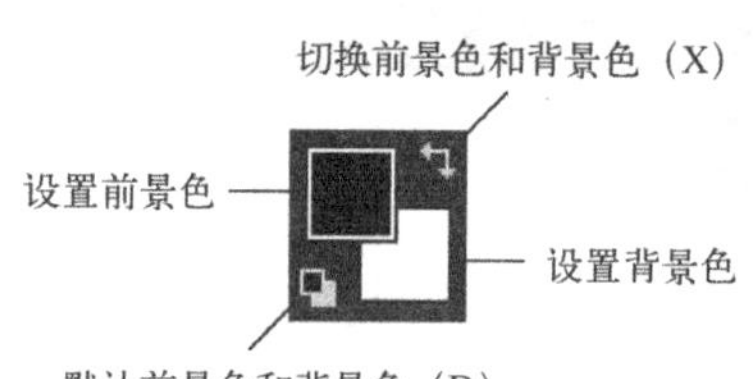

图 1-31 “前景色和背景色工具”

2. “颜色”面板

“颜色”面板如图 1-32 所示，从中可以调整颜色。单击“前景色”或“背景色”色块，然后利用“颜色”面板选择一种颜色，即可设置图像的前景色和背景色。

“颜色”面板的使用方法如下。

1）选择不同模式的“颜色”面板：单击“颜色”面板右上角的菜单按钮，打开的菜单如图 1-33 所示。选择其中的子命令，可执行相应的操作，主要是改变颜色滑块的类型（即颜色模式）和颜色选择条的类型。例如，选择“RGB 滑块”命令，可使“颜色”面板变为 RGB 模式的“颜色”面板。

2）粗选颜色：将鼠标指针移至颜色选择条中，此时鼠标指针变为吸管状。单击一种颜色，可以看到其他部分的颜色和数据随之变化。

3）细选颜色：拖动 R、G、B 这 3 个滑块，分别调整 R、G、B 颜色的深浅。

4）精确设定颜色：在 R、G、B 这 3 个文本框中输入相应精确的数值（0～255）。

5）选择接近的打印色：要打印图像，如果出现“打印溢出标记”按钮，则可单击“最接近的可打印色”色块来更改设置的前景色。

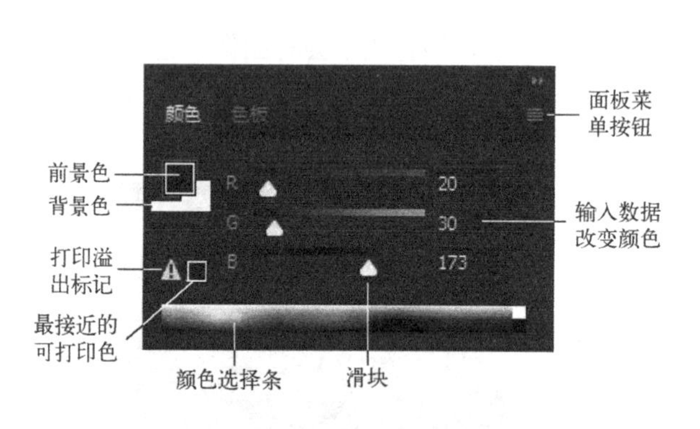

图 1-32 “颜色”面板

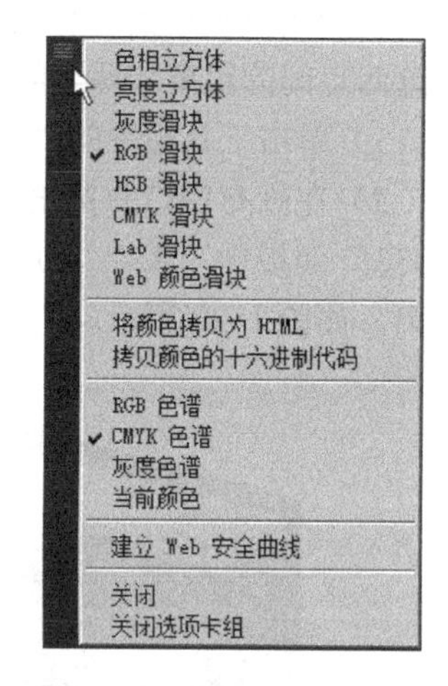

图 1-33 “颜色”面板菜单

1.4.4 撤销与重做操作

1. 撤销与重做一次操作

1）选择菜单“编辑”→“还原××”命令或按快捷键〈Ctrl+Z〉，撤销刚刚执行的一次操作。

2）选择菜单“编辑”→“重做××”命令或按快捷键〈Ctrl+Z〉，重新执行刚撤销的操作。

3）选择菜单“编辑”→“后退一步”命令或按快捷键〈Alt+Ctrl+Z〉，返回一条历史记录。

4）选择菜单“编辑”→“前进一步”命令或按快捷键〈Shift+Ctrl+Z〉，向前执行一条历史记录。

2．使用“历史记录”面板撤销操作

“历史记录”面板如图 1-34 所示，它主要用来记录用户执行的操作步骤，可以用其恢复到以前某一步操作的状态。单击其中的“创建新快照”按钮，可以为某几步操作后的图像拍快照。

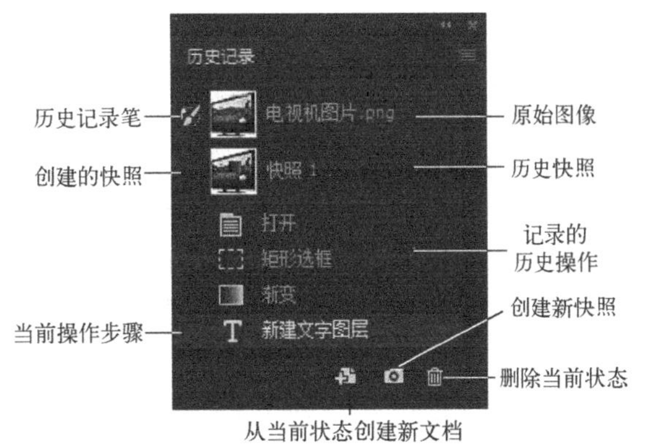

图 1-34 “历史记录”面板

“历史记录”面板的操作方法如下。

1）单击其中的某一步历史操作，即可回到该操作完成后的状态。

2）单击或拖动某步操作到“从当前状态创建新文档”按钮，即可创建一个新的画布窗口，其内容为该操作完成后的状态，画布的标题名为该操作的操作名。

3）单击“创建新快照”按钮即可建立一个快照，在“历史快照”栏中增加一行，名为“快照×”（“×”是序号）。

4）双击“历史快照”栏中的快照名称，进入重命名快照状态。

5）单击其中的某一步操作，单击“删除当前状态”按钮可删除从选中的操作到最后一个操作的全部操作。如果拖动“历史记录”面板中的某一步操作到“删除当前状态”按钮处，也可以达到相同的目的。

注意： 历史记录仅在文档关闭之前有效，在文档关闭后再重新打开，原来的操作步骤将不存在且不能再回到原来的操作步骤。

二维码 1-1 “福建景点”网页横幅

1.5 裁切和改变图像大小

1.5.1 【案例 1-1】“福建景点”网页横幅

“福建景点”网页横幅案例的效果如图 1-35 所示。

图 1-35 “福建景点”网页横幅案例的效果

【案例设计创意】

“福建景点”网页横幅案例是为“福建旅游名胜－福建景点”网站加工一批“福建景点”图像，加工后的图像尺寸均为140像素×95像素，然后利用这些加工好的图像制作“福建景点”网页的横幅。选取的图片素材应具有代表性，应最能代表整个网站中的福建名胜景点风光。

【案例目标】

通过本案例的学习，读者可以掌握和调整图像大小等一些基本实用的操作。

【案例的制作方法】

1. 调整图像大小

1）选择菜单“文件”→“打开”命令，出现“打开”对话框。在“查找范围”的下拉列表框中选择“福建风景名胜”文件夹，在“文件类型”下拉列表框中选择“所有格式”选项。按住〈Ctrl〉键单击要打开的图像文件名，单击“打开”按钮，打开选中的所有图像文件。

2）单击其中的一幅图像，选择菜单“图像”→“图像大小”命令，打开“图像大小”对话框。

3）按下“限制长宽比”按钮，在“宽度”的单位下拉列表框中选择“像素”，在“宽度”文本框中输入140，此时“高度”文本框中的数值也会随之变化，保证其宽高比维持原图像的宽高比。

4）如果“高度”文本框中的数值不为95，但与95相近，则在要求不高的情况下，单击“限制长宽比”按钮，使其处于非按下（弹起）状态。在“高度”文本框中输入95，如图1-36所示。然后单击“确定”按钮，完成图像大小的调整。如果“高度”文本框中的数值与95相差较大，则单击“复位”按钮，不调整图像大小，采用下面的步骤5）～10）裁切图像。

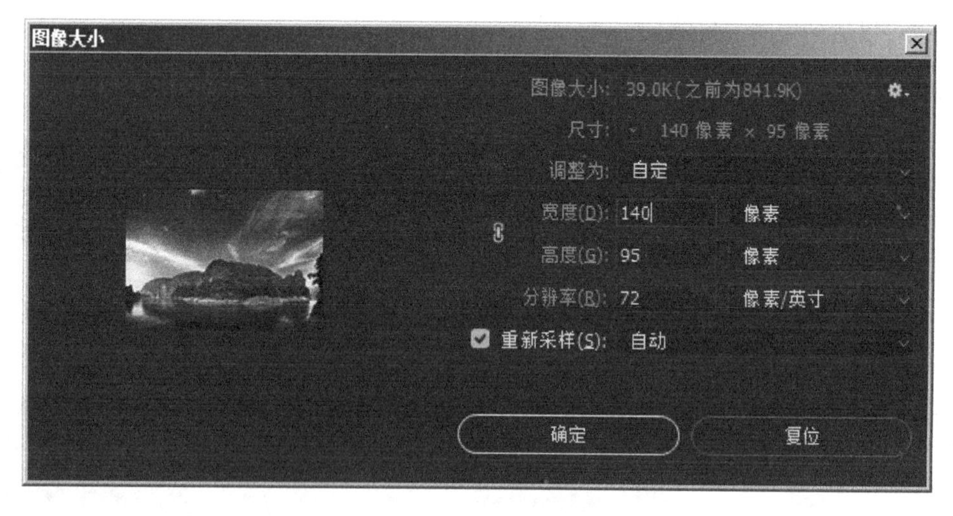

图1-36 图像大小调整

5）如果图像的取景不好，有一些多余的景物，或者图像的宽高比与140∶95相差较大，则需要根据具体情况适当裁切图像。为了在裁切时能够了解裁切后的图像大小和宽高比，单击“信息”面板右上角的按钮▤，打开“信息面板”菜单，如图 1-37 所示。然后选择“面板选项”命令，打开“信息面板选项”对话框，如图 1-38 所示。

图 1-37 “信息”面板菜单

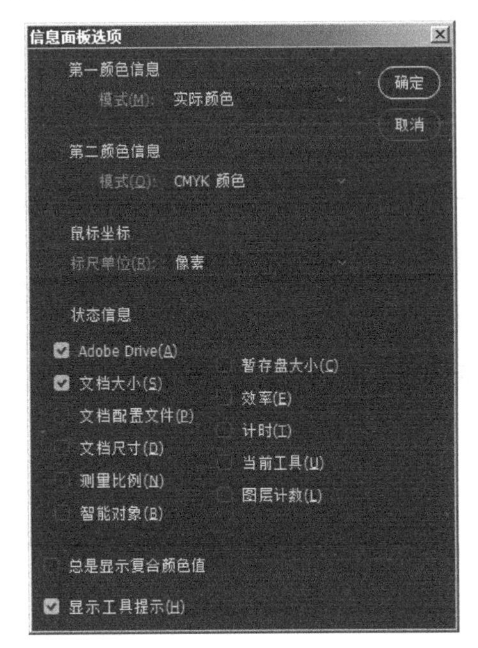

图 1-38 “信息面板选项”对话框

6）在“标尺单位”下拉列表框中选择“像素”选项，然后单击“确定”按钮，使“信息”面板中显示的坐标值和宽高值的单位为像素。

7）单击工具箱中的“裁切工具”按钮，在其选项栏中的“宽度”和“高度”文本框中分别输入 140 和 95。在要裁切的图像之上拖动选中要保留的图像，如图 1-39 所示。同时还可以观察“信息”面板中选中区域的 W（宽）和 H（高）值，如图 1-40 所示。

图 1-39 选中要保留的图像

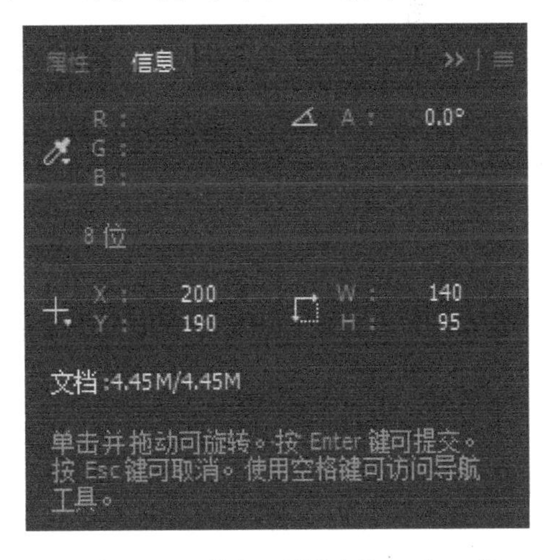

图 1-40 “信息”面板中的 W 和 H 值

8）选好区域后，按〈Enter〉键，完成图像的裁切。

9）如果图像的四周有空白，如图 1-41 所示，则在选择图像的情况下选择菜单“图像”→“裁切”命令，打开“裁切”对话框，如图 1-42 所示。

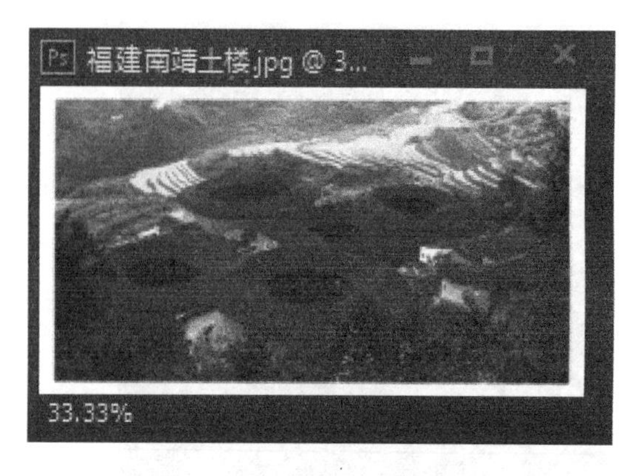

图 1-41　四周有空白的图像

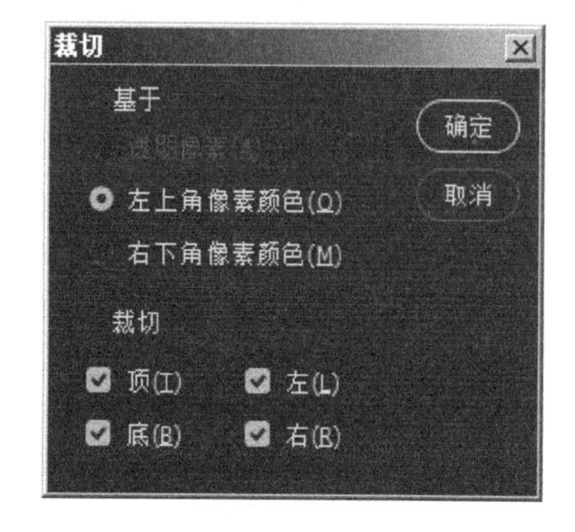

图 1-42　“裁切”对话框

10）单击“确定”按钮删除四周的空白，然后裁切图像并调整图像大小。“基于”选项组用来确定修剪多余内容所依据的像素或像素颜色，“裁切”选项组用来确定多余的内容。

2．制作“福建景点”网页横幅

1）选择菜单“文件”→“新建”命令，打开“新建”对话框，设置宽度为 840 像素，高度为 95 像素，分辨率为 72 像素/英寸，颜色模式 RGB 颜色，背景内容为白色。

2）设置所需选项后单击“确定”按钮，新建一个画布窗口。

3）单击工具箱中的“移动工具”按钮，选中其选项栏中的“自动选择图层”复选框，保证单击画布窗口中的某个对象时可移动和调整该图像对象。

4）拖动各“福建景点”图像到新建的画布窗口中，然后复制 6 幅“福建景点”图像。

1.5.2 【相关知识】裁切图像和改变图像大小

1．裁切工具的选项栏

单击工具箱中的“裁切工具”按钮，其选项栏如图 1-43 所示。

图 1-43　“裁切工具”的选项栏

其中各选项作用如下。

- “宽度”和“高度”文本框：用来精确锁定矩形裁切区域的宽高比及裁切后图像的大小。如果这两个文本框中无数值，则拖动可以获得任意宽高比的矩形区域。单击“宽度”和“高度”文本框之间的按钮，可互换二者文本框中的数值。
- “分辨率”文本框：用来设置裁切后图像的分辨率，单位可通过其下拉列表框来选择，可选单位为“像素/英寸”和“像素/厘米”。
- “清除”按钮：单击该按钮，可清除“宽度”“高度”和“分辨率”文本框中的数值。
- “拉直”按钮：单击该按钮，可以在画布中拖出一条直线，并以该直线作为水平方向旋转画布。

● “设置裁剪工具的叠加选项”按钮：单击该按钮，可选择图 1-44 所示的几种裁剪时叠加在上面的参考线命令。

● “设置其他裁剪选项”按钮：单击该按钮，有“使用经典模式”“显示裁剪区域”“自动居中预览”“启用裁剪屏蔽”“自动调整不透明度”这几个选项，如图 1-45 所示。

● “删除裁剪的像素”复选框：勾选后用于删除裁切掉的图像。

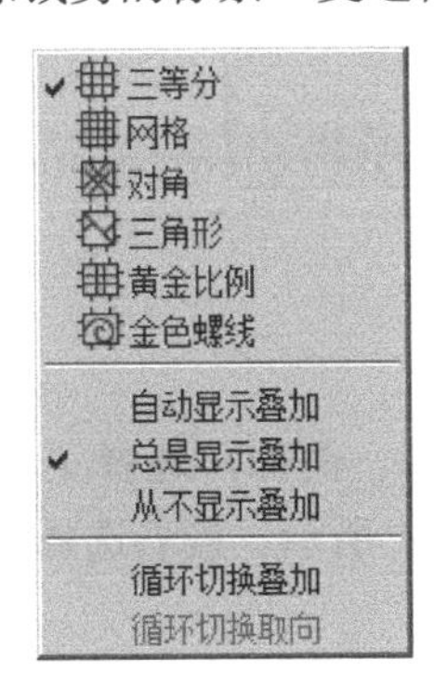

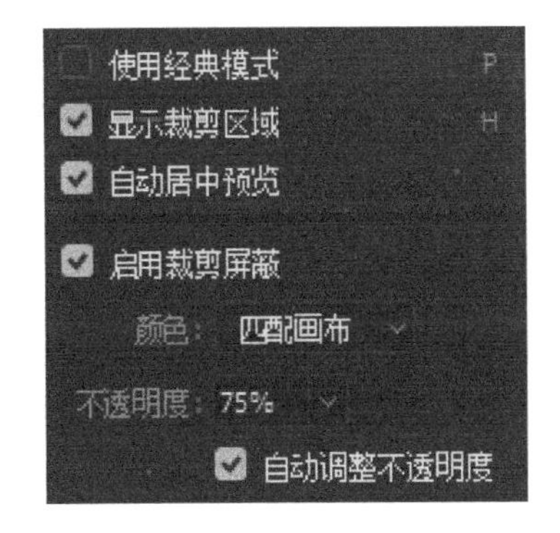

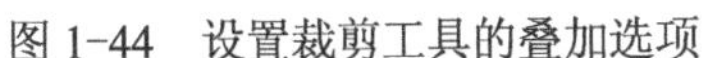

图 1-44　设置裁剪工具的叠加选项　　　　图 1-45　设置其他裁剪选项

2．裁切图像

以裁切图 1-46a 所示的图像为例，说明如何使用“裁切工具”来裁切图像。

1）打开“荷花”图像，其宽度为 640 像素，高度为 280 像素。

2）单击工具箱中的“裁切工具”按钮，此时鼠标指针变为形状。

3）在图像上拖出一个矩形，框选要保留的图像，创建矩形裁切区域。此时可以看到创建的裁切区域的矩形边界线上有多个控制柄，裁切区域中有一个中心标记，如图 1-46b 所示。

4）在其选项栏中设置“宽度”和“高度”为 1cm，保证裁切后的图像宽高比为 1∶1，即裁切区域为正方形。在确定宽高比时，所得裁切区域的边界线上有 4 个控制柄；在不确定宽高比时，则有 8 个控制柄。

5）调整裁切区域大小：拖动控制柄。

6）调整裁切区域的位置：拖动裁切区域的位置。

7）旋转裁切区域：如图 1-47 所示，如果拖动移动中心标记（若裁切区域太小，不方便拖动中心标记，可按住〈Alt〉键后再拖动），则旋转或缩放的中心会随之改变。

a)

b)

图 1-46　创建一个矩形裁切区域

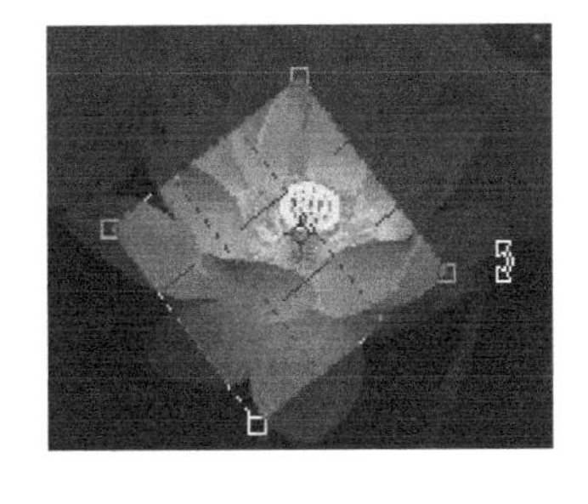

图 1-47　旋转裁切区域

8）当裁切区域调整完毕后，单击工具箱中的其他工具按钮，打开一个提示对话框，如图 1-48 所示。单击“裁剪”按钮或按〈Enter〉键，完成图像的裁切。也可以在调整好裁切区域后直接按〈Enter〉键完成裁切。

图 1-48　裁切提示对话框

3．裁切图像的白边

如果一幅图像四周有白边，可以通过“裁切”快速删除。例如，选择菜单“图像”→“画布大小”命令将画布向四周扩展 30 像素，效果如图 1-49 所示。接着选择菜单“图像”→“裁切”命令，打开“裁切”对话框，如图 1-50 所示。

图 1-49　画布向四周扩展 30 像素

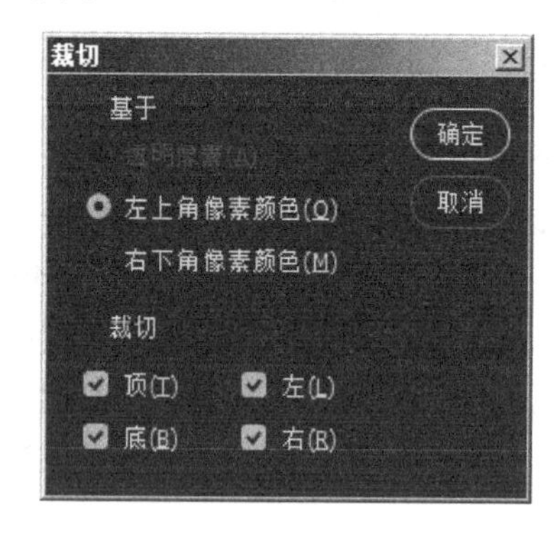

图 1-50　“裁切”对话框

单击“确定”按钮，即可快速完成裁切图像周围的白边。

4．调整图像大小

1）选择菜单“图像”→“图像大小”命令，打开“图像大小”对话框，如图 1-51 所示。

图 1-51　“图像大小”对话框

2）单击“自动”按钮，打开“自动分辨率”对话框。通过该对话框可以设置图像的品质为“好”“草图”或“最好”，单击“确定”按钮即可自动设置分辨率，还可以设置“像素/英寸”或“像素/厘米”形式的分辨率。

3）在“宽度”下拉列表框中先选择“像素”选项，在其文本框中输入 640，可以看到“高度”文本框中的数值随之改为 480，这是因为勾选了“约束比例”复选框，否则可以分别调整图像的高度和宽度，改变图像宽高比。单击“确定”按钮即可改变图像的大小。

1.6 填充单色或图案

二维码 1-2 色环及三原色混色

1.6.1 【案例 1–2】色环及三原色混色

【案例设计创意】

“色环及三原色混色”案例的效果如图 1–52 所示。利用等间隔的色相值绘制出漂亮的色环。另外，色环后面的大圆及连接直线的效果在目前的游戏画面中调整角色或宠物属性中经常见到。

【案例目标】

通过本案例的学习，读者能更好地掌握通过调整色相值改变颜色，并能对前面所讲的三原色、基色、次生色、相似色、互补色、冷暖色及三原色混色等有更好的理解。

【案例的制作方法】

1. 制作色环

1）单击工具箱中的“设置背景色”图标，打开“拾色器”对话框，设置背景色为黑色，单击“确定”按钮。

2）选择菜单“文件”→“新建”命令，打开“新建”对话框，部分截图如图 1–53 所示。

3）设置画布宽为 640 像素，高为 480 像素，分辨率为 72 像素/英寸，在“颜色模式”下拉列表框中选择“RGB 颜色”选项，在“背景内容”下拉列表框中选择“背景色”选项。单击“创建”按钮，则新建一个背景色为黑色的画布窗口。

图 1–52 “色环及三原色混色”效果图

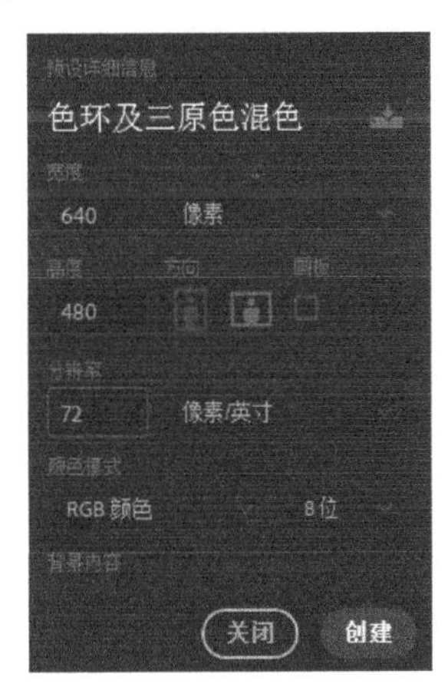

图 1–53 “新建”对话框部分截图

4）按〈Ctrl+R〉组合键，调出标尺，将鼠标指针移到纵向标尺处，将纵向标尺拖动到横向标尺刻度 320 处。选择菜单“视图”→“新建参考线”命令，在“新建参考线”对话框中，取向选“水平”，位置填写 240px。这样就在画布中央新建了一横一纵两条参考线。

5）打开“图层”面板，单击“创建新图层”按钮，在“背景”图层上创建了一个“图层 1”图层。选择该图层，并双击“图层 1”的文字部分，改名为“圆底纹”。

6）单击工具箱中的“选择工具”按钮，将鼠标指针移到画布中央参考线交叉处，按住〈Alt〉键和〈Shift〉键，按下鼠标左键开始拖动，这时便以参考线交叉处即整个画布中心为圆心拖出一个正圆选区。

7）选择菜单“编辑”→“描边”命令，在弹出的“描边”对话框中，宽度填写 2px，位置选“居中”，颜色设置为白色，单击“确定”按钮，则画出一个白色正圆边线底纹。按〈Ctrl+D〉组合键取消选择。

8）单击“图层”面板上的“创建新图层”按钮，在“圆底纹”图层上创建一个“图层 1”图层。选择该图层，并双击“图层 1”的文字部分，改名为“直线 1”。将前景色设置为白色，单击工具箱上的“铅笔工具”按钮，将直径大小设置为 2px，按住〈Shift〉键沿着纵向参考线画出一条圆的直径。按〈Ctrl+T〉组合键，对刚才画出的直径进行自由变换，在选项栏上的“角度”文本框中填写 120，如 120 度，然后按〈Enter〉键。

9）同步骤 8），再新建一个图层“直线 2”，用“铅笔工具”画出圆的直径，然后按〈Ctrl+T〉组合键进行自由变换，变换角度为 120°。此时的效果如图 1-54 所示。

10）单击图层面板上的“创建新图层”按钮，在“圆底纹”图层上创建一个“图层 1”图层。选择该图层，并双击“图层 1”的文字部分，改名为“连线”。使用“铅笔工具”，使用鼠标在圆的顶部单击一下，然后将鼠标指针移到直线 1 的右下端点处，按住〈Shift〉键单击鼠标，这时，在鼠标两次单击处之间画了一条直线。使用同样的方法，用“铅笔工具”在起点处单击鼠标，然后将鼠标指针移到终点处，按〈Shift〉键再单击鼠标，再画出 5 条连接线，效果如图 1-55 所示。

11）在“连线”图层上新建图层，命名为“小圆”，单击工具箱中的“椭圆选框工具”按钮，将鼠标指针移到圆的顶上，同时按住〈Alt〉和〈Shift〉键，拖动鼠标，则建立一个小圆选区，如图 1-56 所示。

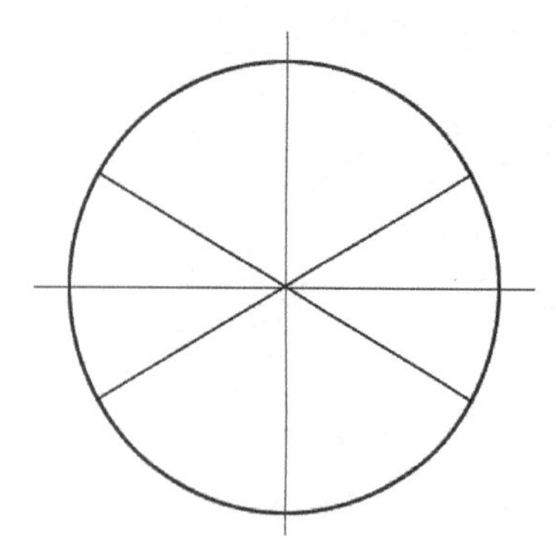

图 1-54　画出两条直线

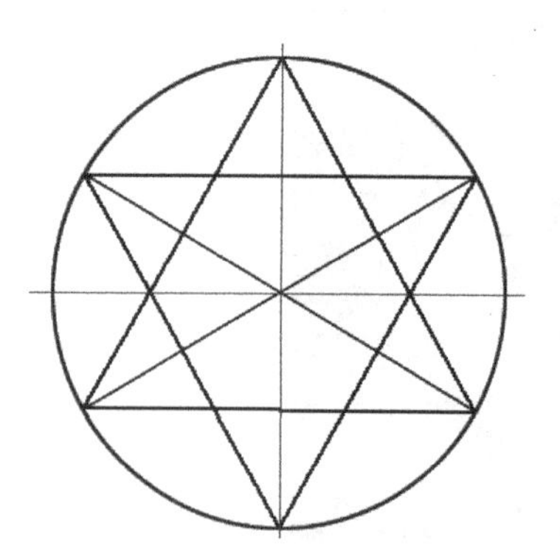

图 1-55　将各顶点连成线

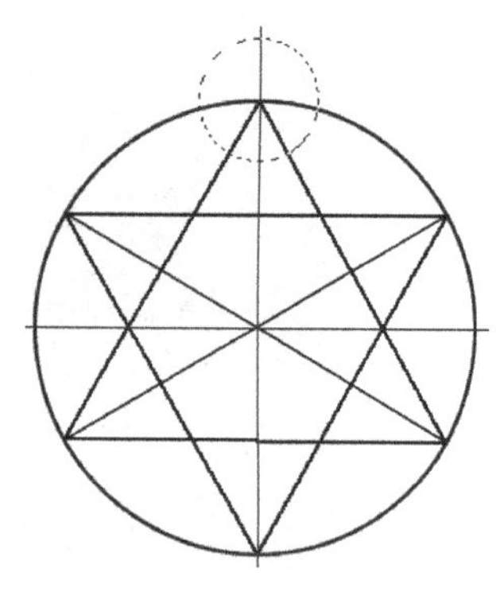

图 1-56　建立小圆选区

12）单击工具箱中的“前景色”图标，分别输入 HSB 的值，设置 H 为 0 度，S 为 100，B 为 100，这时将前景色设置纯红色，按〈Alt+Delete〉组合键，将小圆选区填充为红色。

13）按〈Ctrl+D〉组合键取消选择，然后按〈Ctrl+T〉组合键，进行自由变换，将小圆中心点标记移到画布中央，即两条参考线交叉处，然后在自由变换选项栏的角度文本框中填写 30，然后按〈Enter〉键确定变换。

14）接着按住〈Ctrl+Alt+Shift〉组合键，再按一下〈T〉键，进行再次变换，则复制出一个小圆；依照此方法，再按 11 下〈T〉键，则将红色小圆复制出 12 个来。如图 1-57 所示。

15）单击工具箱中的“选择工具”按钮，然后在所需要改变颜色的小圆上右击，并选择弹出菜单中小圆所在的图层，如图 1-58 所示。然后单击工具箱中的“魔术棒工具”按钮，单击小圆红色部分，则选中整个小圆区域。然后单击工具箱中的“前景色”图标，将色相 H 值改为 30，如 H: 30 度，则前景色变为橙色，然后按〈Alt+Delete〉组合键，用设置好的橙色填充小圆。

16）按步骤 15）的操作，分别用选择工具选取其他 11 个小圆图层，然后用“魔术棒工具”选择该小圆所在区域，并依次使色相 H 以 30 为递增的数值，如 60、90、120、150 等，并用这些颜色填充，以此类推，这样，色环已经完成了。单击图层面板上的“小圆”图层，再按住〈Shift〉键，使用鼠标单击“小圆 副本 11”图层，按〈Ctrl+E〉组合键合并所有的小圆图层。

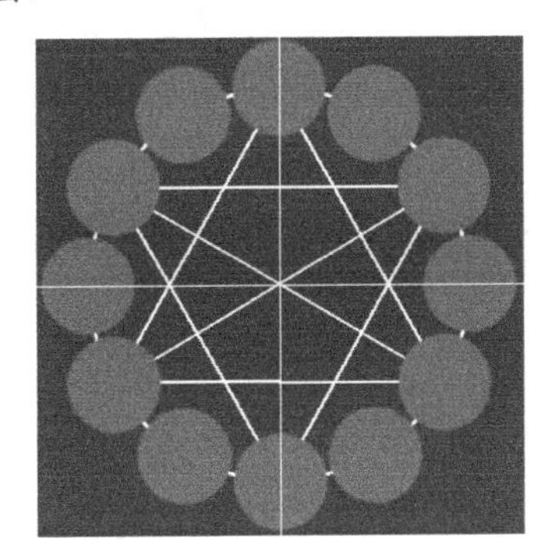

图 1-57 用“再次变换”复制 12 个圆

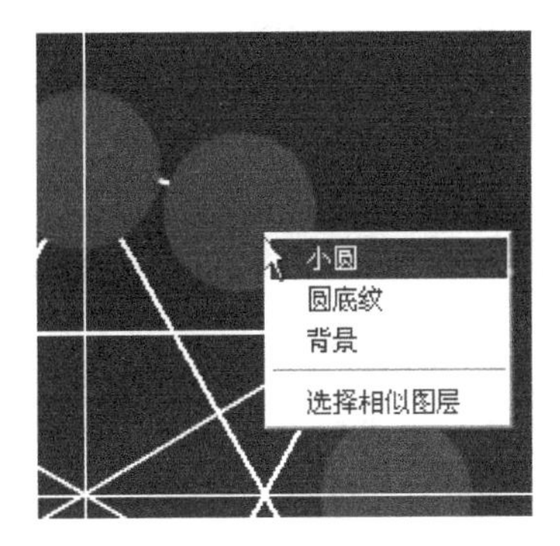

图 1-58 选择小圆相应的图层

2．制作三原色

1）单击图层面板上的“创建新图层”按钮，新建图层，命名为“红”，单击工具箱中的“椭圆选框工具”按钮，按住〈Shift〉键拖出正圆，然后将前景色设置为纯红色（H: 0 度，S：100，B：100），按〈Alt+Delete〉组合键为正圆选区填充上纯红色。

2）使用同样的方法，分别新建图层并命名为“绿”“蓝”，分别将前景色设置为纯绿色（H：120 度，S：100，B：100）和纯蓝色（H：240，S：100，B：100），按〈Alt+Delete〉组合键为正圆选区填充上纯绿色和纯蓝色，使用“移动工具”，将红、绿、蓝 3 个圆拖动到图 1-59 所示的位置。

3．产生三原色混色效果并输入文字

1）选中“图层”面板中的最上面的“蓝”图层，在“图层”面板中的“设置图层的混合模式”下拉列表框中选择“差值”选项，使“蓝”图层与“绿”图层中的图像颜色混合。

2）同样，将“绿”图层的混合模式设置为“差值”，使“绿”图层与“红”图层中的图像颜色混合。此时的“图层”面板如图 1-60 所示。

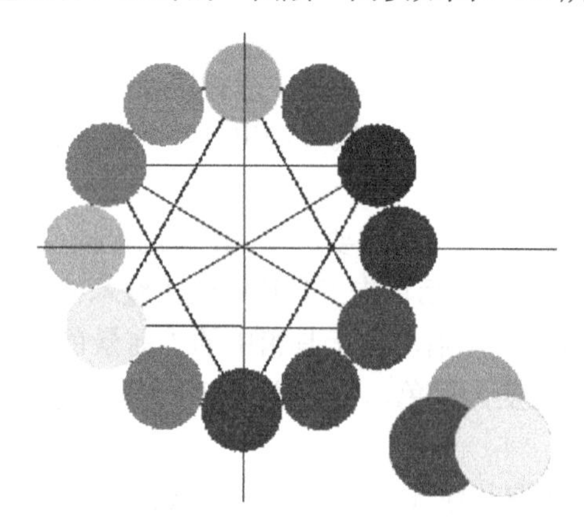

图 1-59　绘制的三原色

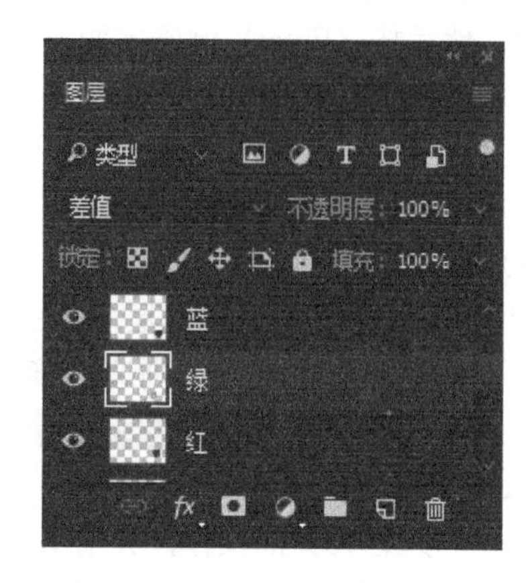

图 1-60　将图层混合模式设置为“差值”

3）单击工具箱中的“直排文字工具”按钮，单击画布窗口中的左上角。在文字工具选项栏中设置字体为隶书，文字大小为 72 点，在“设置消除锯齿方法”下拉列表框中选择“锐利”，单击“设置文本颜色”色标，打开“拾色器”对话框，设置文字颜色为红色，单击“确定”按钮。此时的“直排文字工具”选项栏如图 1-61 所示，输入“色环及三原色混色”。

图 1-61　“直排文字工具”选项栏

4）打开“样式”面板，单击按钮，打开面板菜单。选择“文字效果”命令，打开“Adobe Photoshop CC 2017”对话框，如图 1-62 所示，单击“追加”按钮，将“文字效果”中的新样式添加到“样式”面板中。单击“样式”面板中的“绿色渐变描边”按钮，如图 1-63 所示，将该样式应用于当前选中的文字图层。

图 1-62　添加图层样式弹出的对话框

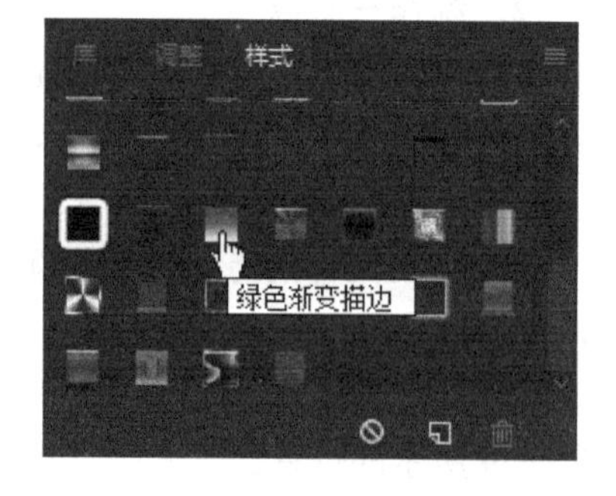

图 1-63　“绿色渐变描边”按钮

1.6.2 【相关知识】填充单色或图案

1. 使用“油漆桶工具”填充单色或图案

使用“油漆桶工具”，可以就颜色容差在设置范围中的区域填充颜色或图案。设置好前景色或图案后，只要单击要填充区域，即可为单击处和该处就颜色容差在设置范围中的区域填充前景色或图案，创建选区后仅可以在选区内填充颜色或图案。

单击工具箱中的“油漆桶工具”按钮，其选项栏如图 1-64 所示。

前景 模式：正常 不透明度：100% 容差：32 消除锯齿 连续的 所有图层

图 1-64 “油漆桶工具”的选项栏

有关选项的作用如下。

- “填充”下拉列表框：用来选择填充的方式。选择“前景”选项，填充前景色；选择“图案”选项，填充图案，此时“图案”下拉列表框变为有效。
- “图案”下拉列表框：单击其黑色按钮，打开“图案样式”面板，如图 1-65 所示。利用该面板可以设置填充的图案，也可更换、删除和新建图案样式。
- “容差”文本框：其中的数值决定容差的大小，容差数值决定填充色的范围。其值越大，填充色的范围也越大。
- “消除锯齿”复选框：选中后可以减小填充图像边缘的锯齿。

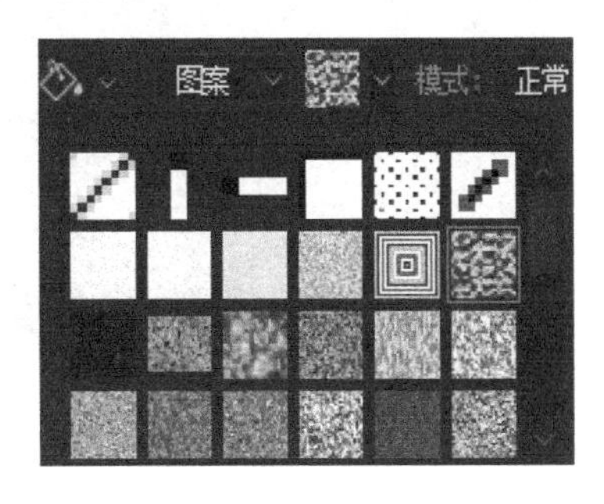

图 1-65 “图案样式”面板

- “连续的”复选框：如果勾选该复选框，在为多个不连续的区域填充颜色或图案时，则只为单击的区域填充前景色或图案，否则为所有区域填充前景色或图案。

注意：这里所说的区域是指选区内颜色容差在设置范围内的区域。

- “所有图层”复选框：选中后可在所有可见图层内操作，即为选区内所有的可见图层中颜色容差在设置范围中的区域填充颜色或图案。

2. 定义填充图案

1）导入或者绘制一幅蝴蝶图像，如果图像较大，则选择菜单“图像”→“图像大小”命令，打开“图像大小”对话框重新设置图像大小。

2）选择图 1-66a 所示的图像所在画布，选择菜单“编辑”→“定义图案”命令，打开“图案名称”对话框。在“名称”文本框中输入图案名，如“蝴蝶”，如图 1-66b 所示。单击“确定”按钮，完成定义新图案的操作，在“图案样式”面板中会添加一个新的图案。

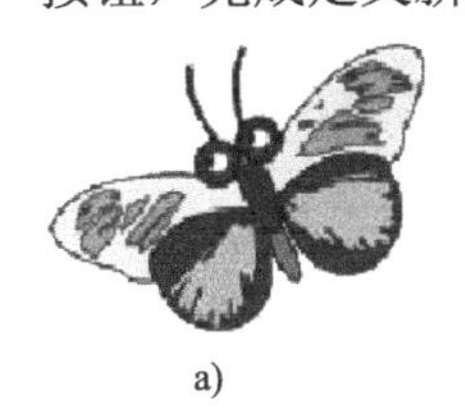

a)

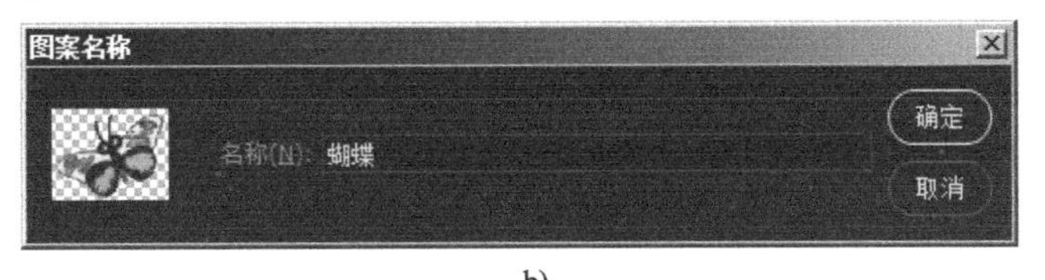

b)

图 1-66 “蝴蝶”图像和“图案名称”对话框

3. 使用"填充"命令填充单色或图案

选择菜单"编辑"→"填充"命令，打开"填充"对话框，如图 1-67 所示，用其可以为选区填充颜色或图案。其中的"模式"下拉列表框和"不透明度"文本框与"油漆桶工具"选项栏中的作用一样。

单击"内容"下拉列表框的黑色箭头按钮，则显示填充内容类型的选项。如果选择"图案"选项，则"填充"对话框中的"自定图案"下拉列表框变为有效，其作用同"油漆桶工具"选项栏中的"图案"下拉列表框，如图 1-68 所示。

图 1-67 "填充"对话框

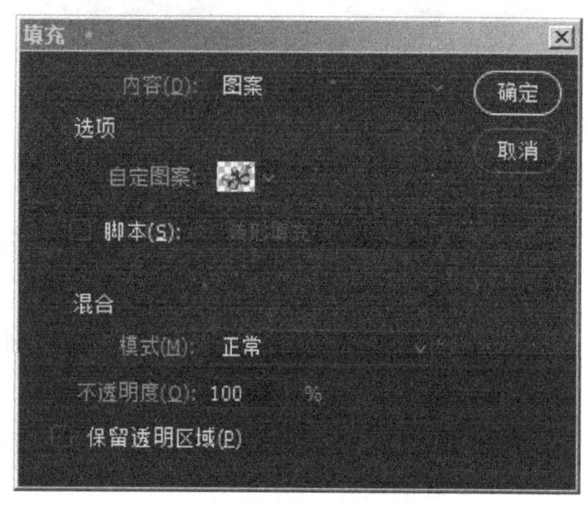

图 1-68 颜色类型选项

4. 使用快捷键填充单色

- 使用背景色填充：按〈Ctrl+Delete〉或〈Ctrl+Backspace〉组合键。
- 使用前景色填充：按〈Alt+Delete〉或〈Alt+Backspace〉组合键。

5. 使用剪贴板填充图像

- "粘贴"命令：选择菜单"编辑"→"粘贴"命令，将剪贴板中的图像粘贴到当前图像中，同时会在"图层"面板中增加一个新图层来存放粘贴的图像。
- "贴入"命令：在一幅图像中创建一个椭圆选区，并羽化 13 个像素，如图 1-69 所示。选择菜单"编辑"→"选择性粘贴"→"贴入"命令，将剪贴板中的图像粘贴到该选区中，如图 1-70 所示。

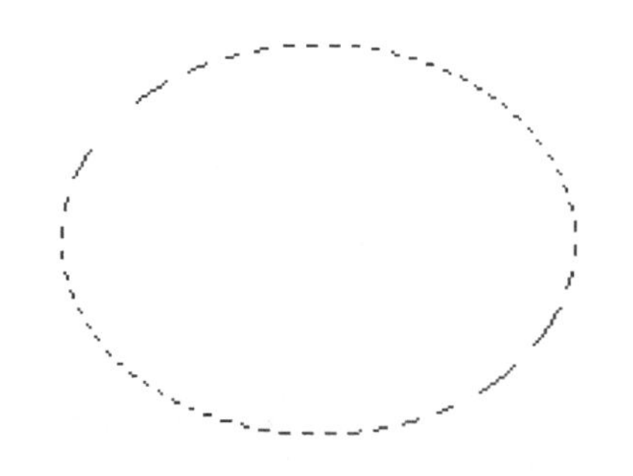

图 1-69 创建椭圆选区并羽化 13 像素

图 1-70 将剪贴板中的图像粘贴入到选区中

6. 智能填充

智能填充又叫作内容填充，它是 Photoshop CS5 之后的版本新增加的功能，可以快速实现对图像的智能修补，使用起来非常方便。

1）打开风景图，如图 1-71 所示，使用“套索工具”或“多边形套索工具”给需要删除的区域加上选区（大致就好），如图 1-72 所示。

图 1-71　要进行智能填充的风景图

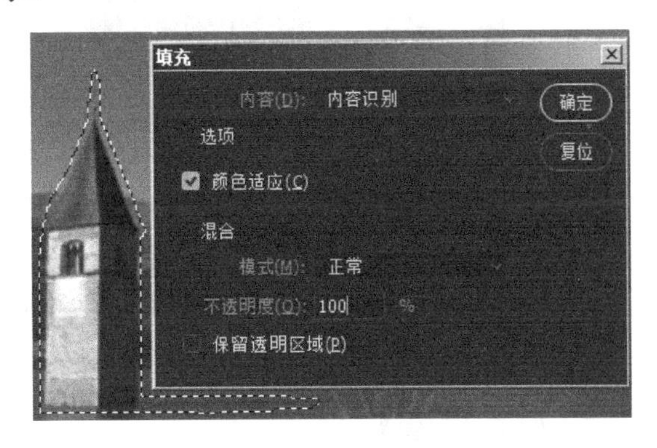

图 1-72　给需要删除的区域加上选区

2）选择菜单“编辑”→“填充”命令（快捷键为〈Shift+F5〉），在“填充”对话框中选择“内容识别”选项，如图 1-72 所示，填充后的效果如图 1-73 所示。

3）在第一次智能填充后，还有很多的瑕疵，对有瑕疵的地方重复使用“内容识别”的填充内容，如此不断细调。最终效果如图 1-74 所示。

图 1-73　第一次“智能填充”后的效果

图 1-74　“智能填充”最终效果

1.7　图像变换与注释

1.7.1 【案例 1–3】“天天留影”电子相册封面

“天天留影”电子相册封面案例的效果如图 1-75 所示。

图 1-75 “天天留影”电子相册封面效果

【案例设计创意】

目前很多家庭的小宝宝过周岁生日时，都会照许多照片作为留念。该案例基于这些照片来制作一个名为“天天留影”的电子小相册，从中挑出比较好的照片作为电子相册封面。左上角和右下角使用前面制作过的三原色图片加以点缀，以体现电子相册的丰富多彩。

二维码 1-3 “天天留影”电子相册封面

【案例目标】

通过本案例的学习，读者可以掌握裁切图像、图像自由变换的操作技巧，以及利用图层样式制作“天天留影”这几个字的外发光效果，这在海报设计中也比较常用。

【案例的制作方法】

1. 调整画布和原图像

1）打开“三原色混色.psd”图像文件，以“【案例 1-3】 天天留影电子相册封面.psd”为文件名保存。

2）打开该画布的“图层”面板，按住〈Ctrl〉键单击“图层”面板中的“图层 1”“图层 2”和“图层 3”图层，选择菜单“图层”→“合并图层”命令，或按快捷键〈Ctrl+E〉，将选中的 3 个图层合并为一个名为“图层 3”的图层。

3）选择菜单“图像”→“画布大小”命令，打开图 1-76 所示的“画布大小”对话框。设置画布大小，设置宽为 800 像素，高为 500 像素。在“画布扩展颜色”下拉列表框中选择“背景”选项，设置背景色为黑色。单击“确定”按钮，将画布窗口的

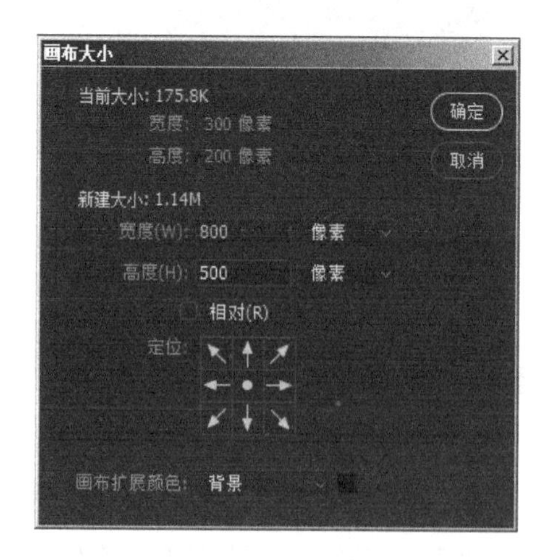

图 1-76 “画布大小”对话框

宽调整为800像素，将高调整为500像素，扩大的部分填充黑色。

4）单击工具箱中的“移动工具”按钮，勾选选项栏中的“自动选择图层”复选框，保证单击画布窗口时该图层的对象可移动。

5）单击工具箱中的“直排文字工具”按钮，设置文本颜色为红色，字体为“隶书”，大小为36点，输入文字“天天留影”。

6）在“图层”面板中拖动“天天留影”文字图层到“图层”面板中的“创建新图层”按钮之上，在“天天留影”文字图层之上复制一个“天天留影”文字图层，名为“天天留影副本”图层。

7）单击“图层”面板中位于下方的“天天留影”文字图层，单击“样式”面板中的“喷溅蜡纸”样式按钮（若面板中默认没有“喷溅蜡纸”样式，则单击“样式”面板右上方的按钮，追加“文字效果”样式即可），将该样式应用于选中的“天天留影”文字。再选“天天留影副本”图层，单击“图层”面板上的“添加图层样式”按钮，选“外发光”效果，参数设置如图1-77所示，最后得到的文字效果如图1-75所示。

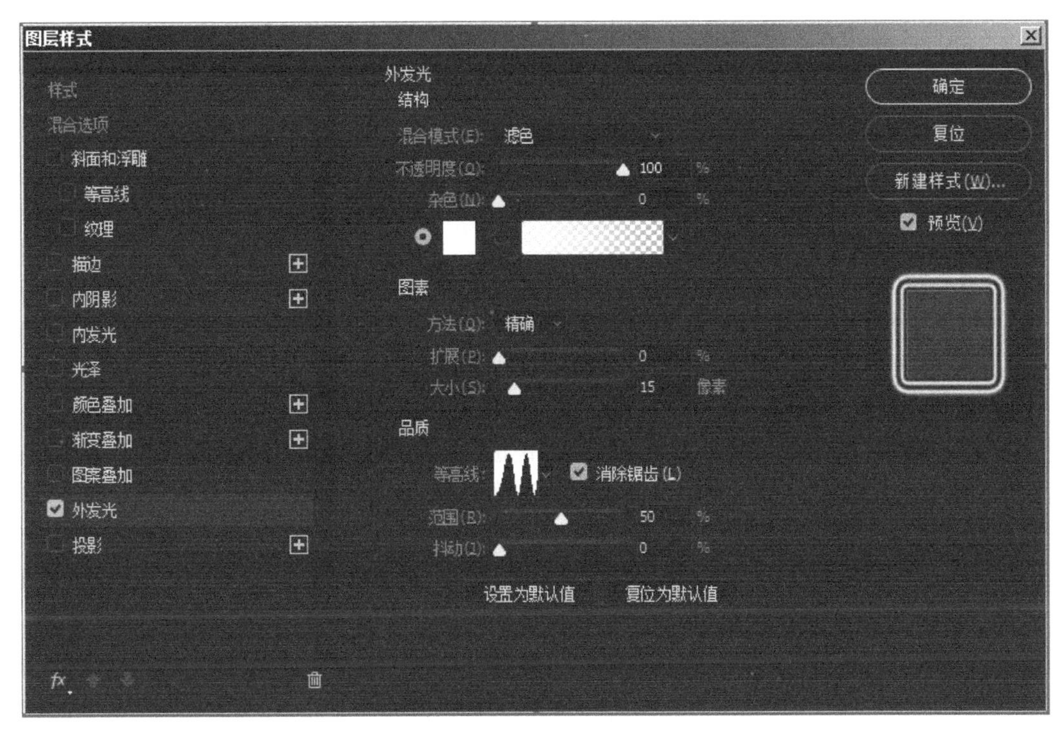

图1-77　设置“外发光”图层样式

8）单击工具箱中的“移动工具”按钮，按住〈Alt〉键拖动三原色图形进行复制，并将其分别移到画布窗口中的左上角和右下角，此时“图层”面板中会自动增加“图层3副本”图层。

2．添加宝宝照片

1）选择菜单“文件”→“打开”命令，打开素材中的7幅宝宝照片，其中4幅照片如图1-78所示。

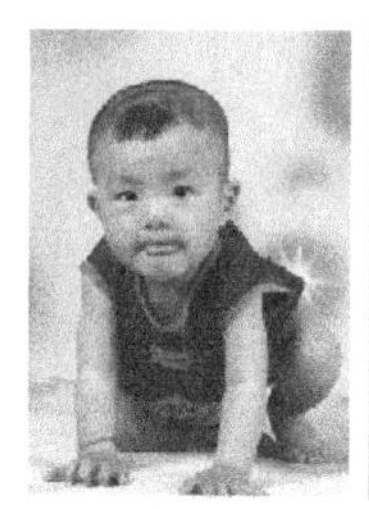 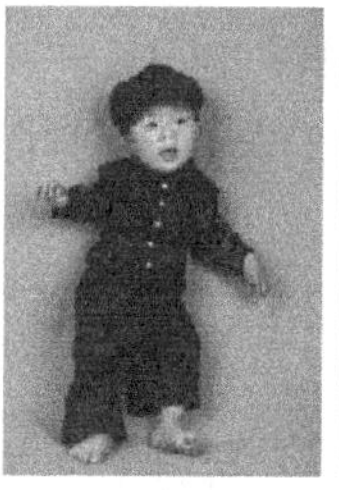  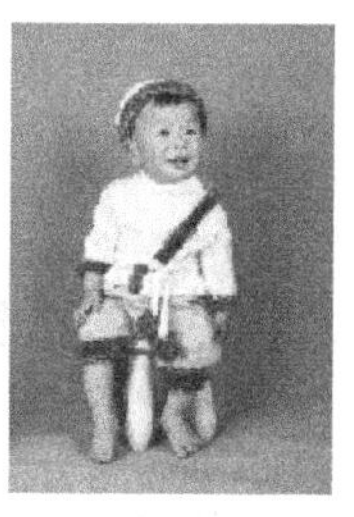

图 1-78　4 幅宝宝照片

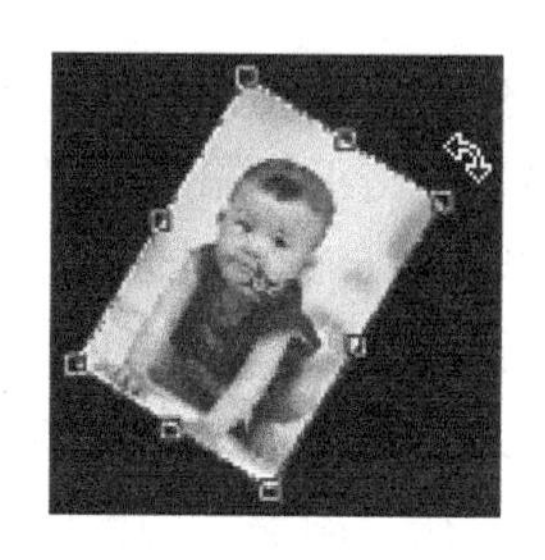

图 1-79　将图像旋转一定角度

2）单击工具箱中的“移动工具”按钮，拖动一幅宝宝照片到“【案例 1-3】天天留影电子相册封面.psd”画布窗口中。这时，在该画布窗口中，将在新建的图层中复制出一幅宝宝照片。

3）选择菜单“编辑”→“自由变换”命令或按快捷键〈Ctrl+T〉，在选中的宝宝照片四周显示一个矩形框、8 个控制点和中心点标记。按住〈Shift〉键拖动任意一个角调整图像大小，拖动图像右上角的外边则可以将图像旋转一定的角度，如图 1-79 所示。

4）按照上述方法，将其他 6 幅宝宝照片复制到“【案例 1-3】天天留影电子相册封面.psd”画布窗口中，然后调整其大小、旋转角度、位置及图层位置，最终效果如图 1-75 所示。

1.7.2 【相关知识】图像变换与注释

1. 移动、复制和删除图像

- 移动图像：单击工具箱中的“移动工具”按钮，鼠标指针变成形状。单击“图层”面板中要移动图像所在的图层，然后在画布中拖动该图层中的图像即可移动该图像。如果选中“移动工具”选项栏中的“自动选择图层”复选框，则按下鼠标左键拖动图像时会自动选择鼠标指针位置图像所在的图层。

在选中要移动的图像之后，也可以按方向键进行细微移动，此时每次可以移动 1 像素；若按住〈Shift〉键的同时按方向键，则可以每次移动 10 像素。

- 复制图像：单击工具箱中的“移动工具”按钮，按住〈Alt〉键拖动选区中的图像时，便可完成图像复制。如果使用“移动工具”将画布中的图像拖动到另一个画布中，则可复制该图像到另一画布中。
- 删除图像：使用“移动工具”单击要删除的图像（也可以选中该图像所在的图层），然后按〈Delete〉键或〈BackSpace〉键，可删除该图像及所在的图层。如果图像只有一个图层，用这种方法则不能删除该图像，必须用选择工具将图像选中后再按〈Delete〉键，这样可删除该图像但不能删除图层。

注意：不可以移动、复制和删除“背景”图层中的图像。如果要进行此操作，则需要首先将“背景”图层转换为常规图层。转换的方法是双击“背景”图层，打开“新建图层”对话框，然后单击“确定”按钮。

2. 变换图像

选择菜单“编辑”→“变换”命令的下一级菜单命令，按选定的方式调整选中的图像，如图 1-80 所示。

- 缩放图像：选择菜单“编辑”→“变换”→“缩放”命令，在所选图像的四周显示一个矩形框、8 个控制柄和中心点标记⌖。拖动图像四角的控制点即可调整选中图像的大小，如图 1-81 所示。
- 旋转图像：选择菜单“编辑”→“变换”→“旋转”命令，拖动所选图像四角的控制柄即可旋转选择图像，如图 1-82 所示。拖动矩形框中间的中心点标记⌖可改变旋转的中心点位置。
- 斜切图像：选择菜单“编辑”→“变换”→“斜切”命令，拖动所选图像四边的控制柄即可使选择图像呈斜切效果，如图 1-83 所示。按住〈Alt〉键拖动，可使选择图像对称斜切，同样也可以移动中心点标记⌖。

再次(A)　Shift+Ctrl+T
缩放(S)
旋转(R)
斜切(K)
扭曲(D)
透视(P)
变形(W)
旋转 180 度(1)
旋转 90 度(顺时针)(9)
旋转 90 度(逆时针)(0)
水平翻转(H)
垂直翻转(V)

图 1-80 “变换”子菜单

图 1-81　缩放变换

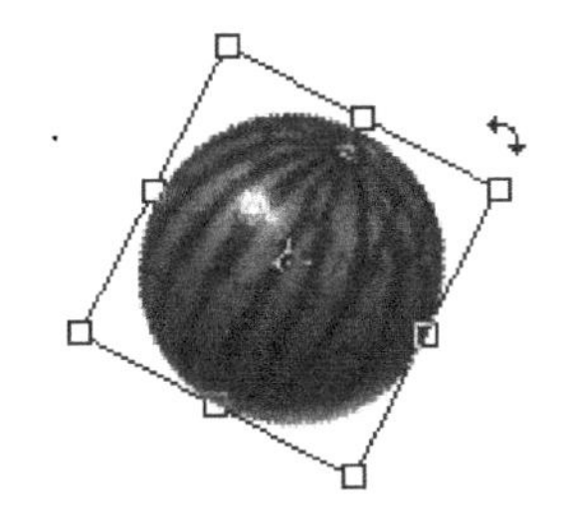

图 1-82　旋转变换

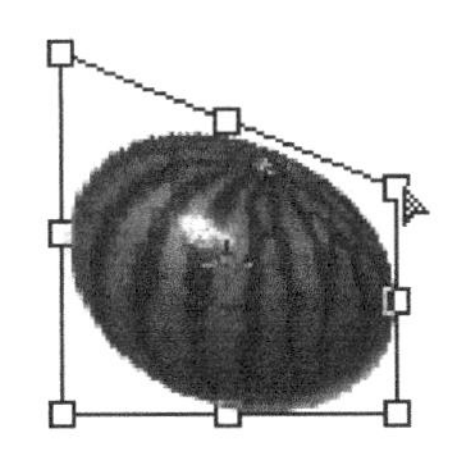

图 1-83　斜切变换

- 扭曲图像：选择菜单“编辑”→“变换”→“扭曲”命令，拖动所选图像四角的控制柄即可使选择图像呈扭曲状，如图 1-84 所示。按住〈Alt〉键拖动，可使选择图像对称扭曲，同样也可以移动中心点标记。
- 透视图像：选择菜单“编辑”→“变换”→“透视”命令，拖动所选图像四角的控制柄即可使选择图像呈透视效果，透视处理后的图像如图 1-85 所示，同样也可以移动中心点标记⌖。
- 变形图像：选择菜单“编辑”→“变换”→“变形”命令，拖动所选图像四周的控制柄可使选中的图像呈变形效果，变形处理后的图像如图 1-86 所示。另外拖动切线控制柄也可以改变图像形状。

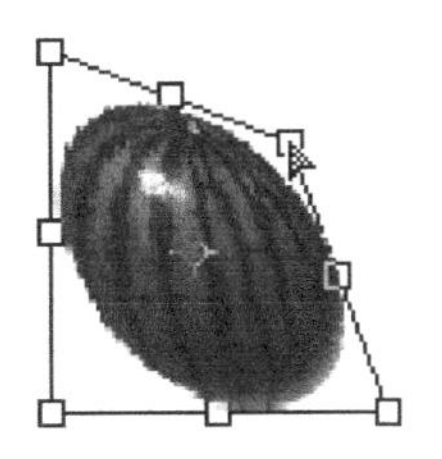

图 1-84　扭曲变换

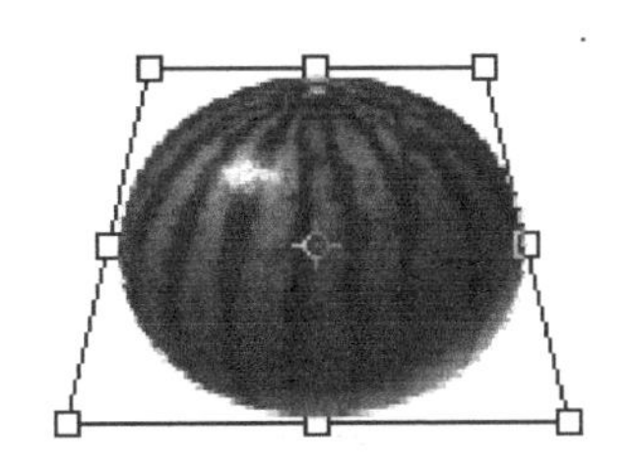

图 1-85　透视变换

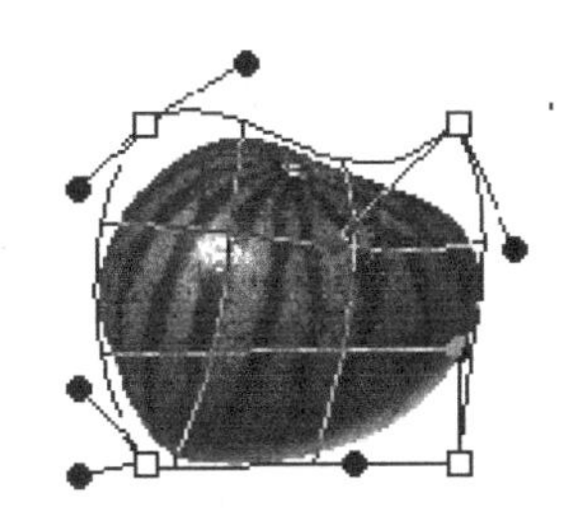

图 1-86　变形变换

- 按特殊角度旋转图像：选择菜单“编辑”→“变换”→“水平翻转”或“垂直翻转”命令可水平或垂直翻转所选图像。另外，还可以旋转 180°，顺时针旋转和逆时针旋转 90°。
- 自由变换图像：选择菜单“编辑”→“自由变换”命令（快捷键〈Ctrl+T〉），在所选图像四周显示一个矩形框、8 个控制柄和中心点标记，可照上述缩放、旋转和变换图像的方法自由变换所选图像。

3．为图像加入文字注释

“注释工具”用来为图像添加文字注释，其选项栏如图 1-87 所示。

图 1-87 “注释工具”选项栏

各选项的作用如下。

- “作者”文本框：用来输入作者名，该名字出现在窗口的标题栏中。
- “大小”下拉列表框：用来选择文字的大小。
- “颜色”色块：单击后，打开“拾色器”对话框，用来选择注释文字的颜色。
- “清除全部”按钮：单击后可清除全部注释文字。

要为图像添加注释文字，单击工具箱中的“注释工具”按钮，然后单击图像或在其上拖动，在显示的注释框内输入文字，如图 1-88 所示。

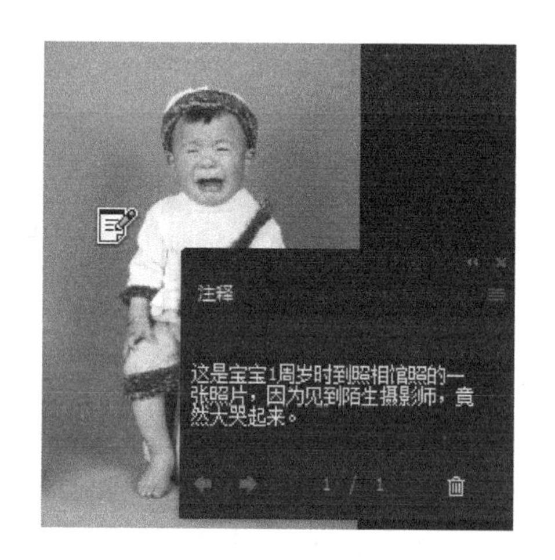

图 1-88 注释框

双击“注释”面板右上角的关闭按钮，关闭注释面板，在图像上只显示“注释标记”按钮，再次双击该按钮则打开注释框。

为图像添加语音注释与此类似，限于篇幅，不专门介绍，有兴趣的读者可以自己学习。

1.8 Photoshop CC 2017 的新增功能

1．支持 emoji 表情包在内的 svg 字体

Photoshop CC 2017 直接可以通过 EmojiOne 字体输入表情包，而且还是 SVG（Scalable Vector Graphics，可升级矢量图形）字体，可以无限放大。制作文字的时候，可以像打字一样插入 emoji 表情包。打开“字形”面板，选择该字体，选中喜欢的表情包，双击即可完成输入，如图 1-89 所示。

表情包还可以“创建复合字形”和“创建字符变体”，前者的意思是，前后选择两个表情包，合成一个新的表情包。比如先选了字母 C 再去选择字母 N 的时候，就会自动变为中国国旗；其他字母也一样，比如 US 是美国，如图 1-90 所示。对于后者，例如先选了小人的表情包，如果再选颜色，小人就会变肤色，如图 1-91 所示。

图 1-89 输入 emoji 表情包在内的 svg 字体

图 1-90 创建复合字形

图 1-91 创建字符变体

而除了 EmojiOne 字体外，Photoshop 内置的 Trajan Color Concept 这款 SVG 字体也很好用，它在字形中直接提供了多种渐变和颜色，如图 1-92 所示。

图 1-92 PS 内置的 Trajan Color Concept 字体

2. 更智能的人脸识别液化滤镜

Photoshop CC 2017 增强了液化滤镜中的人脸识别功能，能更精准地处理眼睛、鼻子、嘴唇和脸部形状，甚至还可以处理单只眼睛。可以选择菜单“滤镜”→“液化”命令，效果如图 1-93 所示。

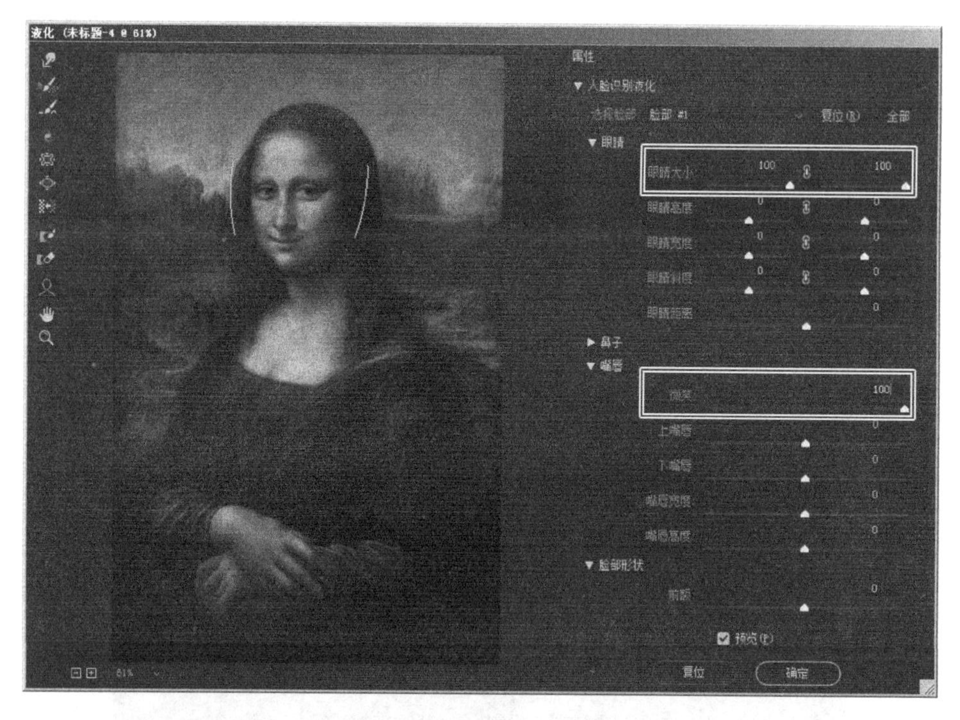

图 1-93　人脸识别液化滤镜

3. 强大的搜索功能

Photoshop CC 2017 版本新增的搜索功能很实用，尤其对于初学者。该功能支持全面搜索，目前支持的搜索对象包括 Photoshop 用户界面元素，如操作命令快捷键、学习资源、Stock 图库。在搜索面板上既可以在一个界面查看搜索结果，也可以分类查看，非常方便。不懂的操作可以直接在软件中搜索答案，提高了学习效率。

启动搜索的操作也很简单，可以按快捷键〈Ctrl+F〉，也可以通过菜单栏的“编辑”→“搜索”命令，或者直接在工具选择栏的右侧单击搜索图标，具体如图 1-94 所示。

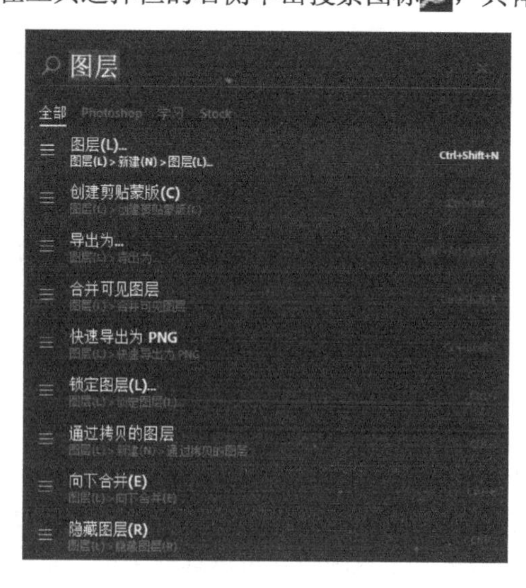

图 1-94　搜索功能

4．增强的“属性”面板

在这次的更新中，Photoshop CC 2017 的“属性”面板也得到了一些更人性化的增强，它已经被加入了“基本工作区”。默认安装后，打开 Photoshop，就能看到它跟“调整”面板靠在一起。而实用的新功能是，如果当前选中的是文字，“属性”面板就是文字属性层，能做基本的调整；如果是像素图形，就显示像素属性；如果是形状，就显示形状属性……简言之，属性是更多元素的属性，它是动态的。如果什么都没选择，则“属性”面板显示当前文档的属性，如图 1-95 所示。

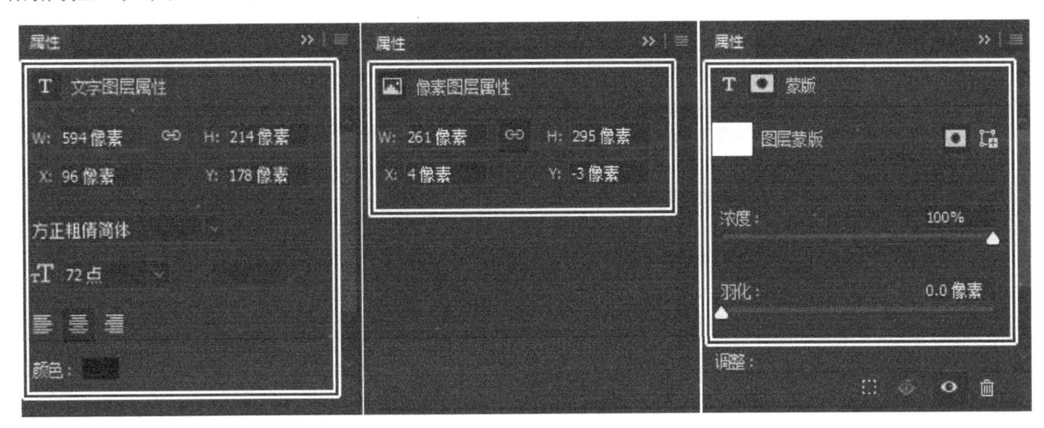

图 1-95 “属性”面板

5．继续强化的抠图功能

在这次更新中，把“套索工具”加了进来；提供高品质预览；找回了一些“调整边缘”的操作体验。示例如图 1-96 所示。

图 1-96 继续强化的抠图功能

6．新建文档功能的更新

Photoshop CC 2017 版本，更新了“新建文档”这个最常用的功能。在“新建文档”时，会看到全新的工作区，并能显示最近的作品，具有大量的文档预设，分类清晰，并进行视觉化展示。另外，还可以联网直接搜索 Stock 上的设计模板，模板格式是 psdt。

7．其他功能变化概览

Photoshop CC 2017 版本有更快的处理速度，也能更好地跟 Adobe XD 在线协作，更好地使用 CC 创意库等。限于篇幅，就不再详细列出，如图 1-97 所示。

其他增强功能

- "匹配字体"功能经过改进后，包含了来自本机安装的字体的更多结果
- 您现在只需单击文本框的外部，即可提交文本。
- 可直接从"开始"屏幕打开 Creative Cloud Files 目录中的 PSD 文件
- "图层计数"功能如今可以更准确地体现文档中的图层和组内容。
- 选框选择经过改进，只能选择现用画板中的元素
- 可通过首选项在用户界面中选择高光颜色：**蓝色**或**灰色**。选择 **"首选项"** > **"界面"**，然后在**外观**下选择**高光颜色**。
- 选择"智能半径"时，不再强制实施用户界面中的最小半径阈值。
- 对于 16 位图像，表面模糊的速度现在提高了 10 倍。
- 在 **"首选项"** > **"界面"** 中，改进了三种最浅颜色方案之间的对比度。
- "液化"对话框中提供了新的**预览**复选框
- 增加了隐藏"人脸识别液化"中屏幕 Widget 的能力
- 在配有 AMD 图形处理器且运行 Mac OS X 10.11 及更高版本的计算机上，您可以将 Apple 的 Metal 图形加速框架与油画滤镜结合使用。更多信息，请参阅油画滤镜。
- 现在，通过**导出为**执行导出时，可保留 GPano 元数据
-

变化的内容

- 此版本的 Photoshop 无法再使用设计空间（预览）。
- 在 Photoshop 的早期版本中，Cmd/Ctrl+F 曾是重新应用上次所用滤镜的键盘快捷键。从这个版本开始，它的作用是调用 Photoshop 搜索体验。如有必要，您可以使用 **"编辑"** > **"键盘快捷键"** 来重新分配键盘快捷键。
- Mac OS X 10.9 (Mavericks) 不再是这个 Photoshop CC 版本支持的操作系统。

图 1-97　其他功能变化概览

1.9　本章小结

本章从基本的色彩、色彩构成的概念讲起，讲述了色彩和图像的基本知识，加深读者对色彩原理及配色的理解；还介绍了 Photoshop CC 2017 工作区域，并从简单工具入手，通过几个简单案例，读者能够对软件的使用有一个初步了解，提高读者的学习兴趣。

1.10　练习题

1. 将"【案例 1-3】天天留影电子相册封面"图像的画布窗口进行调整，宽度为 800 像素，高度为 600 像素，背景色为黑色。将画布中左上角的三原色混色图像等比例缩小后复制两份，分别移到画布窗口中的左下角和右上角，再添加几幅宝宝照片，重新调整 10 幅宝宝照片的大小、位置和旋转角度，重新布置画面。

2. 收集一些自己全家的几幅精彩照片，参考"天天留影电子相册封面"案例，制作一个电子相册封面。然后添加一些装饰图像和花边，并采用一种或多种样式的文字表现"我爱我家"。

3. 找几张人像照片，使用 Photoshop CC 2017 版本中新增的"人脸识别液化"滤镜进行美化处理，如增大眼睛、嘴唇修薄、嘴角上扬（微笑）、瘦脸等。

第 2 章　工具的使用方法与技巧

【教学目标】

通过前面章节的学习，读者将对 Photoshop CC 2017 软件的工作区域、操作界面有基本的了解。本章将对 Photoshop CC 2017 工具栏中的吸管、选取、移动、裁剪、画笔等工具进行详细的讲解、分析，并通过实际案例对这些知识点进行应用，以使读者掌握、巩固工具的使用方法和技巧。本章知识要点、能力要求及相关知识如表 2-1 所示。

【教学要求】

表 2-1　本章知识要点、能力要求及相关知识

知识要点	能力要求	相关知识
缩放工具、徒手工具和吸管工具	掌握	缩放工具、徒手工具和吸管工具的使用技巧
选取工具	掌握	选择工具、魔棒工具、套索工具的使用
移动和裁切工具	掌握	移动工具和裁切工具的使用技巧
画笔工具	掌握	画笔工具与历史记录画笔工具的应用
修复工具与无性系画笔图章	掌握	修复工具与无性系画笔图章的应用及意义
文字工具	掌握	文字工具的使用技巧
橡皮擦工具	掌握	橡皮擦工具、背景橡皮擦工具、魔术橡皮擦工具的使用技巧
路径工具、图像渲染工具和色调调和工具	掌握	钢笔工具、模糊工具组、减淡工具组的使用技巧及应用意义
渐变工具和颜料桶工具	掌握	渐变工具和颜料桶工具的使用技巧

【设计案例】

（1）3D 桌球

（2）绚丽泡泡

（3）复现圣女果

（4）圆柱体的制作

（5）光盘盘面设计

2.1　缩放、徒手和吸管工具

2.1.1　缩放工具的使用技巧

单击工具箱中的“缩放工具”按钮，移动鼠标指针到画面中，鼠标指针会显示为“放大”的状态，在画面的任意位置单击鼠标左键，可以将整幅图像放大，如图 2-1、图 2-2 所示。

图 2-1　放大图像前

图 2-2　放大图像后

如果需要缩小整幅图像，则只需要在单击“缩放工具”按钮之后按住〈Alt〉键，鼠标指针将显示为“缩小”状态，此时，单击鼠标左键即可缩小画面。

当需要将图像的某一个部分放大以进行查看的时候，可以用鼠标左键在需要查看的画面部分拖出一个选框，如图 2-3 所示。完成框选之后释放鼠标，图像中被框选的部分将放大至整个页面，如图 2-4 所示。

图 2-3　拖出选框

图 2-4　图像效果

当单击“缩放工具”按钮后，在 Photoshop 的选项栏中会显示其相关选项，如图 2-5 所示。读者了解其选项有助于快速、便捷地操作“缩放工具”的相关命令。

调整窗口大小以满屏显示　缩放所有窗口　细微缩放　100%　适合屏幕　填充屏幕

图 2-5　“缩放工具”选项栏

“缩放工具”的选项栏包括以下 8 个选项，它们的作用如下。

- 工具：单击鼠标左键可以放大页面中的图像，快捷键为〈Ctrl+ +〉。
- 工具：单击鼠标左键可以缩小页面中的图像，快捷键为〈Ctrl+−〉。
- 调整窗口大小以满屏显示：勾选此选项，可以在缩放图像的同时自动调整至页面大小。
- 缩放所有窗口：勾选此选项，可以缩放所有打开的图像。
- 细微缩放：勾选此选项，将鼠标指针在图像上向左上方拖动可以精确缩小图像，向右下方拖动可以精确放大图像。
- “100%”工具：单击 100% 按钮，图像将以实际像素显示，即以显示器屏幕像素对应图像像素时所显示出的比例，也被称为 100%显示比例。

- “适合屏幕”工具：单击适合屏幕按钮，在页面中可以最大化地显示完整图像。
- “填充屏幕”工具：单击填充屏幕按钮，图像将充满整个页面，它不考虑实际图像尺寸和比例，只以屏幕来完整显示整个图像。

2.1.2 徒手工具的使用技巧

徒手工具又被称为抓手工具。

在编辑图像的过程中，当图像的显示比例较大时，图像窗口就不能完全显示整幅画面，这时候可以单击工具箱中的“徒手工具”按钮，使用鼠标左键，利用“徒手工具”在画面上拖动，如图 2-6、图 2-7 所示。当然，也可以通过窗口右侧和下方的滑块来移动画面。

图 2-6 移动画面前

图 2-7 移动画面后

当单击“徒手工具”按钮后，在 Photoshop 的选项栏中会显示其相关选项，如图 2-8 所示。

滚动所有窗口 100% 适合屏幕 填充屏幕

图 2-8 “徒手工具”选项栏

“徒手工具”的选项栏包括以下 4 个选项，它们的作用如下。

- 滚动所有窗口：勾选此选项，可以滚动查看所有打开的图像。在选项栏中选择该选项，然后在一幅图像中拖动，即可滚动查看所有可见图像。
- “100%”工具：单击100%按钮，图像将以实际像素显示，即以显示器屏幕像素对应图像像素时所显示出的比例，也被称为 100%显示比例。
- “适合屏幕”工具：单击适合屏幕按钮，在页面中可以最大化地显示完整图像。
- “填充屏幕”工具：单击填充屏幕按钮，图像将填充满整个页面，它不考虑实际图像尺寸和比例，只以屏幕来完整显示整个图像。

2.1.3 吸管工具的使用技巧

吸管工具通过采集色样来指定新的前景色或背景色。它可以从图像或者屏幕上的任意位置采集色样。

在编辑图像的过程中，当需要选取画面上的某一个色样的时候，可以单击工具箱中的“吸管工具”按钮，使用鼠标左键在需要吸取的色样上方单击，就会出现一个选色色环，色环的颜色会随着鼠标指针的移动而改变，最终选定的色样将会被设定为前景色，如图 2-9 所示。如果需将某一色样设定为背景色，则可以使用“吸管工具”在画面的需要位置吸取色样的同时按下键盘上的〈Alt〉键，计算机将自动把吸取到的色样设为背景色。

图 2-9　使用“吸管工具”设定前景色

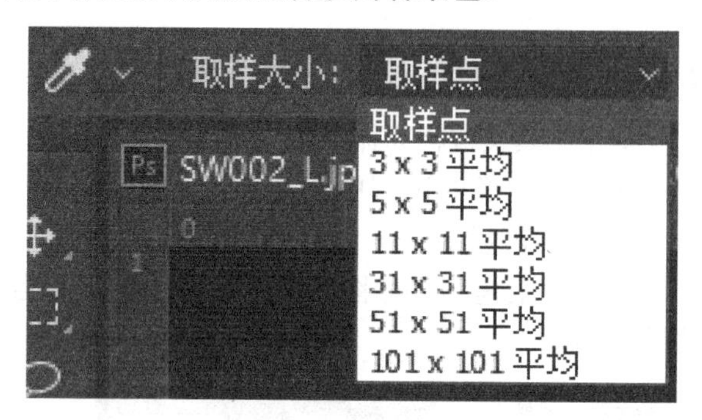

图 2-10　“吸管工具”的“取样大小”菜单

当单击“吸管工具”按钮后，在 Photoshop 的选项栏中会显示其相关选项，如图 2-10 所示。

图 2-11　“吸管工具”选项栏

“吸管工具”的选项栏包括以下 3 个选项，它们的作用如下。

①“取样大小”：在选项栏中从“取样大小”下拉列表中选择一个选项，如图 2-11 所示，可以更改吸管的取样大小，其作用如下。

- 取样点：读取所单击像素的精确值。
- 3×3 平均、5×5 平均、11×11 平均、31×31 平均、51×51 平均、101×101 平均：读取单击区域内指定数量的像素的平均值，如图 2-12 所示。

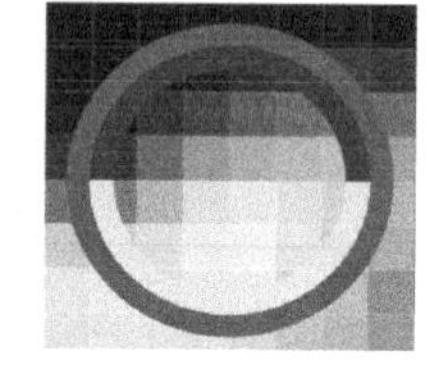

图 2-12　“取样大小”设置为 101×101 平均时的对比图

②“样本”：在选项栏中从“样本”下拉列表中选择一个选项，可以根据不同的图层进行取样，如图 2-13 所示。

③“显示取样环”：单击 显示取样环 选项，取色时将出现取样环。反之，取样环消失。

在工具栏中的“吸管工具”按钮右下角有一个小三角，表示该工具拥有子工具，右击则可以将子工具显示出来，“吸管工具”子目录如图 2-14 所示。

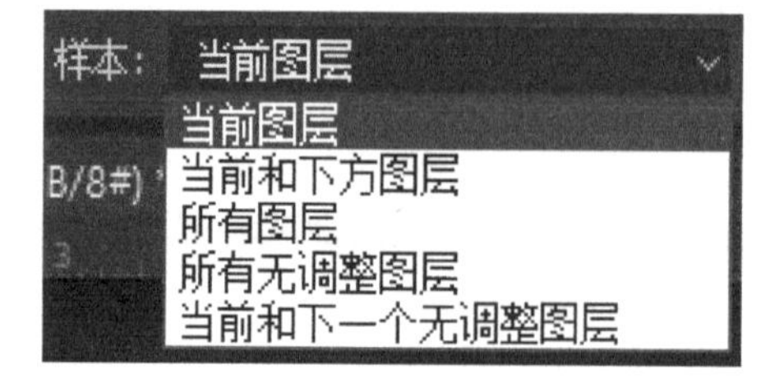

图 2-13　“样本”设置

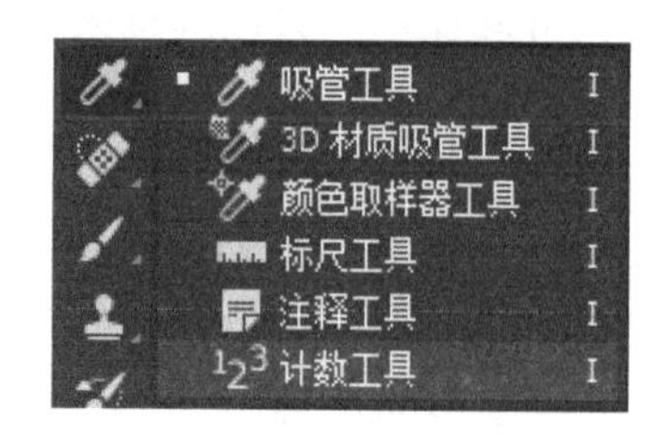

图 2-14　“吸管工具”子目录

2.2 选取工具

二维码 2-1
3D 桌球

2.2.1 【案例 2-1】3D 桌球

“3D 桌球”案例的效果如图 2-15 所示。

图 2-15 “3D 桌球”效果

【案例设计创意】

本案例制作了一个具有 3D 效果的立体桌球。背景使用了粉绿到墨绿的渐变，画面显示出深邃的效果，突出了画面主体 10 号桌球的立体感。

【案例目标】

通过本案例的学习，读者可以掌握工具箱中的选框、油漆桶、渐变填充等工具，还可以了解在 Photoshop 软件中怎样将平面效果转换为立体效果。

【案例的制作方法】

1）新建文档，宽度为 600 像素、高度为 400 像素，分辨率为 72 像素/英寸，颜色模式为 RGB 颜色的画布窗口。

2）在工具箱里单击“渐变工具”按钮，在渐变工具的选项栏中单击色块下拉按钮，将弹出“渐变编辑器”对话框，将颜色调整为绿色（R=30、G=193、B=100）至黑色（R=0、G=0、B=0）的渐变，如图 2-16 所示，单击“确定”按钮。

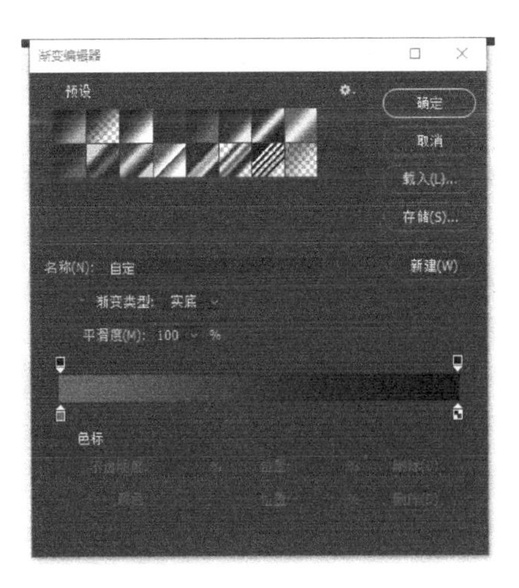

图 2-16 调整颜色编辑器

3）在“背景”图层上，使用“渐变工具”由下至上填充，效果如图 2-17 所示。新建“图层 1”，并填充上纯蓝色（R=0、G=0、B=255），图层关系如图 2-18 所示。

图 2-17　使用“渐变工具”填充

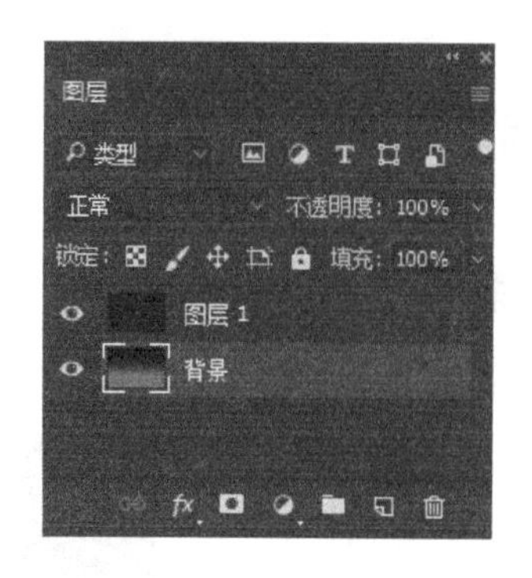

图 2-18　图层关系

4）在工具箱里单击“矩形选框工具”按钮，利用鼠标左键在画面上拖出一个矩形选框，效果如图 2-19 所示。

5）将前景色设定为白色（R=255、G=255、B=255），使用键盘上的快捷键〈Alt+Delete〉，将“图层 1”的上半段填充为白色。

6）依照前面的方法，在“图层 1”上再次利用前景色对第二个选框内的内容进行填充，效果如图 2-20 所示。

图 2-19　建立矩形选框

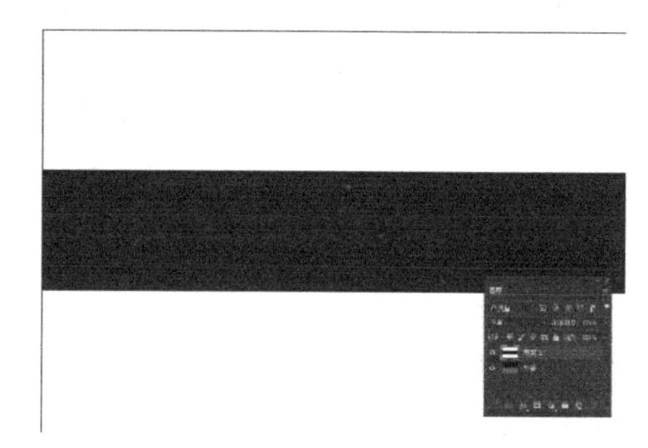

图 2-20　上半段和下半段填充白色

7）新建“图层 2”，用鼠标右键在工具箱里单击“矩形选框工具”按钮，在弹出的子菜单中选择“椭圆选框工具”，按住键盘上的〈Shift〉键创建一个正圆选区，并填充上白色，效果如图 2-21 所示。

8）新建“图层 3”，输入阿拉伯数字“10”。将“图层 1”“图层 2”、文字图层调整至同一水平线，效果如图 2-22 所示。

图 2-21　用白色填充圆形选区

图 2-22　输入数字“10”并调整位置

9）在“图层”面板上，按〈Shift〉键同时选中“图层 2”和文字图层，按〈Ctrl+T〉组合键进行自由变换变形，略微将圆形和阿拉伯数字 10 压缩的细长一些，效果如图 2-23 所示。

10）在“图层”面板上，按〈Shift〉键的同时选中“图层 1”“图层 2”和文字图层，执行“3D”→“从图层新建网格”→“网格预设”→“球体”命令，如图 2-24 所示，系统将自动生成球体，效果如图 2-15 所示。

图 2-23　对圆形和文字进行压缩变形

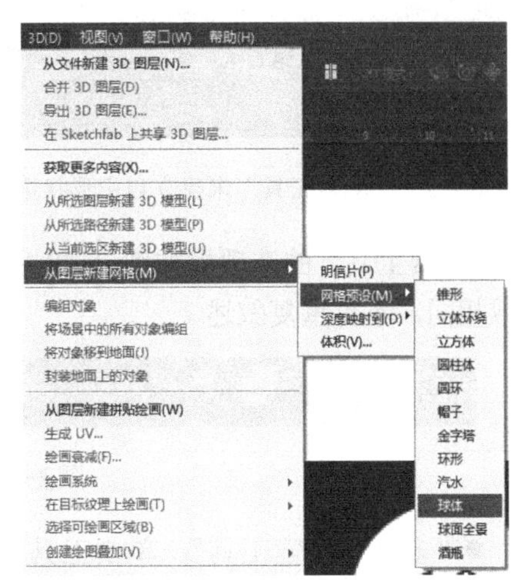

图 2-24　创建“球体”命令

2.2.2 【相关知识】不规则与规则选择工具

1．选区与选择工具

选区是使用 Photoshop 的“选择工具”建立的一个由黑白色浮动线条组成的区域，从而将操作的范围限制在这个区域中，起界定的作用。选区内是允许图像处理的范围，选区外的区域是不可修改调整的，当需要对整幅图像中的某一个部分进行单独调整的时候就会使用到“选区工具”。

在 Photoshop 软件中，选区大部分是靠“选择工具”来实现的。而“选择工具”又分为“规则选择工具”和“不规则选择工具”。

2．不规则选择工具

用户可使用“套索工具”和“快速选择工具”创建不规则选区，下面对它们进行简单的讲解。

（1）套索工具

使用鼠标右击工具箱中的“套索工具”按钮，将会弹出子菜单，如图 2-25 所示。

图 2-25 “磁性套索工具”工具组

- “套索工具”：单击工具箱中的“套索工具”按钮，可以建立自由形状的选区，它可以随着鼠标指针的自由移动形成路径，释放鼠标其路径自动形成选区，图 2-26 和图 2-27 分别为使用“套索工具”建立自由形状选区的前后对比图。

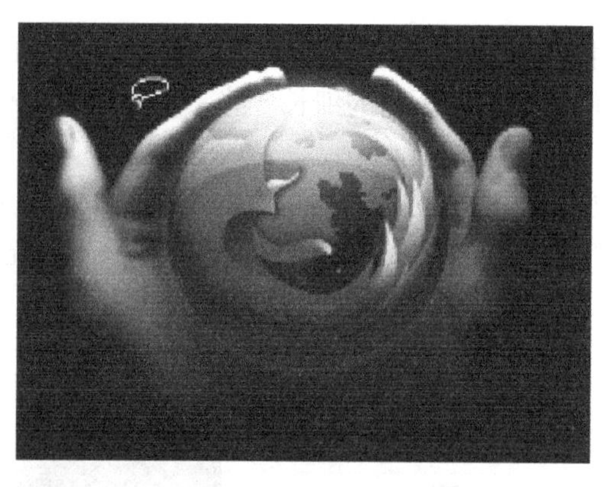

图 2-26 “套索工具”未建立自由形状选区前

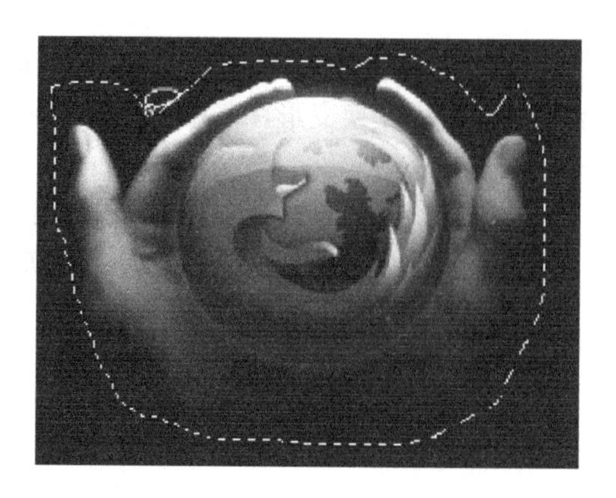

图 2-27 “套索工具”建立自由形状选区后

“套索工具”的选项栏如图 2-28 所示，其各个选项的意义与工具箱的“矩形选框工具”大致相同，不再重复叙述。

图 2-28 “套索工具”选项栏

- “多边形套索工具”：单击工具箱中的“多边形套索工具”，可以建立直线形的多边形选择区域，也是随着鼠标指针的自由移动形成路径，利用鼠标单击初始点形成选区。图 2-29 和图 2-30 为使用“多边形套索工具”建立自由形状选区的前后对比图。

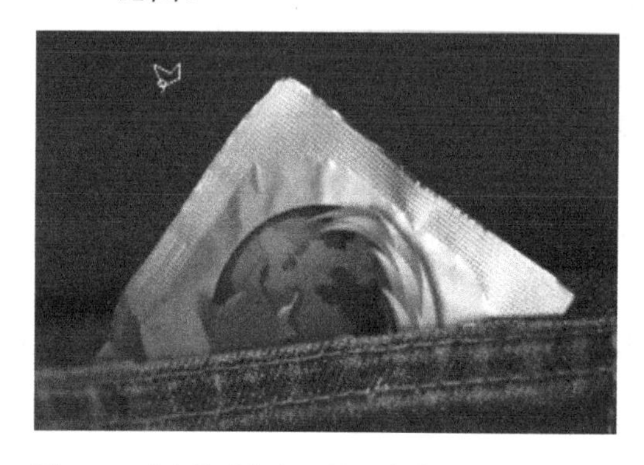

图 2-29 “多边形套索工具”未建立形状选区前

图 2-30 “多边形套索工具”建立形状选区后

值得注意的是，在使用“多边形套索工具”的时候，单击鼠标建立选区并辅以键盘上的〈Shift〉键，可以使画线的角度为水平、垂直和 45°。按住〈Alt〉键可以暂时切换至“套索工具”，用于绘制任意形状的选区，释放〈Alt〉键可以再次切换至“多边形套索工具”。

“多边形套索工具”选项栏如图 2-31 所示，其各个选项的意义与“套索工具”完全相同，不再重复叙述。

图 2-31 “多边形套索工具”选项栏

(2) 快速选择工具

用鼠标右击工具箱中的“快速选择工具”按钮，将会弹出子菜单，如图 2-32 所示。

图 2-32 “快速选择工具”组

单击工具箱中的“快速选择工具”按钮，能够拖动鼠标时以单击点为基准点，将颜色相似的图像区域指定为选区，从而方便、快速地描绘选区。图 2-33 和图 2-34 分别展示的是使用“快速选择工具”对图像进行定位和描绘选区的效果。

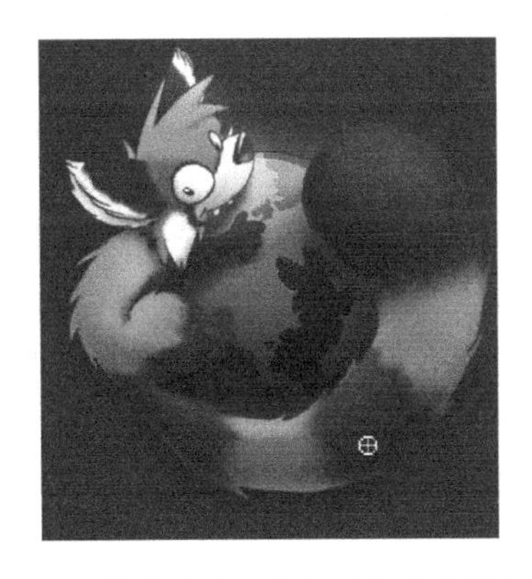

图 2-33 “快速选择工具”对图像进行定位

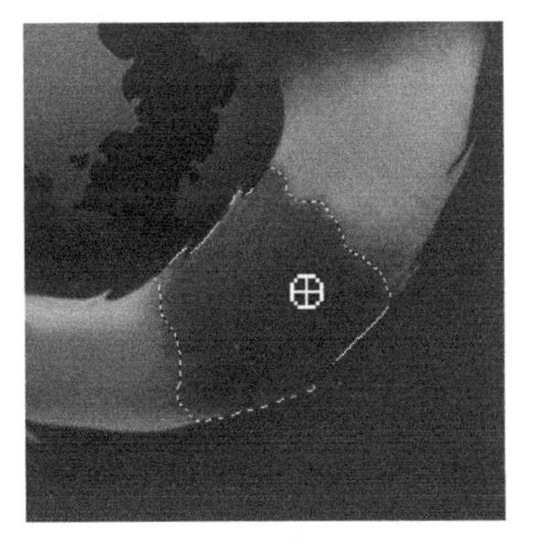

图 2-34 “快速选择工具”描绘选区

“快速选择工具”的选项栏如图 2-35 所示。

图 2-35 “快速选择工具”选项栏

① “新选区”：单击按钮，用于创建一个新的选区。

② “添加到选区”：单击按钮，用于在原有选区的基础上添加适当的选区。

③ “从选区减去”：单击按钮，用于在原有选区的基础上减去当前描绘的选区。

④ “画笔”：选择“画笔工具”，将弹出一个关于画笔的设置框，下设“大小”“硬度”“间距”3 个参数，调整 3 个参数可以更为精确地建立选区，如图 2-36 所示。

- 大小：设置画笔的大小。
- 硬度：设置选区的平滑度，百分比越小，画笔越柔软，选区越平滑。反之，则画笔越犀利，选区的边缘也更易出现粗糙或者块状效果。
- 间距：对拖动鼠标时产生连续选区的间距起决定作用，百分比越小，连续选区的间距越小，反之亦然。

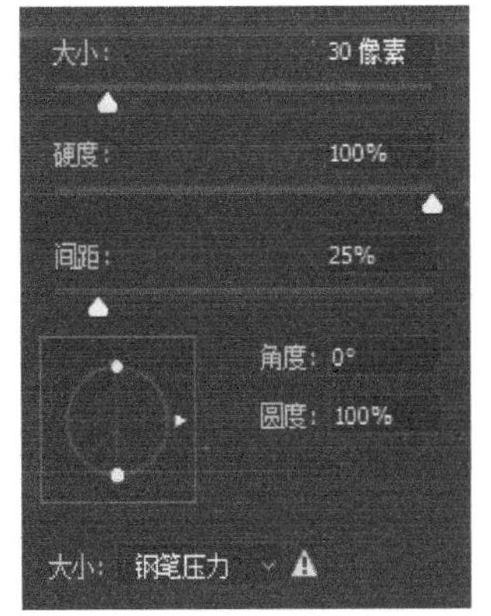

图 2-36 “画笔工具”面板

⑤ “对所有图层取样”：勾选此选项，可使所有可视图层中的数据选择颜色。反之，“快速选择工具”只从目前被选中的图层中选择颜色。

⑥ “自动增强”：勾选此选项，对图像的边缘进行调整。

减少选区边界的粗糙度和块状效果。

“魔棒工具”用来选取图像中的相近颜色或大色块的单色区域。单击工具箱中的“魔棒工具”按钮，在需要选取的画面点上单击，系统将自动选取出与单击的画面点颜色相近、位置相邻的其他区域。

“魔棒工具”选项栏如图 2-37 所示。

图 2-37 “魔棒工具”选项栏

- “新选区”工具：单击按钮，可以创建新的选区。当在一个选区存在的情况下，使用这种选区模式绘制选区，则新选区将取代旧的选区。
- “添加到选区”工具：单击按钮，可以创建出多个选区。当在一个选区存在的情况下，使用这种选区模式绘制选区，则可以将再次绘制出的选区添加到现有的选区中。
- “从选区减去”工具：单击按钮，当在一个选区存在的情况下，使用这种模式绘制选区，则将从现有的选区中减去当前绘制的选区与已有选区的重合部分。
- “与选区交叉”工具：单击按钮，可以得到新选区与已有选区相重合的部分，即数学上所说的“交集”。
- “容差”：决定选区的精度。容差的数值越大，选区越不精确，选取的范围越大。容差的数值越小，越容易选择出与所单击的像素非常相似的颜色，选取的范围越小。
- “消除锯齿”：当“消除锯齿”选项被勾选的时候，可以创建出边缘比较平滑的选区。
- “连续”：当“连续”选项被勾选的时候，可选择与鼠标指针落点处颜色相近、位置相连的部分。
- “对所有图层取样”：当“对所有图层取样”选项被勾选的时候，可以选择所有可视图层上颜色相近的区域。取消对这个选项的勾选，仅选择当前图层中颜色相近的区域。

注意：按住键盘上的〈Shift〉键，再次在图像上单击鼠标即可以追加选区。按住键盘上的〈Alt〉键，在图像上单击鼠标即可以减去选区。

3．规则选择工具

“规则选择工具”指的是工具箱里的“矩形选框工具”组，当右击“矩形选框工具”按钮时，将展开“矩形选框工具”组，如图 2-38 所示，它包括“矩形选框工具”和“椭圆选框工具”两个选项，另外还有两个子面板是“编辑工具栏”按钮对应的“单行选框工具”和“单列选框工具”两个选项。下面将对它们进行详细的讲解。

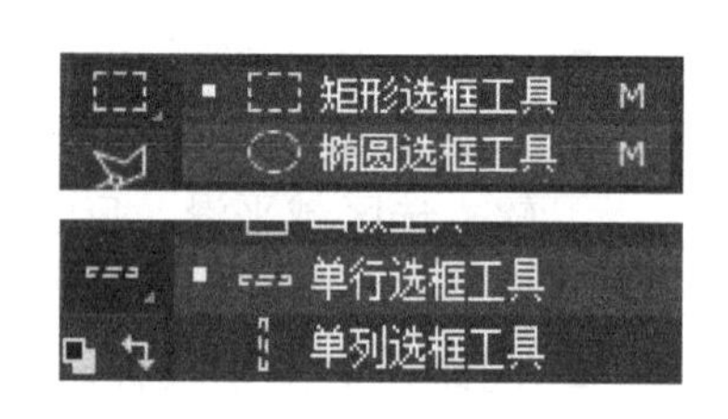

图 2-38 “规则选择工具”组

（1）矩形选框工具

单击工具箱中的“矩形选框工具”按钮，在图像上单击鼠标左键并拖动鼠标既可创建矩形选区。

- 在页面上拖动鼠标的同时按住键盘上的〈Shift〉键，可以创建出正方形选区。

- 在页面上拖动鼠标的同时按住键盘上的〈Alt〉键，则可以创建出以鼠标单击的点为中心点向四周发散的选区。

注意：在页面上拖动鼠标的同时按住键盘上的〈Shift〉键和〈Alt〉键，可以创建出以鼠标单击的点为中心点的向四周发散的正方形选区。

当在工具箱中单击“矩形选框工具”按钮后，在 Photoshop 的选项栏中会显示其相关选项，如图 2-39 所示。了解其选项有助于读者快速、便捷地操作“矩形选框工具”的相关命令，并通过改变其中的选项来创建出多种选区。

图 2-39 “矩形选框工具”选项栏

①“新选区”工具：单击按钮，可以创建新的选区。当在一个选区存在的情况下，使用这种选区模式绘制选区，则新选区将取代旧的选区。

②“添加到选区”工具：单击按钮，可以创建出多个选区。当在一个选区存在的情况下，使用这种选区模式绘制选区，则可以将再次绘制出的选区添加到现有的选区中。

③“从选区减去”工具：单击按钮，当在一个选区存在的情况下，则将从现有的选区中减去当前绘制的选区与已有选区的重合部分。

④“与选区交叉”工具：单击按钮，可以得到新选区与已有选区相重合的部分，即数学上所说的“交集”。

⑤“羽化”文本框：在文本框中输入任意大于 0 的数值，再创建选框，那么这时创建出来的选框的边缘处于一种被选择的状态，选框边缘被柔化。羽化的数值越大，柔化的边缘越明显。图 2-40 所示分别为羽化数值为 0px、15px 和 30px 时创建出的选区并填充后的效果。

图 2-40 羽化值决定选区边缘的羽化程度

值得注意的是，如果设置的羽化数值太大，而绘制的选区很小，则会弹出一个警告对话框，如图 2-41 所示。这时降低羽化的数值，就可以避免上述情况的发生。

⑥“样式”下拉列表：在下拉列表中选择绘制选区的方法，一共有 3 种选项，分别是“正常”“固定比例”和“固定大小”选项，如图 2-42 所示。

- 正常：默认选项，当选择该选项的时候，绘制出的选区不受大小、长宽的限制。
- 固定比例：当激活该选项的时候，后面的“宽度”和“高度”文本框会由原来的灰色转变为可以修改的蓝色，在其中输入数值即可限制选区的“宽度”和“高度”比例。
- 固定大小：当激活该选项的时候，后面的“宽度”和“高度”文本框同样会被激活，在其中输入数值即可确定选区的“宽度”和“高度”的精确数值，此时只需用鼠标左键在图像中需要的位置单击，就可以建立出一个选区，选区大小与设定的一致。

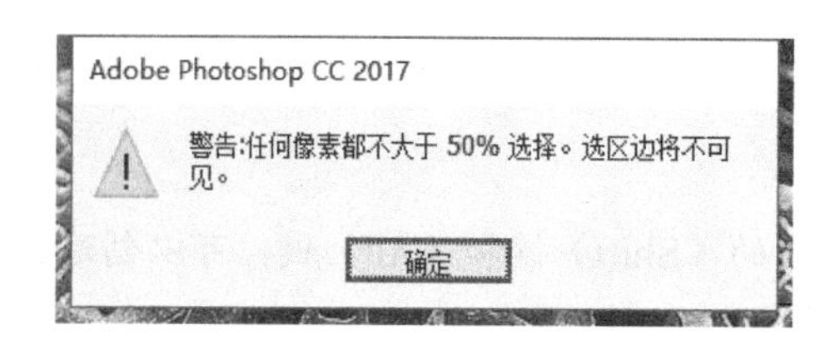

图 2-41　羽化数值过大而弹出的“警告”对话框

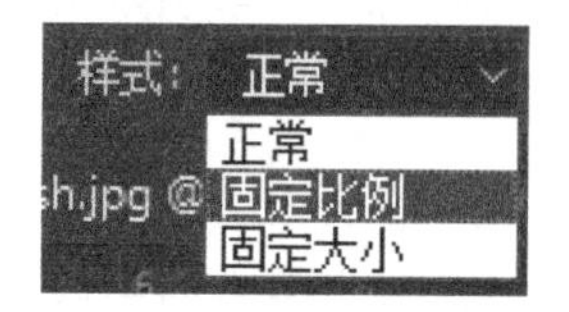

图 2-42　“样式”下拉列表

⑦“选择并遮住”按钮：单击 选择并遮住... 按钮，可以打开“选择并遮住”面板，如图 2-43 所示。这是 Photoshop CC 2017 的新增功能，Adobe 公司一直在快速简单的抠图上下功夫，从最原始的“选择”，到“抽出”，再到后来的“调整边缘”，再到如今的“选择并遮住”，Photoshop 在抠图的效率与易用性上越来越好。

图 2-43　“选择并遮住”面板

（2）椭圆选框工具

用鼠标右击“矩形选框工具”按钮，选择“椭圆选框工具”，在 Photoshop 的选项栏中会显示其相关选项，如图 2-44 所示。了解其选项有助于快速、便捷地操作“椭圆选框工具”的相关命令，通过和“矩形选框工具”选项栏对比，发现其选项和作用与“矩形选框工具”基本相同，但“消除锯齿”是“椭圆选框工具”的一个重要选项，是其他 3 种选框工具所不具有的。下面简单地介绍“消除锯齿”选项。

当“消除锯齿”复选框被勾选时，创建出的图像选区更加细腻，反之则有明显的锯齿。

“椭圆选框工具”选项栏中的其余各项参数与“矩形选框工具”选项栏中的在使用方法和效果上基本一致，不再重复叙述。

图 2-44　“椭圆选框工具”选项栏

单击“单行选框工具”按钮 单行选框工具 和“单列选框工具”按钮 单列选框工具，直接利用鼠标左键单击即可创建出 1 像素高的单行选区或 1 像素宽的单列选区。

“单行选框工具”和“单列选框工具”的选项栏与“矩形选框工具”的基本相同，但“样式”选项不可用。

2.3　移动和裁切工具

2.3.1　移动工具的使用技巧

“移动工具”可以用来移动选区、图层和参考线。

创建任意选区，选择“移动工具”，鼠标指针将呈现为一个形的图标，利用该图标可以拖动选区至任意合适位置。图 2-45 与图 2-46 分别为使用“移动工具”移动选区前后的示意图。

图 2-45　移动选区前

图 2-46　移动选区后

“移动工具”的选项栏如图 2-47 所示。

图 2-47　“移动工具”的选项栏

当“自动选择”复选框被勾选时，可以在画面中选择需要移动的图像，Photoshop 则可以自动在“图层”面板中选中该图像的图层。

同样在“移动工具”的选项栏上有一个下拉列表，单击下拉按钮，展示出两个选项，分别为”组”和”图层”，如图 2-48 所示。

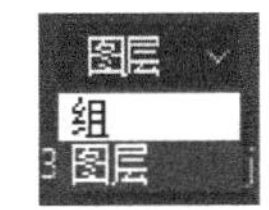

图 2-48　组

当选择“组”选项的时候，“移动工具”移动的是整个组里的所有图层包含的内容。

当选择“图层”选项时，“移动工具”移动的是该图层上的内容。

当勾选“显示变换控件”复选框的时候，画面上图像的四周将出现 8 个控制点，如图 2-49 所示，可以使用鼠标拖动任意控制点以改变图像的大小、角度、位置等。图 2-50 为修改后的图像效果。修改好之后取消选择“显示变换控件”复选框，图像周围的 8 个控制点也随之消失，这个时候，图像只可以移动位置，不能改变角度和大小。

值得注意的是，“显示变换控件”复选框被勾选时，其选项栏将展示在属性工具栏内，如图 2-51 所示，可以直接在选项框中输入数值，以改变图像的大小、比例、角度、位置等。

图 2-49　勾选显示变换控件后

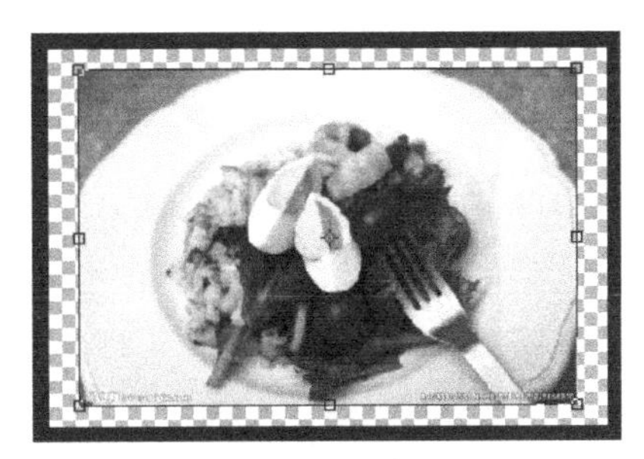

图 2-50　通过显示变换控件对画面大小进行编辑

X: 512.50 像素 Δ Y: 341.00 像素 W: 89.36% H: 89.31% ⊿ 0.00 度 H: 0.00 度 V: 0.00 度 插值: 两次立方

图 2-51 “显示变换控件”选项栏

“移动工具”同样可以用于参考线的移动，单击“工具箱”中的“移动工具”按钮，就可以在图像上拖动参考线至任意位置。图 2-52 和图 2-53 分别为利用“移动工具”移动横向参考线和纵向参考线的示意图。

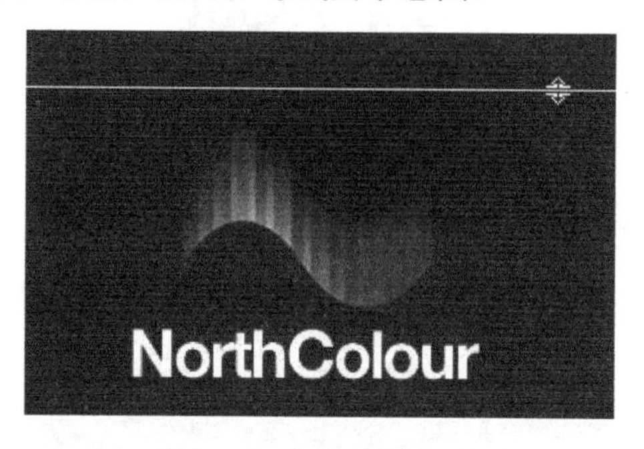

图 2-52 移动横向参考线

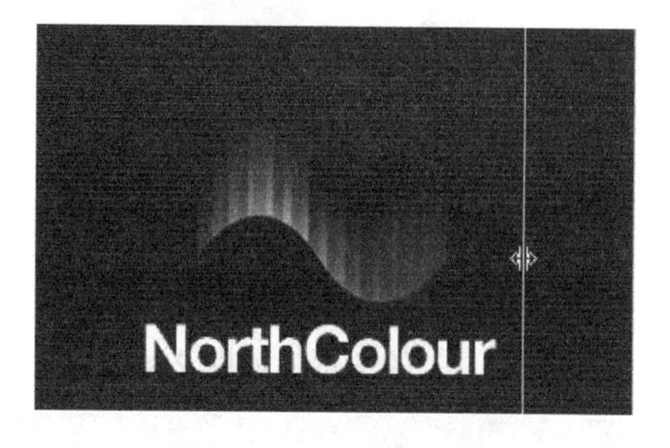

图 2-53 移动纵向参考线

2.3.2 裁切工具的使用技巧

“裁剪工具”是用于移去部分图像以突出或加强构图效果的过程。利用鼠标左键在画面中要保留的部分区域上拖动，创建出一个选框。这时，未被选中的区域是灰色的，可以通过对选框边缘 8 个点的移动，取得适当大小、位置的选框，再按〈Enter〉键，完成整个裁剪过程。

2.4 画笔工具

二维码 2-2
绚彩泡泡

2.4.1 【案例 2-2】绚彩泡泡

“绚彩泡泡”案例的效果如图 2-54 所示。

图 2-54 “绚彩泡泡”案例效果图

【案例设计创意】

本案例主要为大家介绍利用 Photoshop 软件制作出绚彩泡泡的画面，这是在广告设计背景中常用到的一种效果。首先利用“圆头画笔工具”制作出泡泡的外轮廓，接着通过对图层叠加方式的更改及不同像素的模糊营造出景深远近的效果，从而得到想要的绚烂、梦幻的画面。方法简单，但应用广泛。

【案例目标】

通过本案例的学习，读者不仅可以掌握工具箱中的“画笔工具”，还可以接触到图层样式、滤镜等进阶的命令。

【案例的制作方法】

1）创建新文档，命名为“绚彩泡泡”，文件大小为 1920 像素×1200 像素，将分辨率设置为 300 像素/英寸，设置颜色模式为 RGB 颜色。

2）将背景图层填充为深灰色（R=38，G=38，B=38），效果如图 2-55 所示。

3）隐藏背景层，再在“图层”面板中新建“图层 1”，选择“椭圆选框工具”，按〈Shift〉键在“图层 1”上绘制一个正圆，按〈Alt+Delete〉组合键将前景色（R=38，G=38，B=38）快速填充至正圆，并将该图层不透明度调整为 50%，画面效果如图 2-56 所示，图层叠加关系如图 2-57 所示。

4）在“图层”面板中新建“图层 2”，选择菜单“编辑”→ “描边”命令，弹出一个名为“描边”的对话框，如图 2-58 所示，在对话框中将宽度设置为 10 像素，位置为内部，颜色为黑色，效果如图 2-59 所示。

5）按住〈Shift〉键选中“图层 1”与“图层 2”，用鼠标右击后选择“合并图层”命令，将“图层 1”与“图层 2”合并为一个图层，图层名称将自动更改为“图层 2”。

6）隐藏“背景”图层，用鼠标单击“图层 2”并按〈Alt〉键将圆形载入选区，选择菜单“编辑”→“定义画笔预设”命令，为画笔命名并且单击“确定”按钮，如图 2-60 所示。

图 2-55　填充背景图层

图 2-56　填充颜色并调整图层不透明度

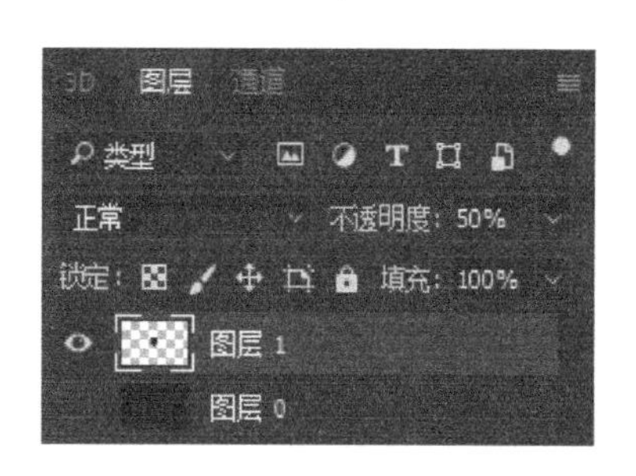

图 2-57　图层叠加关系图

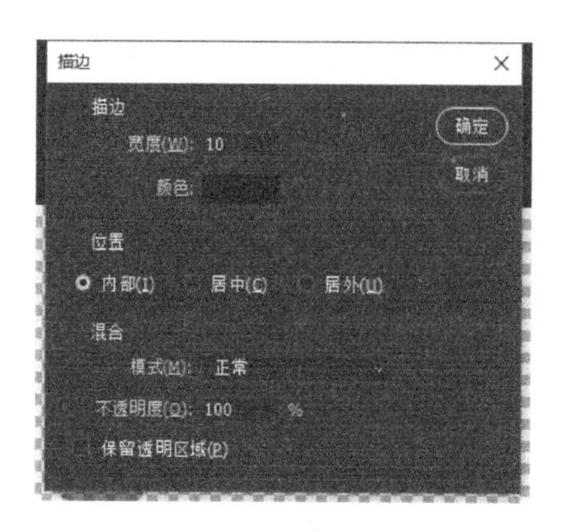

图 2-58　“描边”对话框

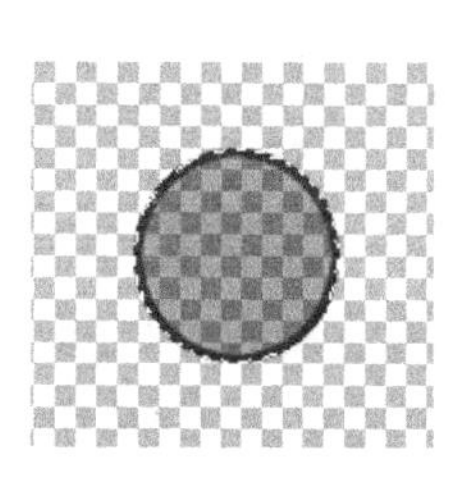

图 2-59　描边后的效果

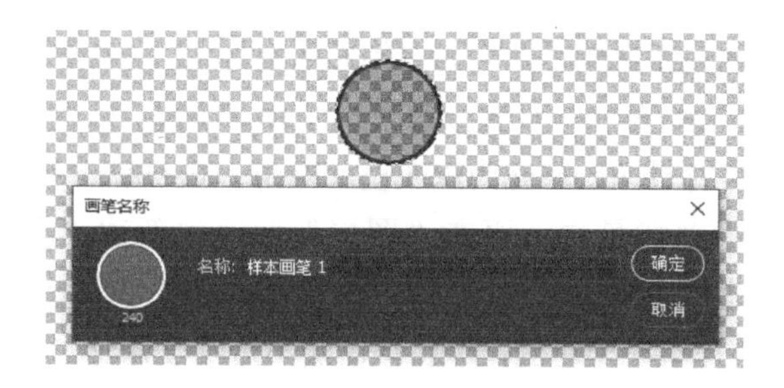

图 2-60　定义画笔

7）单击工具栏中的“画笔工具”按钮，在“画笔工具”选项栏上单击“切换画笔工具面板”按钮，弹出一个对话框，将笔头设置成刚刚定义的新笔头，并将“画笔笔尖形状”里面的“间距”设置为 100%，如图 2-61 所示。

同时需要修改“切换画笔工具面板”中的“形状动态”“散布”“传递”等选项，其参数设置分别如图 2-62、图 2-63 与图 2-64 所示。

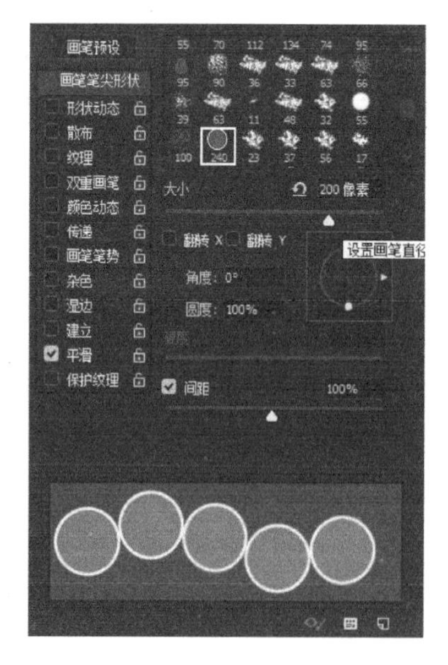

图 2-61　设置画笔间距

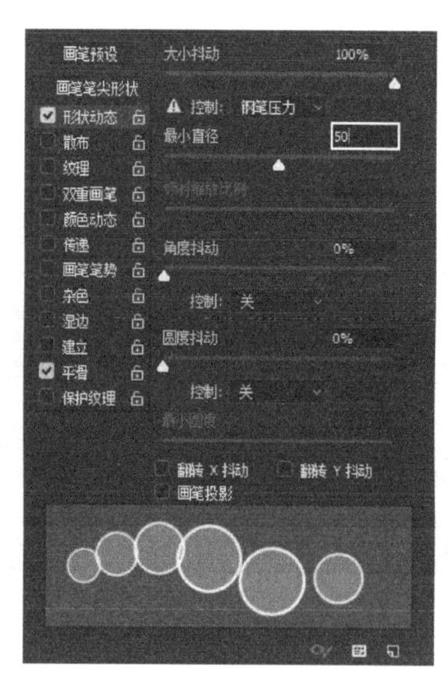

图 2-62　设置画笔形状动态

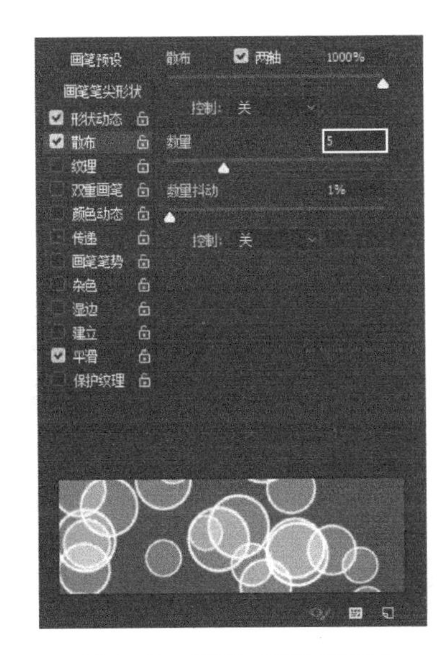

图 2-63　设置画笔散布属性

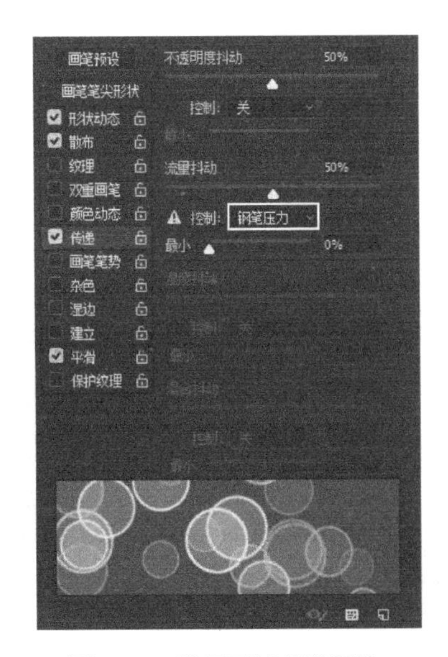

图 2-64　设置画笔传递属性

8）隐藏“图层 2”，使背景图层可视，创建一个“图层 3”，填充任意颜色，图层效果如图 2-65 所示。双击“图层 3”缩略图，弹出“图层样式”的对话框，勾选“渐变叠加”复选框，并设置其参数，如图 2-66 所示。

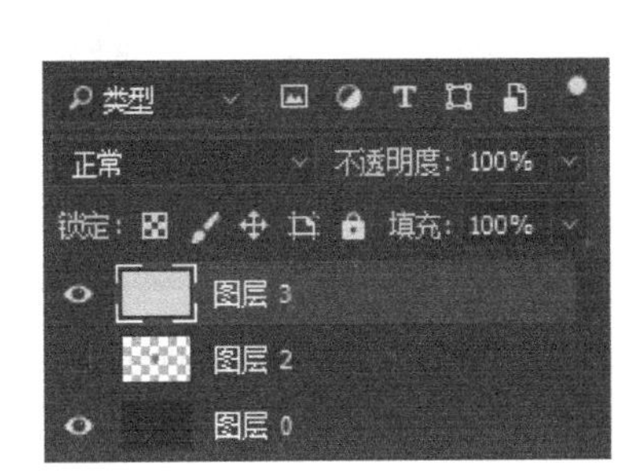

图 2-65　图层效果

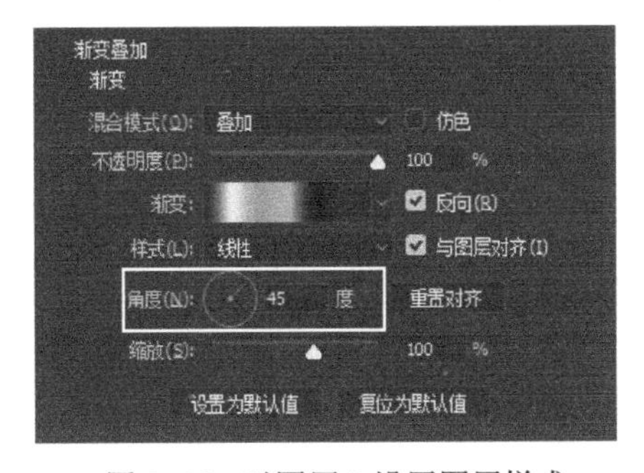

图 2-66　对图层 3 设置图层样式

9）在“图层 3”底下新建一个“图层组 1”，重命名为“泡泡”，并将其混合模式更改为“颜色减淡”。在“泡泡”图层组里新建“图层 4”，设置前景色为白色。单击工具栏中的“画笔工具”按钮，将画笔调整为合适大小，在“图层 4”上进行绘制，画面效果如图 2-67 所示，图层效果如图 2-68 所示。

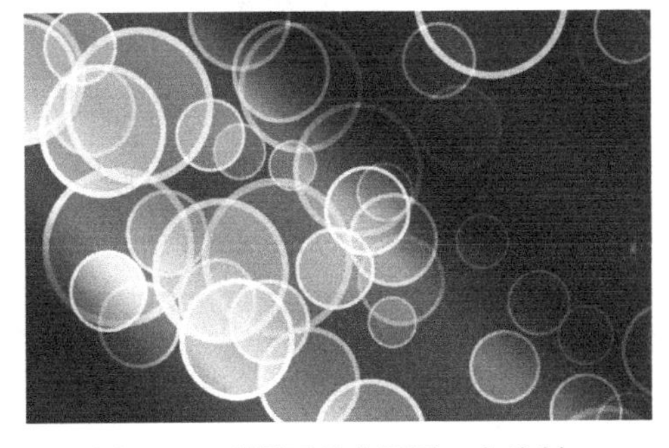

图 2-67　利用画笔在图层 4 上绘制

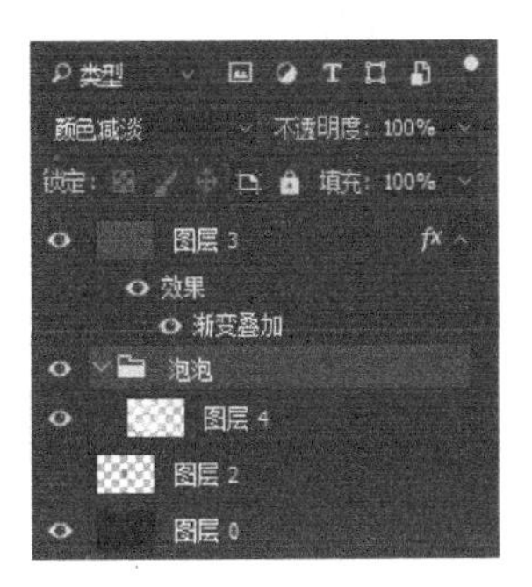

图 2-68　图层效果

10）选中“图层 4”，选择菜单“滤镜”→“模糊”→“高斯模糊”命令，并将模糊的半径设置为 15 像素，效果如图 2-69 所示。

11）在“泡泡”图层组中新建“图层 5”，单击工具栏中的“画笔工具”按钮，将画笔半径调小，继续在“图层 5”上进行绘制，画面效果如图 2-70 所示。

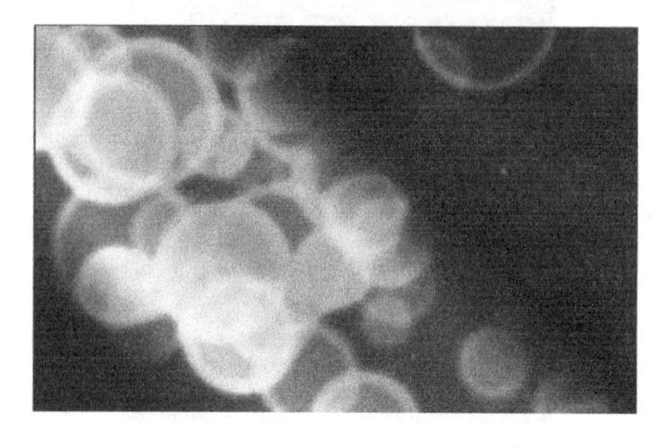

图 2-69　对图层 4 执行高斯模糊

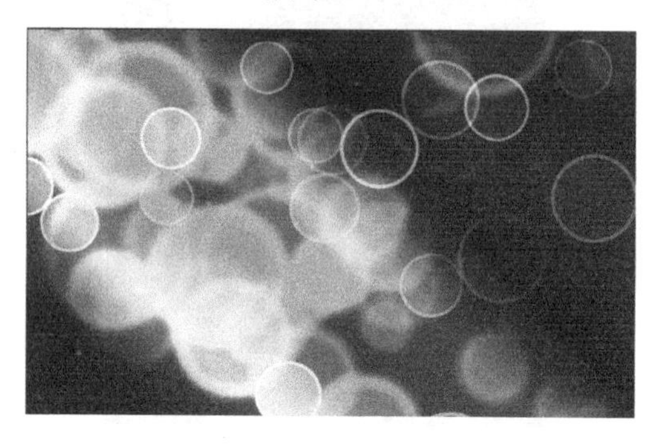

图 2-70　利用画笔在图层 5 上绘制

12）对“图层 5”执行菜单“滤镜”→“模糊”→“高斯模糊”命令，并将模糊的半径设置为 4 像素，效果如图 2-71 所示。

13）在“泡泡”图层组中新建“图层 6”，单击工具栏中的“画笔工具”按钮，继续将画笔半径调小，在“图层 6”上进行绘制。

14）对“图层 6”执行菜单“滤镜”→“模糊”→“高斯模糊”命令，并将模糊的半径设置为 1 像素，效果如图 2-54 所示，即画面的最后效果。至此，整个设计制作完毕。

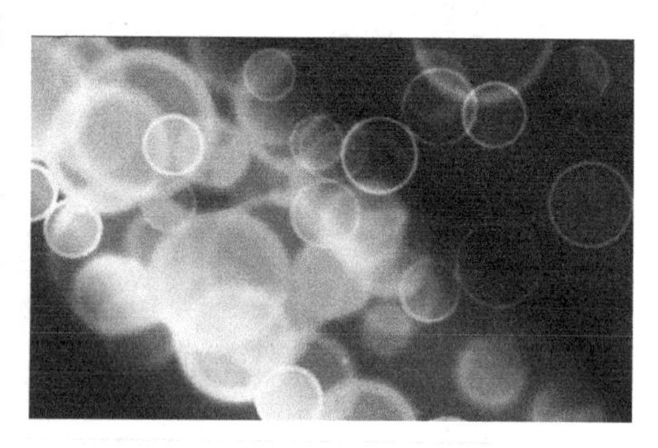

图 2-71　对图层 5 执行高斯模糊

2.4.2 【相关知识】画笔工具组

Photoshop CC 2017 软件将画笔工具分为“画笔工具”和“历史记录画笔工具”两类。

1.“画笔工具”

画笔工具是用于绘图的工具之一。当用鼠标右击“画笔工具”时，将展开画笔工具组，如图 2-72 所示，它包括“画笔工具”“铅笔工具”“颜色替换工具”和“混合器画笔工具” 4 个选项。

图 2-72　画笔工具组

单击工具箱中的“画笔工具”按钮，选择前景色并设置画笔属性后可在图像中绘制线条，其“画笔工具”选项栏如图 2-73 所示。

图 2-73　“画笔工具”选项栏

①“画笔工具”：单击“画笔工具”后面的下三角形图标，在打开的下拉面板中可以设置各种画笔和画笔大小及硬度，如图 2-74 所示。

- 大小：按照像素单位调节画笔的大小，也可以通过在文本框中进行输入直接确定画笔大小。
- 硬度：设定画笔笔尖的硬度，笔刷的软硬程度在效果上表现为边缘的羽化程度。
- “从此画笔创建新的预设”：单击“从此画笔创建新的预设”按钮，弹出名为“画笔名称”的对话框，在其文本框中输入画笔名称，单击“确定”按钮，就可以将画笔样本保存下来。
- “画笔菜单”：单击“画笔菜单”按钮，打开画笔菜单，如图 2-75 所示。通过“画笔”菜单可以进行画笔样本的选择，设置画笔的显示形式，载入画笔等操作。

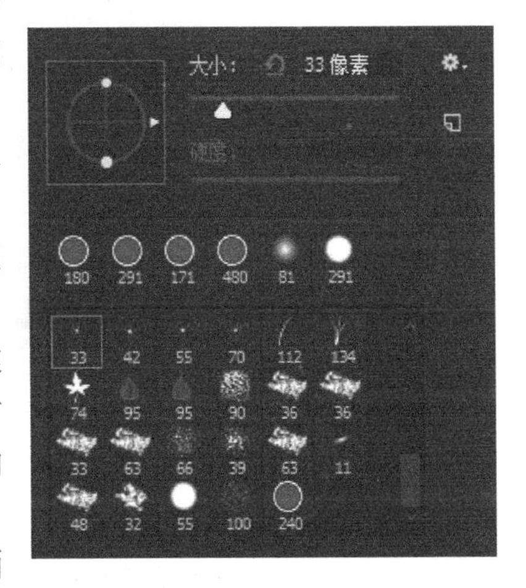

图 2-74　画笔属性面板

②“模式”：设置绘图的前景色与画纸的背景之间的混合效果。单击“模式”下拉按钮，一共有 29 种混合模式可供选择，如图 2-76 所示。尝试设置混合模式为“叠加”和“色相”，分别得到的图像效果如图 2-77 与图 2-78 所示。

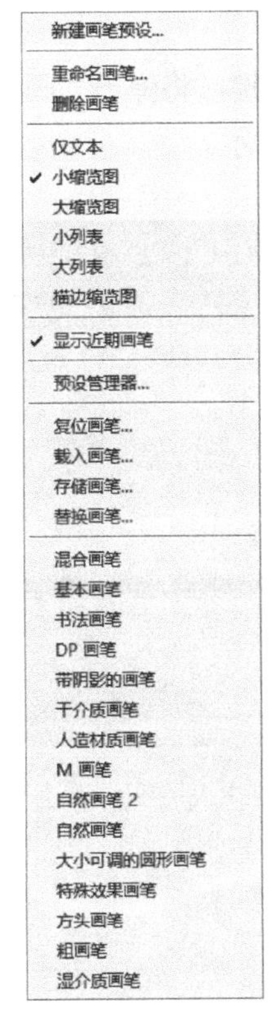

图 2-75　“画笔”菜单选项

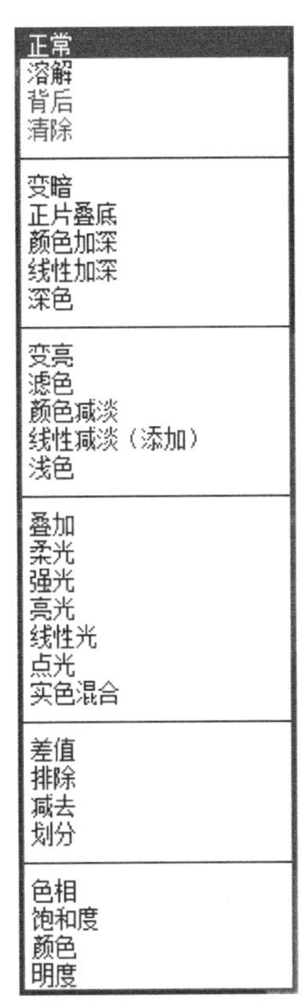

图 2-76　“模式”选项下拉列表

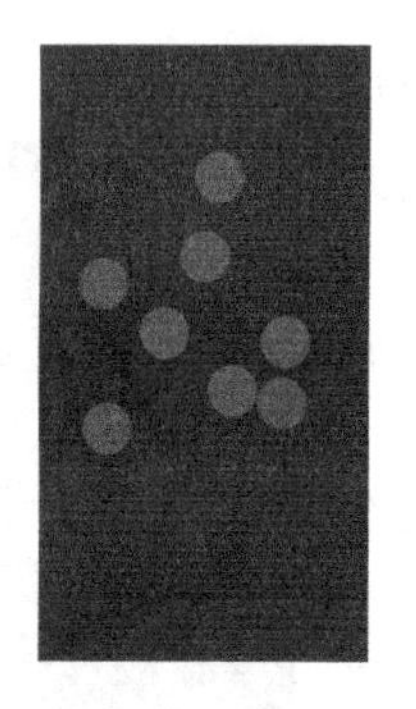

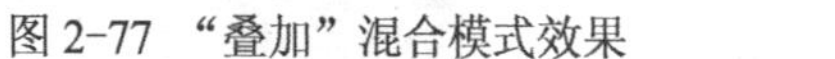

图 2-77 “叠加”混合模式效果　　图 2-78 “色相”混合模式效果

③“不透明度”：用来设置画笔绘图时所绘颜色的不透明度。不透明度越高，画笔绘制的痕迹越明显，透明度越低。设置过“不透明度”画笔的笔画重叠处会出现加深效果。

④“流量”：设置画笔线条颜色的涂抹程度。流量值越小，画笔绘制的痕迹越不清晰，二者呈反比关系。

⑤“喷枪”：单击画笔属性工具栏中的“喷枪”按钮，启动“喷枪”功能，在绘制过程中将模拟现实生活中的喷枪，产生喷溅的笔墨效果。图 2-79 与图 2-80 分别为启用“喷枪”功能前后的对比。

值得注意的是，当使用“喷枪”时，如果在图像中的某处按住鼠标左键不放，将在鼠标单击的点处出现一个颜色堆积的色点。停顿的时间越长，色点越大，其颜色也越深，直至饱和。色点使用的是前景色。

在菜单栏上执行“窗口”→“画笔”命令或按〈F5〉键，将弹出“画笔”面板，其中包含了对画笔样式、主直径等七大模块的设置，如图 2-81 所示。

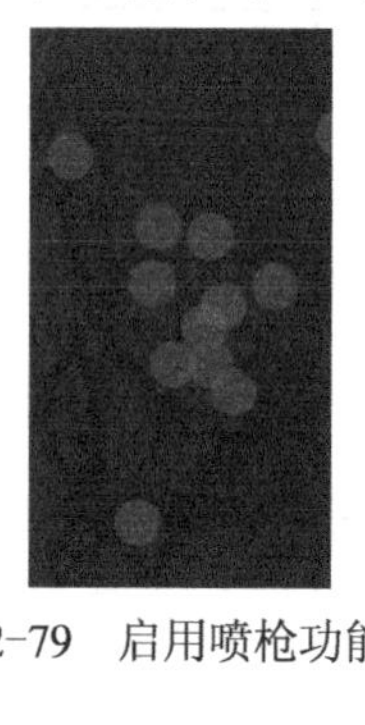

图 2-79　启用喷枪功能前

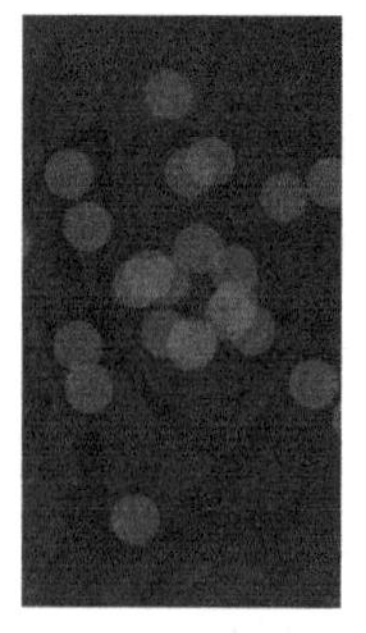

图 2-80　启用喷枪功能后

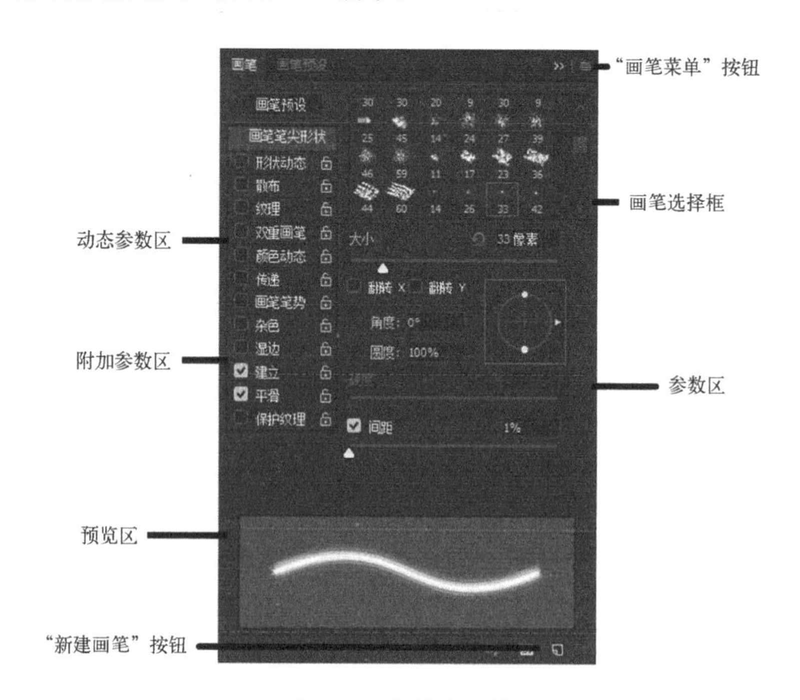

图 2-81 “画笔”面板

- 动态参数区：该区域中罗列了可以设置的动态参数选项，包括“画笔笔尖形状”“形态动态”“散布”“纹理”“双重画笔”“颜色动态”和“传递”7个选项。
- 附加参数区：该区域列出了“杂色”“湿边”“建立”“平滑”和“保护纹理”5个选项，可以为画笔增加一些附加效果。
- 预览区：在该区域中可以看到根据当前的画笔属性而显示的预览图。
- “新建画笔”按钮：单击“新建画笔”按钮，将弹出“画笔名称”对话框，在其中输入画笔名称，再次单击“确定”按钮，即可将新建的画笔样本保存下来。
- “画笔菜单”按钮：单击“画笔菜单”按钮，将弹出画笔菜单。本菜单主要是关于画笔的属性设置，如图2-82所示。

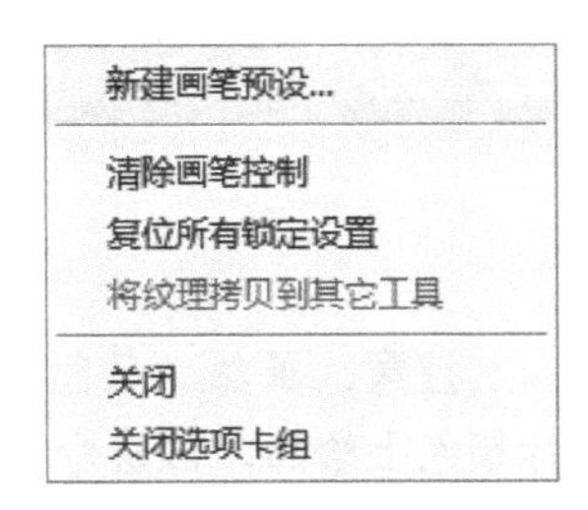

图2-82 画笔菜单

- 画笔选择框：该区域中罗列了数十种画笔形式，选择不同的画笔形式可以产生不同的画面效果。
- 参数区：该区域列出了与当前选择选项相对应的参数，不同选项所对应的选区参数也不相同。

2.“铅笔工具”

当右击“画笔工具”按钮时，将展开画笔工具组，滑动鼠标选择“铅笔工具”按钮。在 Photoshop 中，铅笔工具可用于绘制棱角分明的线条，下面对其参数设置、使用方法进行具体介绍。

铅笔工具的使用方法与画笔工具基本相同，两者的不同之处在于，铅笔工具不能使用画笔面板中的软笔刷，只能使用硬轮廓笔刷。“铅笔工具”选项栏如图2-83所示。

图2-83 “铅笔工具”选项栏

其中，除了“自动抹除”选项外，“铅笔工具”的其他选项均与“画笔工具”相同。在使用“铅笔工具”时，勾选“自动抹除”复选框后，若落笔处不是前景色，则将使用前景色绘图。若落笔处是前景色，则将使用背景色绘图。例如，将前景色设置为红色（R=163,G=7,B=11），设置背景色为白色（R=255,G=255,B=255），图2-84与图2-85分别为启用“自动抹除”功能后落笔处是否为前景色的对比图。

图2-84 落笔处颜色与前景色不同

图2-85 落笔处颜色与前景色相同

3. “颜色替换工具”

当右击“画笔工具”按钮时，将展开画笔工具组，滑动鼠标选择“颜色替换工具”，在 Photoshop 中，颜色替换工具主要用于替换图像区域中的颜色。选择“颜色替换工具”，其选项栏中会显示其相关选项，如图 2-86 所示，了解其选项有助于快速、便捷地操作“颜色替换工具”的相关命令。

模式：颜色　限制：连续　容差：30%　消除锯齿

图 2-86 “颜色替换工具”选项栏

注意：虽然“颜色替换工具”能够简化图像中特定颜色的替换，可以使用校正颜色在目标颜色上绘画，但该命令不适用于“位图”“索引”或“多通道”颜色模式的图像。

①“模式”：本选项主要用来设置画笔与背景的混合模式，包括“色相”“饱和度”“颜色”“明度”4 个选项，它们的混合效果不相同，其中最常用的混合模式是“颜色”。

②“取样”：对取样区域的选择，包括“连续”“一次”“背景色板”3 个选项。

- “连续”：单击选项按钮，在拖动时连续对颜色取样。
- “一次”：单击选项按钮，只替换第一次单击颜色的区域中的目标颜色。
- “背景色板”：单击选项按钮，只替换包含当前背景色的区域。

③“限制”：用于替换指针周围位置的颜色，在下拉菜单中有 3 个选项，分别为“不连续”“连续”“查找边缘”。

- “不连续”：替换出现在指针下任何位置的样本颜色。
- “连续”：替换与紧挨在指针下的颜色邻近的颜色。
- “查找边缘”：替换包含样本颜色的连接区域，同时更好地保留形状边缘的锐化程度。

④“容差”：可以通过在文本框中输入数值（范围为 0～255）或使用鼠标左键拖动滑块来修改百分比，选取较低的百分比可以替换与所单击物体的像素非常相似的颜色，而增加该百分比可替换范围更广的颜色。

⑤“消除锯齿”：勾选 消除锯齿 复选框的时候，可以为所校正的区域定义平滑的边缘。

4. “混合器画笔工具”

用鼠标单击“混合器画笔工具”窗口，可以任意更换笔的姿态，例如可以通过捻动笔杆调节方向，绘制出各个角度涂抹时的笔触效果，无论是利用侧锋涂抹出大片模糊的颜色还是用笔尖画出清晰的笔触，都可以很容易地完成。当然，这一切都建立在使用绘图板的基础上的，假设仅仅使用鼠标，那么“混合器画笔工具”只支持实时动作。

当用鼠标右击“画笔工具”按钮时，将展开画笔工具组，滑动鼠标选择“混合器画笔工具”，其选项栏中会显示其相关选项，如图 2-87 所示。了解其选项有助于快速、便捷地操作混合器画笔工具的相关命令，现在对其参数设置、使用方法进行具体介绍。

自定　潮湿：80%　载入：75%　混合：90%　流量：100%　对所有图层取样

图 2-87 “混合器画笔工具”选项栏

①“画笔预设”：单击“画笔预设”按钮右边的小三角，可以打开画笔的下拉列表，可以在这里选择所需要的画笔，描绘出各种风格的效果。

②“切换画笔面板”：单击“切换画笔面板”按钮，将直接弹出画笔面板，以便更简单地设置画笔参数。

③“当前画笔载入”：单击“当前画笔载入”按钮，可以重新载入或者清除画笔，也可以在这里设置一个颜色，让它和涂抹的颜色进行混合，具体的混合效果则取决于后面的参数设置。

④“每次描边后载入画笔”：当按下“每次描边后载入画笔”按钮时，结束每一笔涂抹之后将进行更新。

⑤“每次描边后清理画笔”：当按下“每次描边后清理画笔”按钮时，结束每一笔涂抹之后将进行清理。该功能类似于画家在画过一笔之后是否清洗画笔的动作。

⑥“有用的混合画笔组合”：在“有用的混合画笔组合”下拉列表中有 13 个预先设置好的混合画笔，如图 2-88 所示。当选取某一种混合画笔时，右边的 4 个选项可以根据意愿进行参数设置。

自定
干燥
干燥，浅描
干燥，深描
湿润
湿润，浅混合
湿润，深混合
潮湿
潮湿，浅混合
潮湿，深混合
非常潮湿
非常潮湿，浅混合
非常潮湿，深混合

图 2-88　混合画笔属性

⑦“潮湿”：可以通过在文本框中输入数值（范围为 0～100%）或使用鼠标左键拖动滑块来修改百分比，用来设置从画布上拾取的油彩量。

⑧“载入”：可以通过在文本框中输入数值（范围为 0～100%）或使用鼠标左键拖动滑块来修改百分比，用来设置画笔上的油彩量。

⑨“混合”：可以通过在文本框中输入数值（范围为 0～100%）或使用鼠标左键拖动滑块来修改百分比，用来设置颜色混合的比例。

⑩“流量”：通过在文本框中输入数值（范围为 0～100%）或使用鼠标左键拖动滑块来修改百分比。这是一个在其他画笔工具中常用的参数，可以用来设置描边的流动速率。

⑪“启用喷枪模式”：当按下“启用喷枪模式”按钮时，画笔固定在某一位置进行描绘，会像喷枪一样起到一个喷溅效果，效果与图 2-79、图 2-80 类似。

⑫“对所有图层取样”：当“对所有图层取样”复选框对所有图层取样被勾选时，无论文件有多少图层，都将它们作为单一合并图层看待。

值得注意的是，在按〈Ctrl+Alt+Shift〉组合键的同时单击鼠标右键，画面上会出现一个快捷拾色器，可以很方便地对颜色进行选取，而不再需要单击拾色器进行颜色选取。

至此，已经将“画笔工具”的主要功能叙述完毕，下面通过一个小案例导入“历史记录画笔工具”。

二维码 2-3
复现圣女果

2.4.3 【案例 2-3】复现圣女果

“复现圣女果”案例的效果如图 2-89 所示。

图 2-89 “复现圣女果”效果

【案例设计创意】

本案例是为一家西式的冷饮店设计的墙面挂画，晶莹剔透的玻璃盘上的圣女果图片很好地展现了果子饱满、新鲜的特点。

【案例目标】

通过本案例的学习，读者可以掌握工具箱中的“历史记录画笔工具”。该工具命令与“历史记录”面板不同，它不是将整个图像恢复到初始的状态，而是对图像的局部进行恢复，因此可以对整个图像进行更细微的控制。

【案例的制作方法】

1）将图片“复现圣女果”导入 Photoshop CC 2017，效果如图 2-90 所示。

2）执行“图像”→“调整”→“去色”命令，或直接按〈Ctrl+Shift+U〉组合键，使整个图像去除彩色色调，变成黑白的效果，效果如图 2-91 所示。

图 2-90　导入图片

图 2-91　对图片执行去色命令

3）在工具箱中单击“历史记录画笔工具”按钮，在其工具选项栏中设置合适的笔头、主直径、硬度、模式及不透明度等参数。

4）按住鼠标左键在需要恢复的区域上进行涂抹，涂抹过的位置即可恢复原先的彩色效果。至此，整个设计制作完毕，效果如图 2-89 所示。

2.4.4 【相关知识】历史记录画笔工具

Photoshop CC 2017 中包含两种历史记录画笔工具，即历史记录画笔工具和历史记录艺术画笔工具。这两种工具可以根据“历史记录”面板中所拍摄的快照或历史记录的内容涂抹出以前暂时保存的图像。当右击“编辑工具栏”按钮的时候可以对其进行选择，如图 2-92 所示。

图 2-92　历史记录画笔工具组

1. 历史记录画笔工具

历史记录画笔工具的主要功能是恢复图像、其选项栏如图 2-93 所示。它与“画笔工具”的选项栏很相似，可以用于设置画笔样式、模式及不透明度等。

图 2-93 “历史记录画笔工具”选项栏

①“画笔预设”：单击“画笔预设”按钮右边的小三角，可以打开画笔的下拉列表，可以在这里选择所需要的画笔形态。

②“切换画笔面板”：单击“切换画笔面板”按钮，将直接弹出画笔面板，以便更简单地设置画笔参数。

③“模式”：在“模式”下拉列表中有 28 个预先设置好的混合模式，如“正片叠底”“颜色加深”等。

④“不透明度”：可以通过在文本框中输入数值（范围为 0～100%）或使用鼠标左键拖动滑块来修改百分比，用来设置画笔笔触的不透明度。

⑤“流量”：通过在文本框中输入数值（范围为 0～100%）或使用鼠标左键拖动滑块来修改百分比。这是一个在其他画笔工具中常用的参数设置，可以用来设置画笔笔触的出水量。

2. 历史记录艺术画笔工具

历史记录艺术画笔工具相当于历史记录画笔工具的升级版。“历史记录画笔工具”只可以将局部图像恢复到指定的某一步操作时的效果，而“历史记录艺术画笔工具”按钮可以将局部图像按照指定的历史状态转换成独特的艺术效果。图 2-94 所示是“历史记录艺术画笔工具”的选项栏。

图 2-94 “历史记录艺术画笔工具”选项栏

①“样式”：用于设置控制绘画描边的形状，在其下拉列表框中可以选择的笔刷样式包括“绷紧短”等 10 种。

②“区域”：用于调整历史记录艺术画笔工具所影响的范围，数值越大，影响的范围越大，反之，影响的范围则越小。

2.5 文字工具

Photoshop CC 2017 的文字工具主要用于在图像上创建文字。它们包含 4 种工具，分别是“横排文字工具”“直排文字工具”“横排文字蒙版工具”“直排文字蒙版工具”。当右击“文字工具”按钮的时候可以对它们进行选择，如图 2-95 所示。

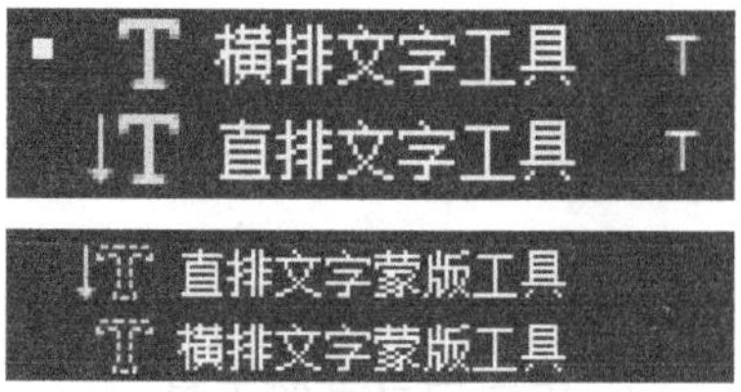

图 2-95 文字工具组

1. 横排文字工具

单击“横排文字工具”按钮，其选项栏如图 2-96 所示。了解横排文字工具的各个选项有助于对横排文字工具的认识，现在进行逐一阐述。

图 2-96 “横排文字工具”选项栏

①“更改文本方向”：在横向排列文本与纵向排列文本中切换。选中横向排列的文本，单击“更改文本方向”按钮，文本将自动修改为纵向排列。

②“设置字体系列”：单击选项框右侧的小三角，可以在下拉列表中选择任意系列的字体。

③“设置字体样式”：单击选项框右侧的小三角，可以在下拉列表中选择任意字体样式。

④“设置字体大小”：单击选项框右侧的小三角，可以在下拉列表中选择任意大小的字体，也可以手动在文本框中输入字号大小。

⑤“设置消除锯齿的方法”：单击选项框右侧的小三角，可以在下拉列表中选择任意消除锯齿的方式，一共有 5 种方式。

⑥“左对齐文本”：单击左对齐图标按钮，被选中的文字将全部左对齐到画面的左侧。

⑦“居中对齐文本”：单击居中对齐图标按钮，被选中的文字将全部居中对齐到画面的中间。

⑧“右对齐文本”：单击右对齐图标按钮，被选中的文字将全部右对齐到画面的右侧。

⑨“设置文本颜色”：单击设置文本颜色图标按钮，会弹出“拾色器（文本颜色）”对话框，如图 2-97 所示，直接利用拾色器拾取颜色，并单击“确定”按钮，以设置文本颜色。

⑩“创建文字变形”：单击创建文字变形图标按钮，会弹出“变形文字”的对话框，如图 2-98 所示。单击右侧的小三角，出现与文字变形有关下拉列表，如图 2-99 所示，在此列表中可以任意选择文字变形的方式。当选择了除了“无”之外的任意样式时，“变形文字”对话框上原来灰色的“弯曲”“水平扭曲”“垂直扭曲”选项均显示为可调整的

模式，如图 2-100 所示，可以直接在文本框中输入数值以调整文字变形的尺度。图 2-101 与图 2-102 分别为进行“旗帜”样式设置前后的对比图。

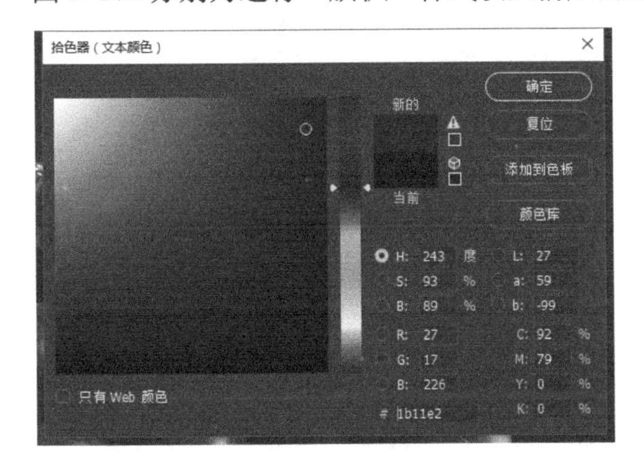

图 2-97　选择文本颜色

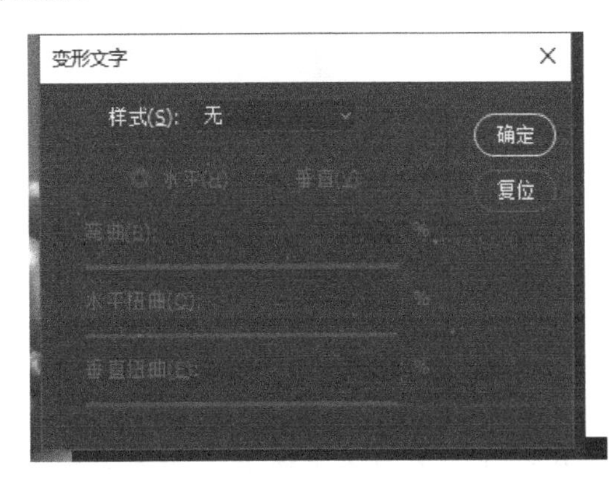

图 2-98　“变形文字”对话框

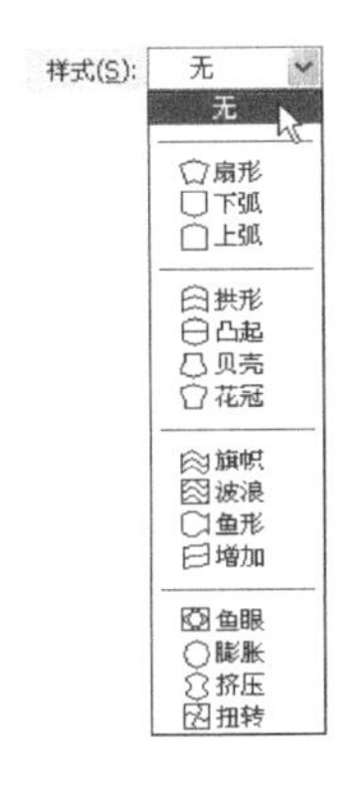

图 2-99　文字变形下拉菜单

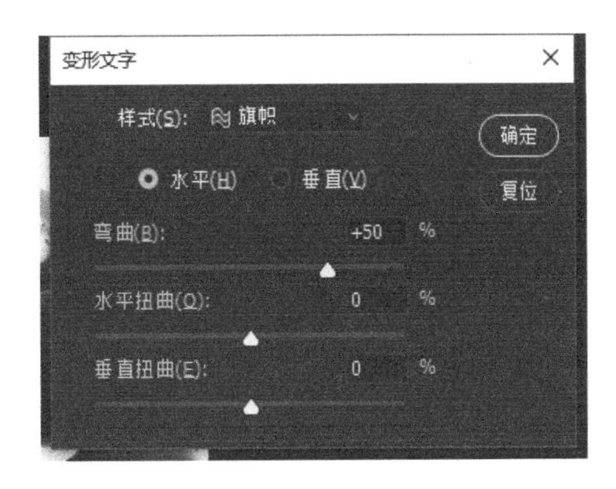

图 2-100　“无”之外的任意样式时的“变形文字”对话框

photoshop

图 2-101　未设置文字变形前

photoshop

图 2-102　设置文字“旗帜”变形后

⑪“显示/隐藏字符和段落面板”：用于设置字符的格式、段落等选项，以调整文字的外观。由于字符的设置比较复杂，下面将用大段的篇幅来讲解。

要设置字符的格式，必须先选择字符，然后才能进行设置。首先要在“图层”面板中选择放置文字的图层，然后单击画布中的文本，就可以进入编辑状态了，这时可以选择要编辑的字符，单击“显示/隐藏字符和段落面板”图标按钮，会弹出“显示/隐藏字符和段落面板”的对话框。该对话框具有两个面板，分别为“字符”和“段落”，如图 2-103 与图 2-104 所示。

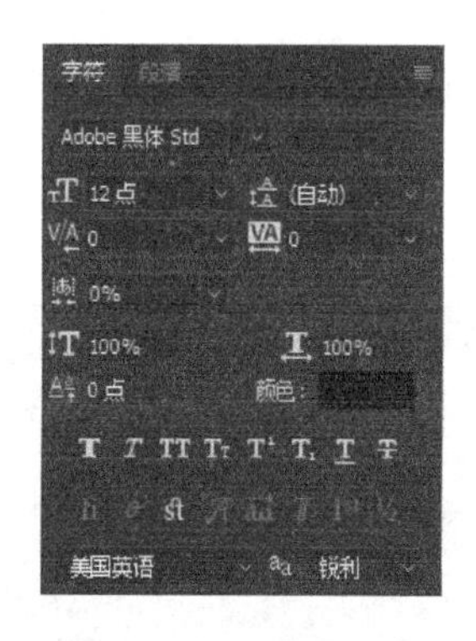

图 2-103 “字符”面板

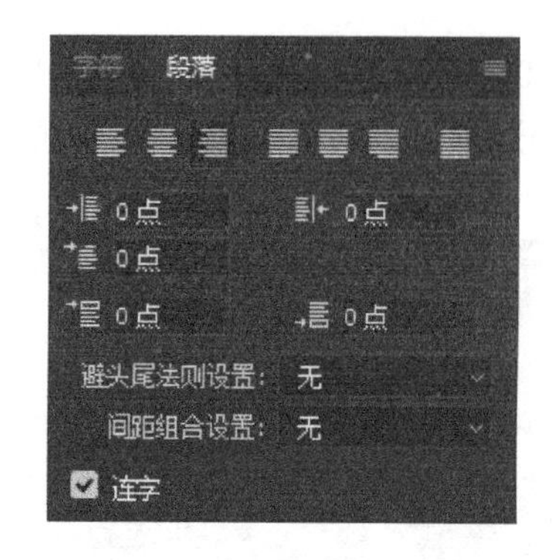

图 2-104 “段落”面板

在“字符”面板中可以“设置字体系列和样式”“设置字体大小”“设置行距”“调整缩放比例”“设置文本颜色”“设置文本特殊格式”等。在“段落”面板中可以设置字符段落格式，段落格式包括对齐方式和缩进等内容。要设置段落的格式，必须先选择段落文字，然后才能进行设置。在“段落”面板中可以设置的内容与 Word 软件的对齐方式类似，不再详述。

2．其他文字工具

当用鼠标右击“文字工具”按钮 T 的时候可以选择“直排文字工具” 直排文字工具 T ，如图 2-96 所示。“直排文字工具”的属性和设置与“横排文字工具” 横排文字工具 T 基本一致，此外就不重复叙述了。

当用鼠标右击“文字工具” T 时，可以用鼠标选择 直排文字蒙版工具 ，如图 2-96 所示。文字蒙版工具与文字工具的不同之处在于，用文字蒙版工具输入文字后，生成的是选区，而不会像文字工具那样生成文字图层。用这些文字工具，可以方便地做出需要的文字效果。

2.6 橡皮擦工具

2.6.1 橡皮擦工具的使用技巧

用鼠标右击工具栏中的“橡皮擦工具”按钮，将弹出 3 个扩展工具，分别为“橡皮擦工具”“背景橡皮擦工具”和“魔术橡皮擦工具”，如图 2-105 所示。

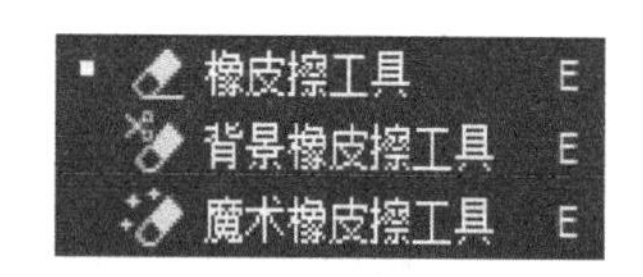

图 2-105 橡皮擦工具组

“橡皮擦工具”的主要作用是抹除像素并将图像的局部恢复到以前存储的状态。它的作用主要分成两种状况。

- 要擦除的部分是背景图层：用“橡皮擦工具”擦除的部分将显示出设定的背景色颜色，如图 2-106 所示。
- 要擦除的部分是普通图层：双击背景图层可以将背景图层转换为普通图层，这时背景图层显示的名称为“图层 0”，此时用“橡皮擦工具”擦除的部分会呈现透明区显示（即马赛克状），如图 2-107 所示。

图 2-106　用橡皮擦擦除背景图层

图 2-107　用橡皮擦擦除普通图层

当使用鼠标单击“橡皮擦工具”按钮后，在 Photoshop 的选项栏中会显示其相关选项，如图 2-108 所示。了解其选项有助于快速、便捷地操作“橡皮擦工具”的相关命令。

图 2-108　“橡皮擦工具”选项栏

①“画笔预设”：单击“画笔预设”按钮右边的小三角图标，将弹出相应面板，如图 2-109 所示，可设置“橡皮擦工具”的大小及软硬度。

②“模式”：单击“模式”菜单后面的小三角，将弹出 3 个选项，分别是“画笔”“铅笔”和“块”，滑动鼠标可以选择其中任意一个选项，如图 2-110 所示。

- “画笔”：“画笔”的边缘显得比较柔和，选择不同的“画笔”可以改变“画笔”的软硬程度，如图 2-111 所示。

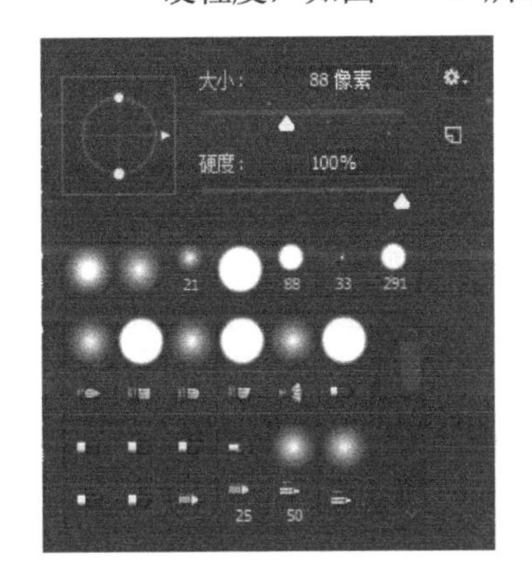

图 2-109　画笔预设对话框

模式：画笔
画笔
铅笔
块

图 2-110　“模式”下拉列表

图 2-111　模式为“画笔”时

- “铅笔”：“铅笔”的边缘是尖锐的，如图 2-112 所示。
- “块”：“块”是指具有硬边缘和固定大小的方形，并且不提供用于更改不透明度或流量的选项，如图 2-113 所示。

图 2-112　模式为“铅笔”时

图 2-113　模式为“块”时

③“不透明度”：当“不透明度”为 100%时，“橡皮擦”可以 100%地将上面的文字或者图案擦除掉。如果将“不透明度”设置为除 100%之外的任意数值，比如 50%，擦除图画时不能全部将画面擦除掉而呈现透明的效果。图 2-114 与图 2-115 分别是橡皮擦工具的不透明度为 50%和 100%时的擦除效果。

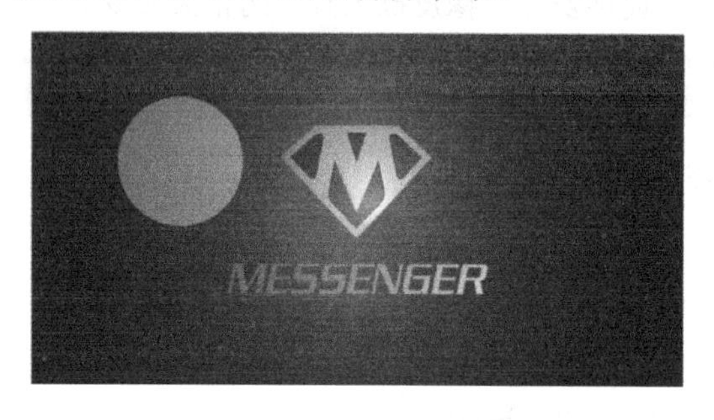

图 2-114　橡皮擦的不透明度为 50%

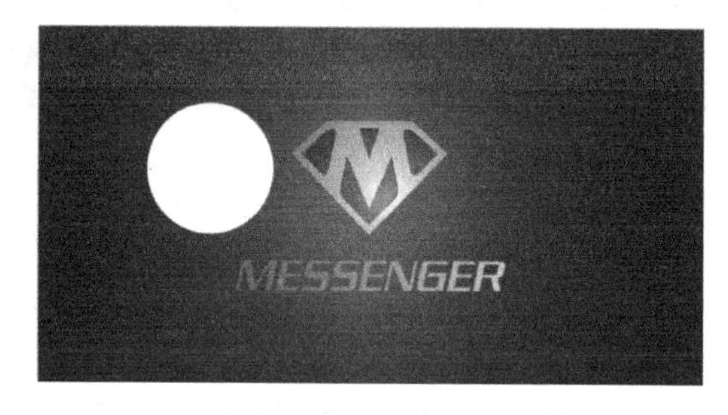

图 2-115　橡皮擦的不透明度为 100%

④“流量”：设置橡皮擦的涂抹程度。流量值越小，画笔绘制的痕迹越不清晰，二者呈反比关系。

⑤“经过设置可以启用喷枪功能”：单击橡皮擦属性工具栏上的“喷枪”按钮，启动“喷枪”功能，在擦除过程中将模拟现实生活中的喷枪，制造出喷溅的笔墨效果。

⑥“绘图板压力控制大小”：用来设置数位板的笔刷压力。只有在安装了数位板及相关驱动才有效，选择此选项后，橡皮擦的擦除情况受到绘图板笔压的影响。

2.6.2　背景橡皮擦工具的使用技巧

使用鼠标右键在工具栏上单击“橡皮擦工具”按钮，在弹出的扩展工具中选择“背景橡皮擦工具”按钮，它的主要作用是在拖动时将图层上的像素涂抹成透明，从而可以在抹除背景的同时在前景中保留对象的边缘。通过指定不同的取样和容差选项，可以控制透明度的范围和边界的锐化程度。

当使用鼠标左键单击“背景橡皮擦工具”按钮后，在选项栏中会显示其相关选项，如图 2-116 所示。了解其选项有助于快速、便捷地操作“背景橡皮擦工具”的相关命令。

图 2-116　“背景橡皮擦工具”选项栏

“背景橡皮擦工具”选项栏中的部分选项与“橡皮擦工具”相同，此处就不再繁述，只介绍“背景橡皮擦工具”独有的选项。

①“背景橡皮擦工具”的取样。

- “连续”：单击“连续”按钮，在按住鼠标不放的情况下鼠标中心所接触到的颜色都会被擦除掉。
- “一次”：单击“一次”按钮，在按住鼠标不放的情况下只有第一次接触到的颜色才会被擦掉。如果同时经过几个不同的颜色，则除了第一个接触到的颜色之外，其余颜色均不会被擦除。
- “背景色版”：单击“背景色版”按钮，擦掉的仅仅是背景色设定的颜色，假如将背景色设定为黄色，将前景色设定为绿色，而需要擦除的图片上的背景是蓝色的，物体是黄色的，当用“背景橡皮擦工具”从图片的背景和物体上同时划过时，会发现，被擦除的只有和背景色相同的黄色物体区域。

②“背景橡皮擦工具”的限制，包括 3 个选择，分别为“不连续”“连续”和“查找边缘”，如图 2-117 所示。

限制：连续
不连续
连续
查找边缘

图 2-117　限制面板

- “不连续”：在画面上用“笔刷工具”画一个封闭的线条，如图 2-118 所示，然后选择“橡皮擦工具”，选择“不连续”选项，而在取样内定义为“连续”。当把橡皮擦放大到能覆盖整个封闭线条里的颜色时单击，会发现，鼠标中心点周围所覆盖的颜色都被擦除了，如图 2-119 所示。

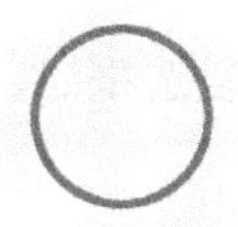

图 2-118　绘制封闭线条

图 2-119　限制为不连续，取样定义为连续

- “连续”：假如选择的是“连续”，取样依旧定义为“连续”，再次用“橡皮擦工具”单击画面，会发现，鼠标圆形区域的颜色被擦掉了，而线条外面的颜色却没有被擦除，如图 2-120 所示。
- “查找边缘”：假如选择的是“查找边缘”，取样依旧定义为“连续”，这次用“橡皮擦工具”单击圆形区域的边缘，发现只有边缘处的颜色被擦除，而圆形区域内或外的颜色均未被擦除，如图 2-121 所示。

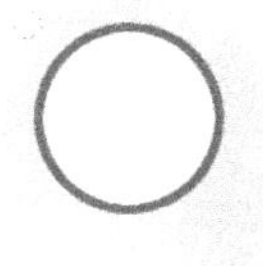

图 2-120　限制为连续

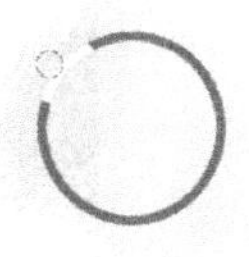

图 2-121　限制为查找边缘取样定义为连续

③“容差”：主要用来设置鼠标的擦除范围，“容差”越大，擦除的范围就越大。

④“保护前景色”：如果“保护前景色”的复选框没有勾选的话，将前景色设定为黄

色，在图片上用前景色填充一个色块，使用“背景橡皮擦工具”擦去图像上的颜色，此时发现，凡是鼠标经过的地方都被擦除了。

如果“保护前景色”的复选框已经勾选，再次用“背景橡皮擦工具”擦去图像上的颜色，此时发现，凡是鼠标经过的地方都被擦除了，只有用前景色设置的图像没有被擦除。

2.6.3 魔术橡皮擦工具的使用技巧

使用鼠标右键在工具栏上单击“橡皮擦工具”按钮，在弹出的扩展工具中选择“魔术橡皮擦工具”按钮。它的特别之处在于，只需单击一次即可将纯色区域擦抹为透明区域。

当使用鼠标左键单击“魔术橡皮擦工具”按钮后，在选项栏中会显示其相关选项，如图 2-122 所示。了解其选项有助于快速、便捷地操作“魔术橡皮擦工具”的相关命令。

图 2-122 “魔术橡皮擦工具”选项栏

①“容差”：主要用来设置鼠标的擦除范围。容差越大，擦除的范围就越大。

②“消除锯齿”：当“消除锯齿”复选框被勾选时，擦除颜色后的图形比较干净，不带有锯齿边缘。

③“连续”：如果“连续”复选框未被勾选，只要用“魔术橡皮擦工具”单击画面上的某一个纯色块，就可以将整个色块擦除，即使色块与其他色块中间有连接的地方，也可以跨过其他色块被清除干净。

④“对所有图层取样”：如果图像上有多个图层，勾选此复选框时，就可以对该图像的所有图层进行修改，否则只对当前图层进行修改。

⑤“不透明度”：用法与橡皮擦工具相同，不再繁述。

2.7 渐变工具和颜料桶

二维码 2-4
圆柱体的制作

2.7.1 【案例 2-4】圆柱体的制作

“圆柱体的制作”案例的效果如图 2-123 所示。

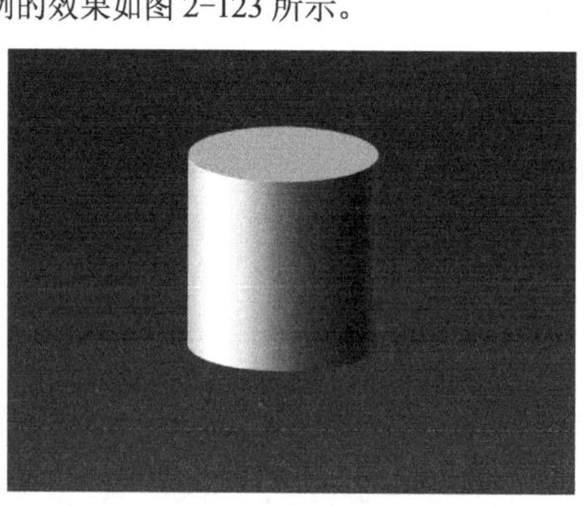

图 2-123 “圆柱体的制作”效果

【案例设计创意】

本案例制作的是在一个平面里创造出一个立体的圆柱，其具有三维空间里的透视及明暗关系。

【案例目标】

通过本案例的学习，读者不仅可以掌握工具箱中的“渐变工具”及其设置，还可以复习“矩形选框工具”等基础工具命令的使用。

【案例的制作方法】

1）在 Photoshop CC 2017 中新建一个文件，并将它命名为“圆柱”，如图 2-124 所示。

2）在工具箱里单击“渐变工具”按钮，并在其属性栏中单击“编辑渐变”工具，弹出渐变编辑器面板，设定色标，如图 2-125 所示。

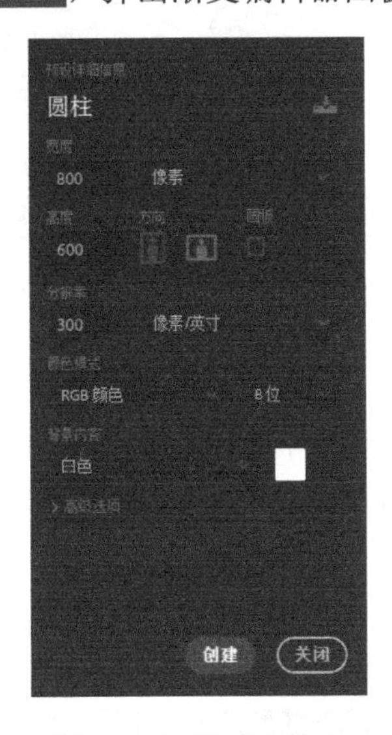

图 2-124　新建文件

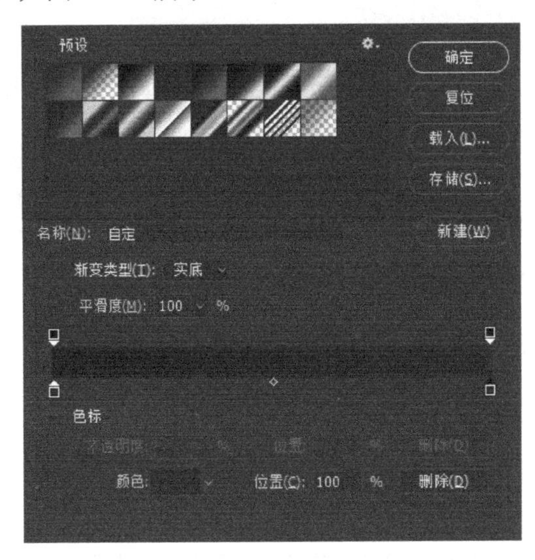

图 2-125　在渐变编辑器中编辑色标

3）利用鼠标在背景图层上由下而上地画线进行填充，填充效果如图 2-126 所示。

4）在“图层”面板上单击“创建新图层”按钮，创建一个新图层，命名为“图层 1”。

5）在工具箱中选择“矩形选框工具”，在“图层 1”中绘制一个矩形选框，如图 2-127 所示。

图 2-126　填充后的效果

图 2-127　绘制矩形选框

6）在工具箱里单击“渐变工具”按钮，并在其属性栏中单击“编辑渐变”工具，弹出渐变编辑器面板，设定色标，如图 2-128 所示，尤其要注意反光的设定。

7）在“矩形选框工具”内从左至右进行渐变，然后使用快捷键〈Ctrl+D〉取消选框选择，效果如图 2-129 所示。

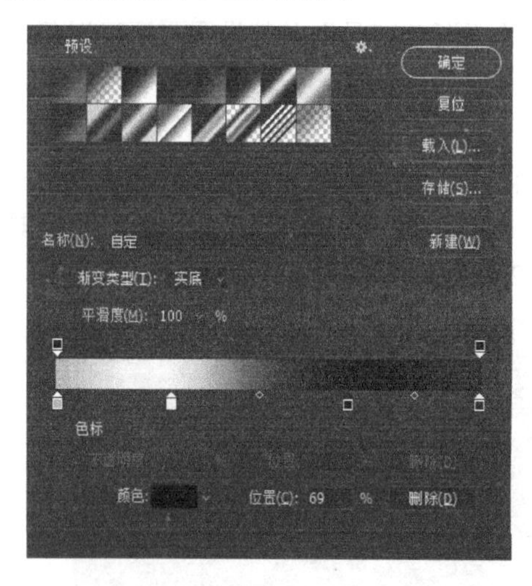

图 2-128　在渐变编辑器中设定色标位置

图 2-129　在矩形选框中填充渐变

8）在“图层”面板上单击“创建新图层”按钮，创建出一个新图层，命名为“图层 2”。在工具箱中选择“椭圆选框工具”，在“图层 2”中的合适位置绘制一个椭圆选框，如图 2-130 所示。

9）在工具箱中选择“油漆桶工具”，将前景色设置为灰色（R=187,G=187,B=187）并填充，效果如图 2-131 所示。注意不要取消椭圆选框的选择。

图 2-130　绘制椭圆选框

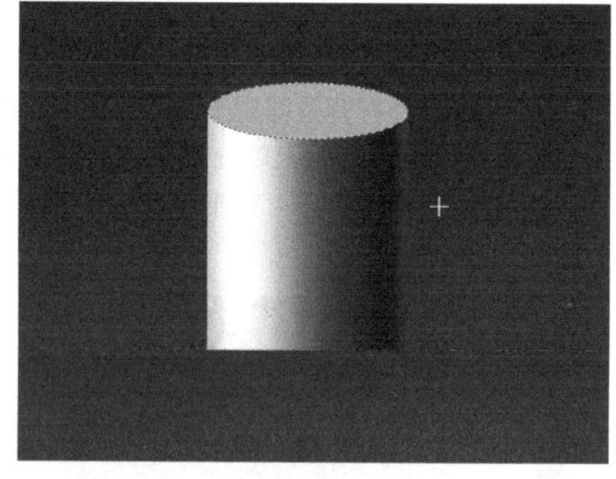

图 2-131　填充椭圆选框

10）利用键盘上的向下移动键移动椭圆选框至合适的位置，在工具箱中选择“矩形选框工具”的同时按住键盘上的〈Shift〉键进行加选，如图 2-132 所示。

11）选择菜单“选择”→“反向”命令进行反选，按键盘上的〈Delete〉键删除不需要的部分，完成圆柱体的制作，效果如图 2-133 所示。

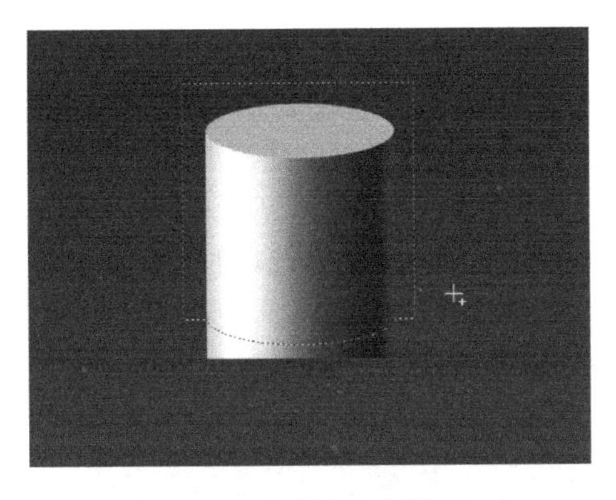

图 2-132　移动椭圆选框并加选

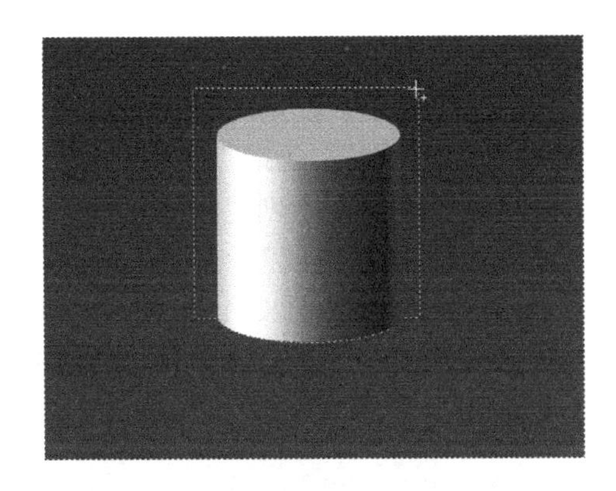

图 2-133　反选删除不需要的部分

2.7.2 【相关知识】渐变工具

Photoshop CC 2017 的渐变工具主要用于创建不同颜色间的混合过渡效果。它和“油漆桶工具”属于同一个工具组。当右击“编辑工具栏”按钮 ··· 的时候可以对其进行选择，如图 2-134 所示。

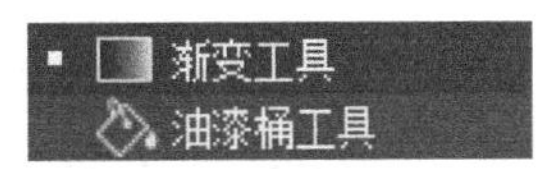

图 2-134　渐变工具组

单击“渐变工具”按钮，其选项栏如图 2-135 所示。

图 2-135　“渐变工具”选项栏

①“渐变编辑器”：单击“渐变编辑器”的编辑框，将弹出渐变编辑器，如图 2-136 左图所示。可以通过其内容的修改设定渐变色，它包括以下几个子选项，这里进行具体介绍。

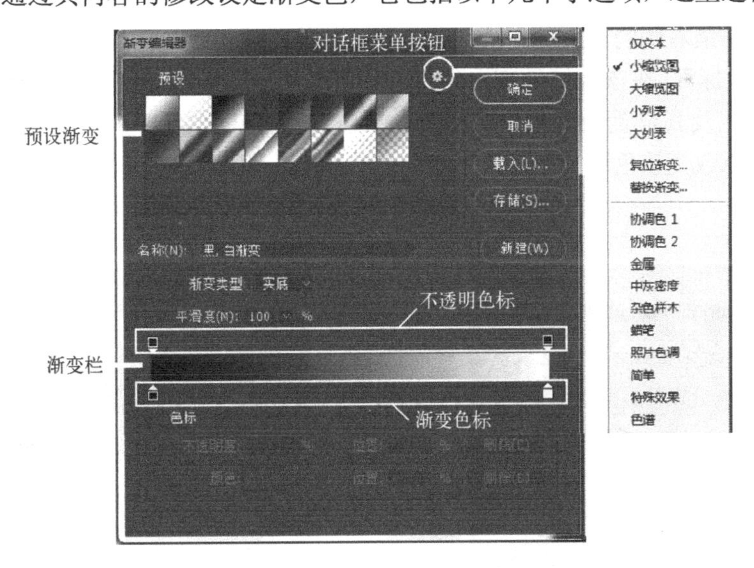

图 2-136　渐变编辑器

● “预设”：此区域列举了当前可以直接选用的渐变类型。读者只需要单击就可以选中需要的渐变，使用渐变选择框来选择已有的预设渐变，可以提高工作效率。

● “对话框菜单”：单击“渐变编辑器”编辑框“预设渐变”上方的图标，可以调出此菜单。本菜单主要用于控制渐变的显示方式、复位及替换渐变，如图 2-136 右图所示。

● “渐变类型”：包括“实底”和“杂色”两个选项，前者可以创建平滑的颜色过渡效果，后者则用于创建粗糙的渐变质感效果。

● “平滑度/粗糙度”：在“渐变类型”下拉列表中选择“实底”选项时，此处显示为“平滑度”，如图 2-137 所示，平滑度数值越大则越平滑。当选择“杂色”选项时，此处显示为“粗糙度”，如图 2-138 所示，粗糙度数值越大则越粗糙。

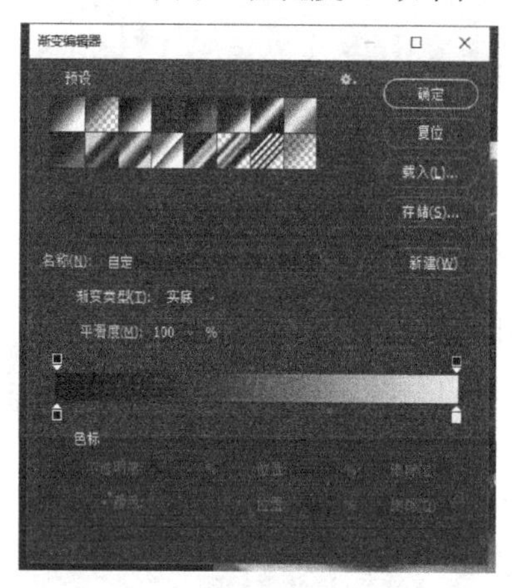

图 2-137　渐变类型为实底时

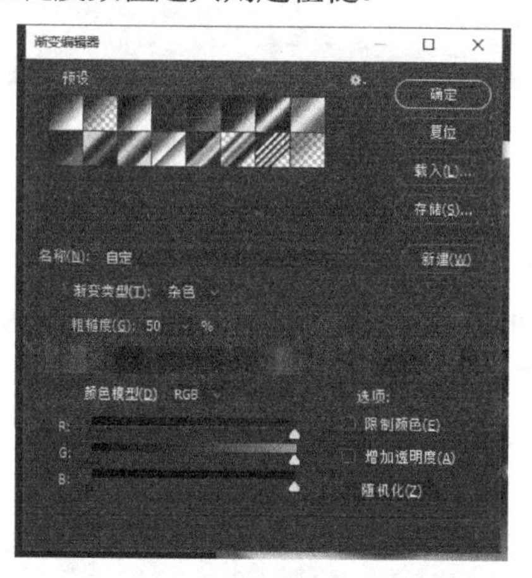

图 2-138　渐变类型为杂色时

● “不透明度色标”：在该区域的空白处单击即可添加一个新的不透明度色标，它用于制作透明渐变，且可以左右移动位置以调整对应的渐变位置。在选择该色标的情况下，在对话框底部的“不透明度”输入框中输入数值可以设置当前色标的透明属性，单击最右侧的“删除”按钮既可删除当前不透明度的色标，如图 2-139 所示。

● “渐变色标”：在该区域的空白处单击即可添加一个新的渐变色标，它用于控制渐变中的颜色及其位置。选择该色标后，单击对话框底部的颜色，在弹出的拾色器对话框中可以改变该色标的颜色，单击右侧的删除按钮可以删除该渐变色标，如图 2-140 所示。

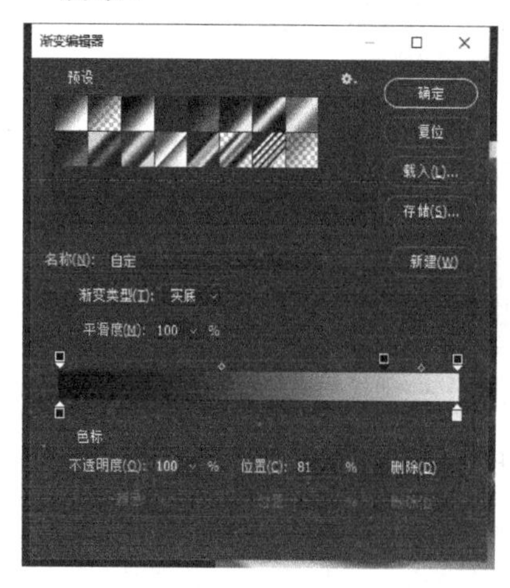

图 2-139　添加新的不透明色标

图 2-140　添加新的渐变色标

- “存储”：单击对话框右侧的“存储”按钮，可以将当前对话框中的渐变保存为一个文件。
- “载入”：单击对话框右侧的“载入”按钮，可以将当前对话框中已有的渐变文件载入进来。
- “新建”：单击对话框右侧的“新建”按钮可以将当前设置的渐变保存至渐变选择框中，便于以后的调用。
- “不透明度”：当选中不透明度色标时，此参数被激活，输入数值可以控制与此色标对应的不透明度属性。此参数后面的“位置”参数则用于控制当前所选不透明度色标在色谱上的位置。
- “颜色”：单击此色块右侧的黑色三角形按钮，在弹出的菜单中可以设置此色块的颜色类型，如图 2-141 所示。选择“前景”可以将该色标定义为前景色。选择“背景”可以将该色标定义为背景色。如果需要选择其他颜色来定义该色标，可双击渐变色标或单击此颜色块，如图 2-142 所示，在弹出的“拾色器（色标颜色）”对话框中选择颜色。

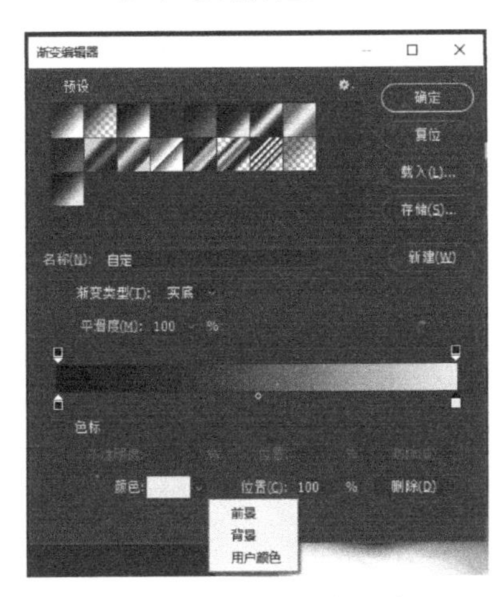

图 2-141　颜色定义方法

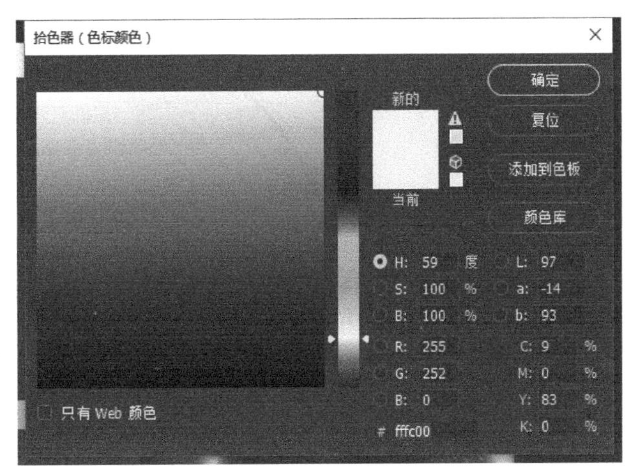

图 2-142　选择色标颜色

值得注意的是，在渐变选择框中，默认情况下最顶端左侧的两个渐变是动态的。其中，第一个渐变是从前景色到背景色；第二个渐变是从前景色到透明；第三个则默认为黑白渐变。

②“渐变类型”：Photoshop CC 2017 为用户提供了可以创建 5 类渐变效果的渐变工具，它们分别为“渐变工具”、“径向渐变工具”、“角度渐变工具”、“对称渐变工具”和“菱形渐变工具”。单击不同的渐变工具图标，可以绘制出不同的渐变效果，如图 2-143 所示。

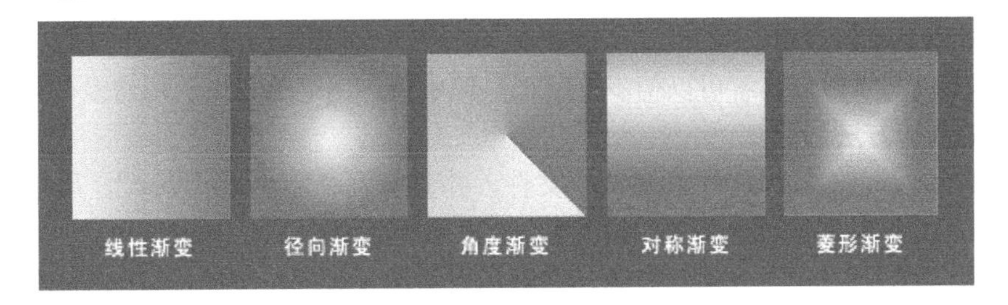

图 2-143　渐变类型

③“模式”：用来设置渐变颜色与背景图层的混合模式。单击“模式”选项右侧的小三角，将弹出 26 个混合选项。

④“不透明度”：此参数用于设置渐变效果的不透明度，数值越小越透明。

⑤“反向”：勾选该选项使当前渐变以相反的颜色顺序进行填充。

⑥“仿色”：勾选该选项，可以使颜色渐变实现平滑过渡，以防止在输出混合色时出现色带效果，从而导致渐变过渡时出现跳跃。

⑦“透明区域”：选择该选项可使当前所使用的渐变按设置呈现透明效果。

至此，“渐变工具”介绍完毕。

2.8 路径工具、图像渲染工具和色调调和工具

二维码 2-5
光盘盘面设计

2.8.1 【案例 2–5】光盘盘面设计

光盘盘面设计案例的效果如图 2–144 所示。

图 2–144 光盘盘面设计效果

【案例设计创意】

本案例设计的是光盘盘面，巧妙地将实拍的真人与光盘盘面结合在一起，制造出有趣的画面效果。

【案例目标】

通过本案例的学习，读者可以初步了解工具箱中的“钢笔工具”的用途及使用方法。

【案例的制作方法】

1）在 Photoshop CC 2017 中新建一个文件，并命名为“光盘盘面设计”，尺寸为 10cm×10cm，分辨率为 300 像素/英寸，RGB 颜色，效果如图 2–145 所示。

2）执行“视图”→“标尺”命令，并利用“移动工具”将辅助线移动到画面的中心位置，如图 2–146 所示。

3）单击“图层”面板底部的“创建新图层”按钮，图层名为“图层 1”，单击工具箱中的“椭圆选框工具”按钮，以两条辅助线的交叉点为圆心画圆（画圆时配合使用键盘上的〈Shift〉，可以使圆为正圆形），如图 2-147 所示。将前景色设置为黑色，按〈Alt+Delete〉组合键用前景色填充椭圆形选框。

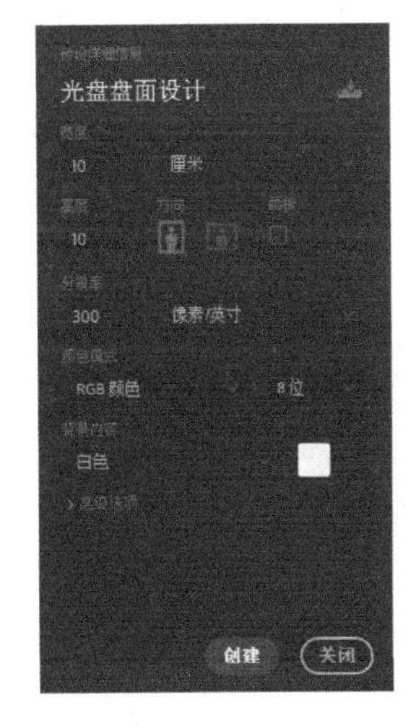

图 2-145　新建文件　　图 2-146　移动辅助线　　图 2-147　绘制出正圆到合适位置

4）执行“选择”→“修改”→“收缩”命令，并将收缩的参数设置为 8，如图 2-148 所示。再次单击“图层”面板底部的“创建新图层”按钮，图层名为“图层 2”，用黄色（R=255,G=217,B=0）填充收缩后的椭圆形选框，效果如图 2-149 所示。

5）创建“图层 3”，单击工具箱中的“椭圆选框工具”按钮，再次以两条辅助线的交叉点为圆心画圆，并填充黑色，效果如图 2-150 所示。

图 2-148　执行收缩命令

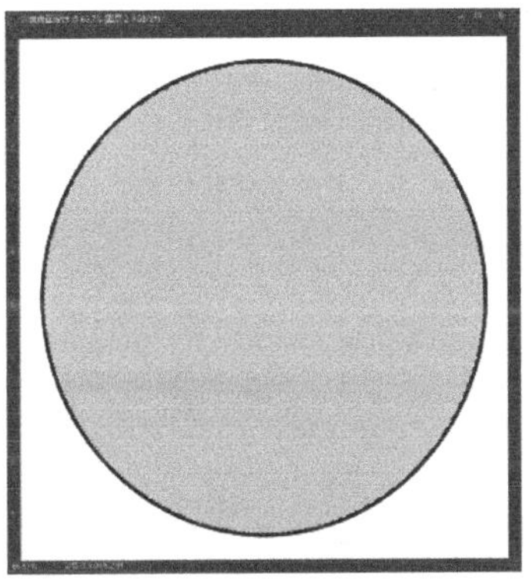

图 2-149　用黄色填充圆形选框

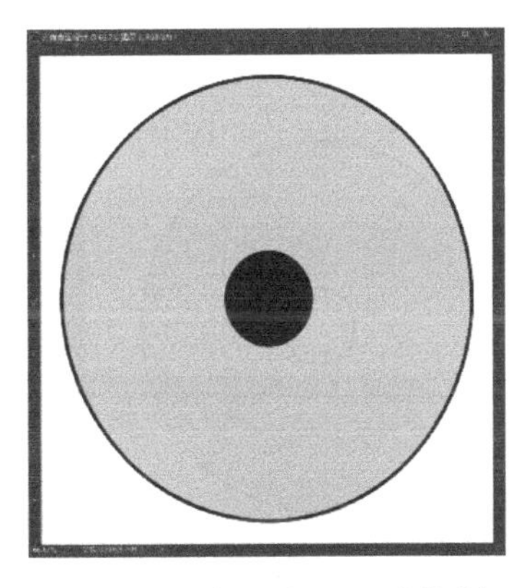

图 2-150　在“图层 3”上绘制新圆形选框并填充

6）创建“图层 4”，在点选“图层 3”缩略图的同时按住〈Ctrl〉键，将“图层 3”上的图像载入选区，并填充白色，执行“编辑”→“自由变换”命令，如图 2-151 所示，按住键盘上的〈Shift+Ctrl〉组合键的同时用鼠标在变形框的四角进行拖动，可以得到等比的以圆心为中心的缩放效果，此步骤效果如图 2-152 所示。

7）创建“图层 5”，单击工具箱中的“椭圆选框工具”按钮，再次以两条辅助线的交叉点为圆心画圆，执行“编辑”→“描边”命令，弹出“描边”对话框，参数设置如图 2-153 所示，并单击“确定”按钮。

8）复制“图层 5”，生成“图层 5 副本”和“图层 5 副本 2”，使用“自由变换”命令，分别将“图层 5 副本”和“图层 5 副本 2”上的图像缩小到合适的大小，效果如图 2-154 所示。

9）创建“图层 6”，在点选“图层 1”缩略图的同时按住〈Ctrl〉键，将“图层 1”上的图像载入选区，执行“选择”→“修改”→“扩展”命令，并将扩展量设置为 15 像素。

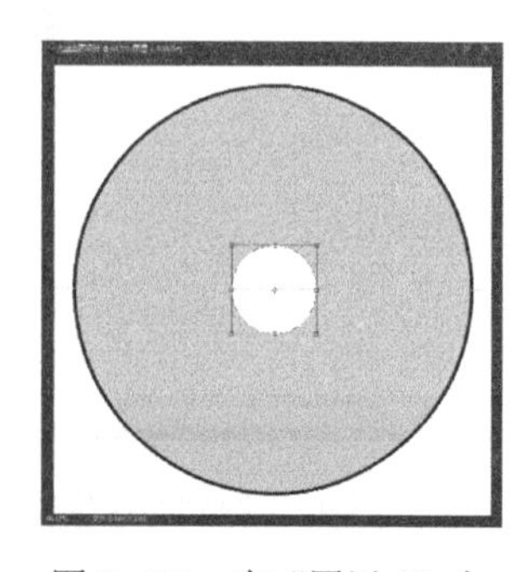

图 2-151　在“图层 4”上用白色填充“图层 3”的选区

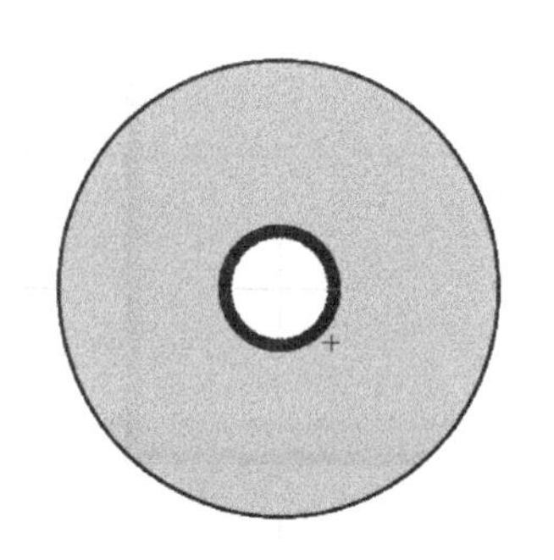

图 2-152　等比缩放“图层 4”

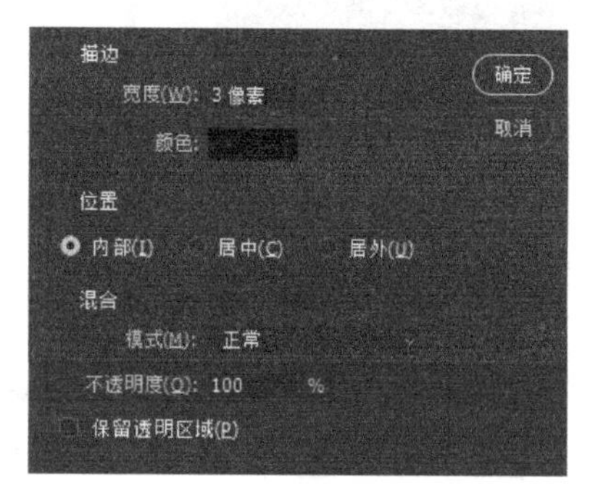

图 2-153　描边对话框

10）将前景色设置为灰色（R=159,G=160,B=160），执行“编辑”→“描边”命令，弹出“描边”对话框，参数设置如图 2-155 所示，并单击“确定”按钮。

11）将图片“推车”导入 Photoshop CC 2017，在工具栏中单击“钢笔工具”按钮，使用“钢笔工具”将图中的人物抠选出来，如图 2-156 所示。

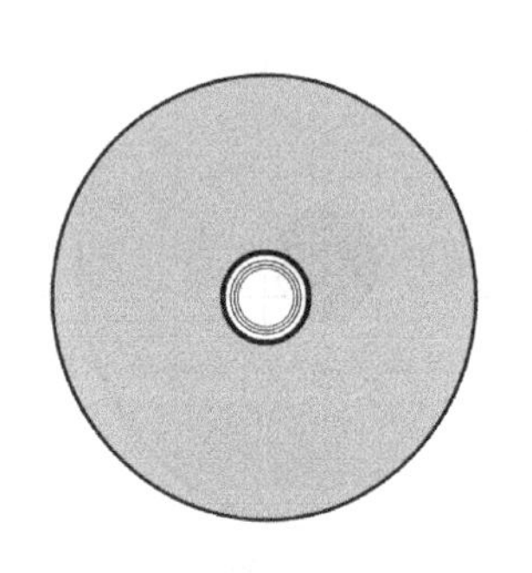

图 2-154　缩小被描边的圈

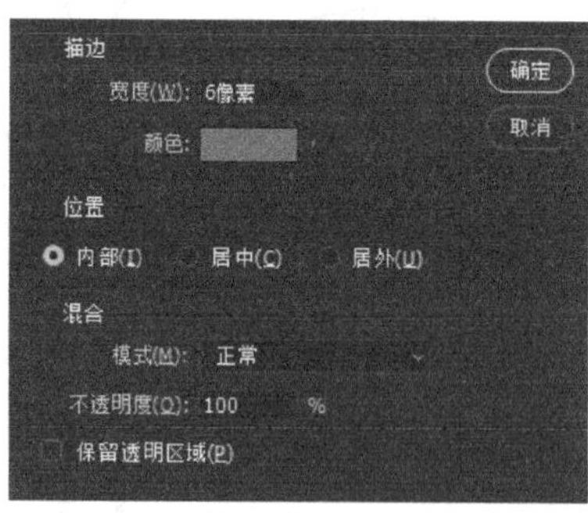

图 2-155　对图层 6 描边

图 2-156　用钢笔抠选人物

12）按〈Ctrl+Enter〉组合键，将钢笔抠选出的路径转换为选区，如图 2-157 所示。

13）将选区中的内容拖到“光盘盘面设计”的文件上，如图 2-158 所示。

14）对画中的人物进行缩放变形，位置调整，效果如图 2-159 所示。

图 2-157　将路径转换为选区

图 2-158　移动人物到光盘上

图 2-159　调整位置

15）按〈Ctrl++〉组合键，将图像放大至合适的位置。新建“图层 7”，在工具栏中单击“钢笔工具”按钮，使用“钢笔工具”在“图层 7”上绘制一个水滴状的图形，如图 2-160 所示。

16）按〈Ctrl+Enter〉组合键，将钢笔抠选出的路径转换为选区，并填充黑色，如图 2-161 所示。

17）依照上述方法，在图中人物的其余各处也添加上合适的图形，制作运动的效果，如图 2-162 所示。

图 2-160　用钢笔绘制水滴图形

图 2-161　转换为选区并填充

图 2-162　在合适地方制作运动效果

18）用相同的方法，利用“钢笔工具”给光盘的中心圈的四周添加上合适的图形，制作滚动的效果。

19）新建“图层 9”，在工具栏中单击“钢笔工具”按钮，使用“钢笔工具”在“图层 9”上绘制图 2-163 所示的图形。

20）按〈Ctrl+Enter〉组合键，将钢笔抠选出的路径转换为选区，并执行描边命令，将描边颜色设置为灰色（R=50,G=50,B=50），如图 2-164 所示。

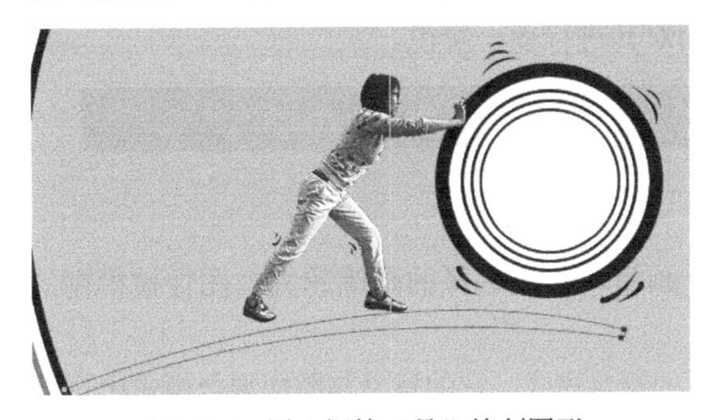

图 2-163　用“钢笔工具”绘制图形

图 2-164　对选区描边

至此，整个案例就制作完成了。

2.8.2 【相关知识】路径工具

Photoshop CC 2017 提供了 5 种用于绘制与编辑路径的工具。其中，用于绘制路径的是“钢笔工具”和“自由钢笔工具”（形状工具组中的工具也属于路径绘制工具），用于编辑路径的工具包括“添加锚点工具”、“删除锚点工具”及“转换点工具”。

当右击“钢笔工具”按钮的时候可以对其进行选择，如图 2-165 所示。由于路径工具将在第 6 章进行详细的讲解，此处就不再繁述。

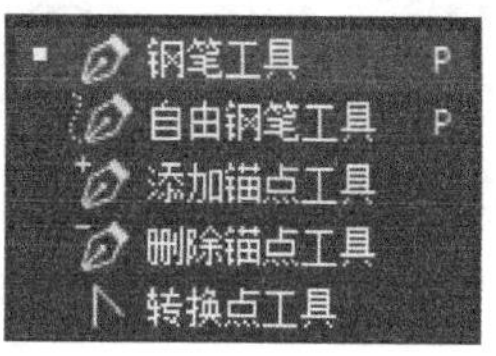

图 2-165　钢笔工具组

2.8.3 图像渲染工具的使用技巧

在 Photoshop CC 2017 中，参与图像渲染的工具有“锐化工具”、“模糊工具”和“涂抹工具”。以上 3 种工具属于模糊工具组，右击“编辑工具栏”按钮时，将展开模糊工具组，移动鼠标就可以对它们进行选择，如图 2-166 所示。

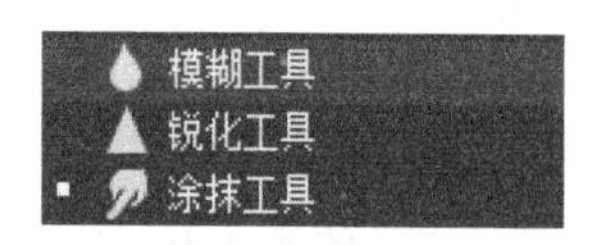

图 2-166　模糊工具组

模糊工具主要是通过降低像素之间的反差，使图像的局部柔化、模糊。它的工作介质是画笔，通过“模糊工具”在图像中涂抹，可以使图像变得模糊，以突出清晰的局部。图 2-167 与图 2-168 分别为原图像和对原图像使用了“模糊工具”之后的效果。

图 2-167　使用“模糊工具”前

图 2-168　使用“模糊工具”后

“模糊工具”的选项栏如图 2-169 所示，可以在该选项栏中设置工具的画笔样式、压力与模式。了解选项栏有助于了解这个工具，下面对其进行逐一解说。

图 2-169 “模糊工具”选项栏

①“画笔”：在此下拉列表中可以选择一个画笔，此处选择的画笔越大，图像被模糊的区域也越大。

②“模式”：在此下拉列表中可以选择操作时的混合模式，它的意义与图层混合模式相同。

③“强度”：设置数值框中的数值，可以控制“模糊工具”，操作时的笔画压力值，数值越大，一次操作得到的模糊效果越明显。

④“对所有图层取样”：勾选 对所有图层取样 复选框，将使“模糊工具”的操作应用于图像的所有图层，否则操作效果只作用于当前图层中。

“锐化工具” 与“模糊工具” 相反，它是一种利用增大像素间的反差使图像色彩锐化的工具。图 2-170 与图 2-171 分别为原图像和对原图像使用了锐化工具之后的效果。

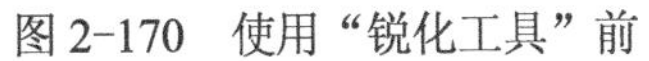

图 2-170　使用“锐化工具”前

图 2-171　使用“锐化工具”后

值得注意的是，在图像处理中，“锐化工具”通常不宜多用，否则会使图像失真。在使用“锐化工具”的同时按住〈Alt〉键，则工具会变为“模糊工具”。重复按〈Alt〉键时，即可在这两个工具之间切换。

“锐化工具” 选项栏与“模糊工具” 选项栏完全一样，如图 2-172 所示，其参数的含义也相同，故不再重述。

图 2-172　“锐化工具”选项栏

涂抹工具用以在图像上以涂抹的方式创造出柔和或模糊的效果。拖动鼠标时，笔触周围的像素将随笔触一起移动并相互融合。图 2-173 与图 2-174 分别为原图像和对原图像使用了涂抹工具之后的效果。

图 2-173　使用涂抹工具前

图 2-174　使用涂抹工具后

"涂抹工具" 的选项栏如图 2-175 所示。

图 2-175 "涂抹工具"选项栏

"手指绘画"：勾选 复选框后，即可设置涂抹的色彩，此时拖动鼠标，"涂抹工具"会将前景色与图像中的颜色相融合。若取消此复选框的选择，则"涂抹工具"使用的颜色取自最初单击处。

值得注意的是，"涂抹工具"不能用于位图和索引颜色色彩模式的图像。

2.8.4 色调调和工具的使用技巧

在 Photoshop CC 2017 中，参与图像色调调和的工具有"减淡工具" 、"加深工具" 和"海绵工具" 。以上 3 种工具都属于"减淡工具"组，当在编辑工具栏中用鼠标右击"编辑工具栏"按钮 时，将弹出相应的选项框，移动鼠标指针就可以对它们进行选择，如图 2-176 所示。

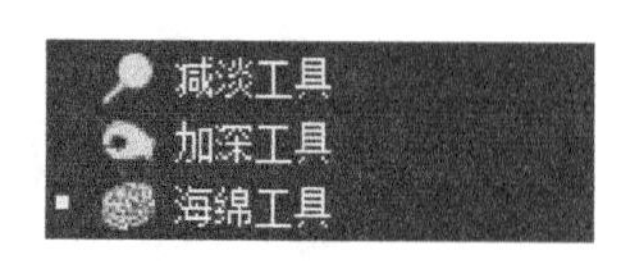

图 2-176 色调调和工具

在图像中使用"减淡工具" ，可将光标掠过的图像变亮，因此该工具可提亮图像的局部亮度，或为图像添加炫目高光。图 2-177 与图 2-178 分别为原图像和对原图像使用了减淡工具之后的效果。

图 2-177 使用"减淡工具"前

图 2-178 使用"减淡工具"后

"减淡工具"的选项栏如图 2-179 所示，可以在该选项栏中设置工具的范围、曝光度等。

图 2-179 "减淡工具"选项栏

① "画笔"：在其中可以选择一种画笔，以定义使用"减淡工具" 操作时的笔刷大小。画笔笔刷越大，操作时提亮的区域也越大。

② "范围"：在此下拉列表中选择选项，可以定义"减淡工具" 的应用范围，其中有"阴影""中间调"及"高光"3 个选项。分别选择这些选项，可以处理图像中的处于 3 个不同色调的区域。

③ "曝光度"：在该文本框中输入数值或拖动三角滑块，可以定义使用"减淡工具" 操作时的淡化程度。数值越大，提亮的效果越明显。

“加深工具”与“减淡工具”的作用正好相反，它是一种可使图像中被操作的区域变暗的工具。“加深工具”常与“减淡工具”配合使用，可以使图像增加立体感。图 2-180 与图 2-181 分别为原图像和对原图像使用了“加深工具”和“减淡工具”之后的效果。

图 2-180　使用“加深工具”“减淡工具”前

图 2-181　使用“加深工具”“减淡工具”后

“加深工具”的选项栏与“减淡工具”的选项栏完全一样，如图 2-182 所示，其参数的含义也相同，故不再重述。

图 2-182　“加深工具”选项栏

使用“海绵工具”可以精确地更改被操作区域的色彩饱和度。如果图像模式为灰度模式，则该工具可通过将灰阶远离或靠近中间灰色来增加或降低对比度。“海绵工具”选项栏如图 2-183 所示。其参数含义如下。

图 2-183　“海绵工具”选项栏

①“画笔”：在此下拉面板中可以选择任意一种画笔，以定义使用“海绵工具”操作时的笔刷大小。

②“模式”：在模式下拉列表中选择“加色”，可以增加操作区域的饱和度；选择“去色”，则可以去除操作区域的饱和度。

③“流量”：在该文本框中输入数值或拖动三角滑块，可以定义使用“海绵工具”操作时的压力程度，数值越大，效果越明显。

图 2-184 是具有高饱和度效果的原图像，图 2-185 为使用“海绵工具”在画面上进行去色操作后得到的效果。

图 2-184　使用“海绵工具”前

图 2-185　使用“海绵工具”后

2.9 本章小结

本章系统介绍了 Photoshop CC 2017 工具栏中的吸管、选取、移动、裁剪、画笔等工具。用户可以使用工具栏中的各种工具绘制并编辑各种图形文件。

2.10 练习题

1. 新建一个分辨率为 72 像素/英寸，RBG 模式，大小为 640×480 像素的文件，将背景填充为紫色。通过绘制 3 个侧面的选区，再分别填充上不同的颜色来制作第一个立体形状。用“选择工具”画一个正圆，并填充一个白到蓝的渐变色填充。制作出图 2-186 所示的基本立体与按钮形状。

2. 新建一个分辨率为 72 像素/英寸，RGB 模式，大小为 16cm×12cm 的文件，将背景填充为图 2-188 所示的淡蓝色，画出合适的选区，填充为纯绿色。用工具栏中的工具绘制出相应的立体效果，制作出一个简单的玉镯形状，最终结果如图 2-187 所示。

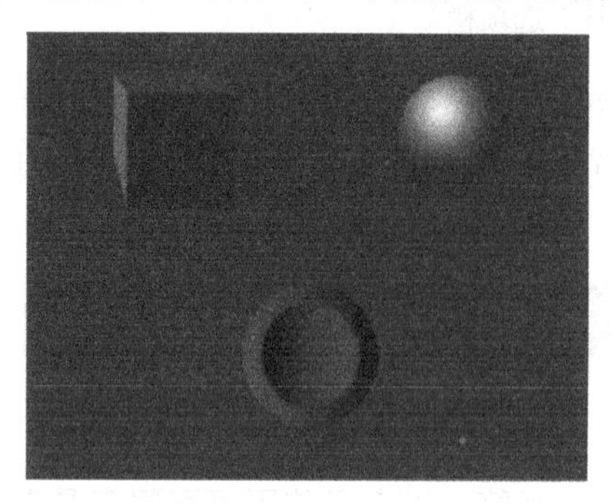

图 2-186　题 1 最终效果

图 2-187　题 2 最终效果

3. 新建一个分辨率为 72 像素/英寸，RGB 模式，大小为 16cm×12cm 的文件。输入英文字母“BLUE”(将文字变形并设置为华文彩云)，将文字填充到整个画布中。在基本路径形状中找到图 2-188 中心所示形状，经过处理制作出图 2-189 所示的立体效果。

4. 新建一个分辨率为 72 像素/英寸，RGB 模式，大小为 16cm×12cm 的文件。用选择工具配合辅助线画出禁止标志的外框与内部斜线，在标志下方输入文字“禁止...”(字体为华文行楷)，最终效果如图 2-189 所示。

图 2-188　题 3 最终效果

图 2-189　题 4 最终效果

5. 新建一个分辨率为 72 像素/英寸，RGB 模式，大小为 16cm×12cm 的文件。将整个画布填充为纯黑色，用相应的工具绘制出立体形状的底部、左边和右边部分，并分别填充上不同的灰色。在基本路径形状中找到相应的形状，画出铅笔的形状，分别填充上不同的渐变色，最后制作出立体的笔筒形状，最终效果如图 2-190 所示。

6. 新建一个分辨率为 72 像素/英寸，RGB 模式，大小为 16cm×12cm 的文件。将整个画布填充为纯黑色，应用辅助线，配合选择工具画出道路指示牌上部分的边缘，并填充相应的白到蓝色的渐变色。将道路指示牌的上部里面填充为白色，并输入文字，画上深红色的箭头。制作出道路指示牌的下部分，填充一个白到蓝色的渐变色，最后制作出一个简单的道路指示牌，最终效果如图 2-191 所示。

图 2-190　题 5 最终效果

图 2-191　题 6 最终效果

第3章　图层的概念及应用

【教学目标】

通过前面章节的学习，读者对 Photoshop 软件操作界面及工具箱有了比较全面的了解，本章将对 Photoshop 中图层的概念，图层的创建、编辑，以及图层的混合模式、图层样式及效果进行详细讲解，并通过实际案例对这些知识点进行应用。读者通过本章的学习，能够很好地掌握 Photoshop 中图层的各种应用。本章知识要点、能力要求及相关知识如表 3-1 所示。

【教学要求】

表 3-1　本章知识要点、能力要求及相关知识

知识要点	能力要求	相关知识
图层概述	理解	图层的概念及“图层”面板的操作应用
创建编辑图层及图层混合模式	掌握	创建编辑图层及图层混合模式
图层样式	掌握	为图层添加图层样式

【设计案例】

（1）花之恋女士沙龙海报

（2）调整云彩层次

（3）制作水珠效果

（4）云中飞机

3.1　图层概述

3.1.1　图层概念

图层相当于一张张透明胶片，当多个有图像的图层叠加在一起时，可以看到叠加的效果。如图 3-1 所示，在 Photoshop 中，整个图像的总体效果就是所有图层叠加后的效果。使用图层，有利于实现图像分层管理和处理，可以分别加工处理不同图层的图像，而不会影响其他图层中的图像。当暂时不想要图像中的某些元素或想改变其位置时，可以很方便地通过隐藏或移动图层来实现。各图层既相互独立，又相互联系，可以对各图层执行合并和链接操作。要注意的一点是，在同一个图像文件中，所有图层具有相同的画布大小和分辨率等属性。各图层既可以合并后输出，也可以分别输出。

Photoshop 中的图层有 5 种类型，即形状、常规、背景、文字、填充和调整图层。形状图层用来绘制形状图形，将在后面章节介绍。常规图层（也叫作“普通图层”）和背景图层中只可以保存图像和绘制的图形。背景图层并不是必须存在的，它是最底下的图层，不能调整其透明度且不能移动，一个图像文件只有一个背景图层。文字图层内只可以输入文件。填充和调整图层内主要用来保存图像的色彩等信息。

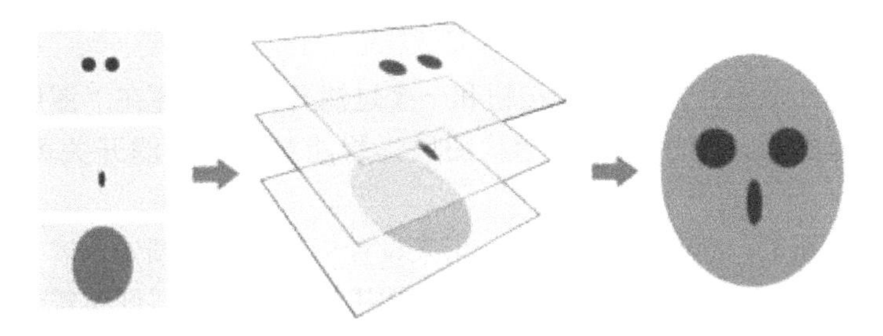

图 3-1　图层相当于透明胶片的叠加

3.1.2 “图层”面板的认识

图 3-2 所示的“图层”面板可用来管理图层，其中一些选项的作用介绍如下。

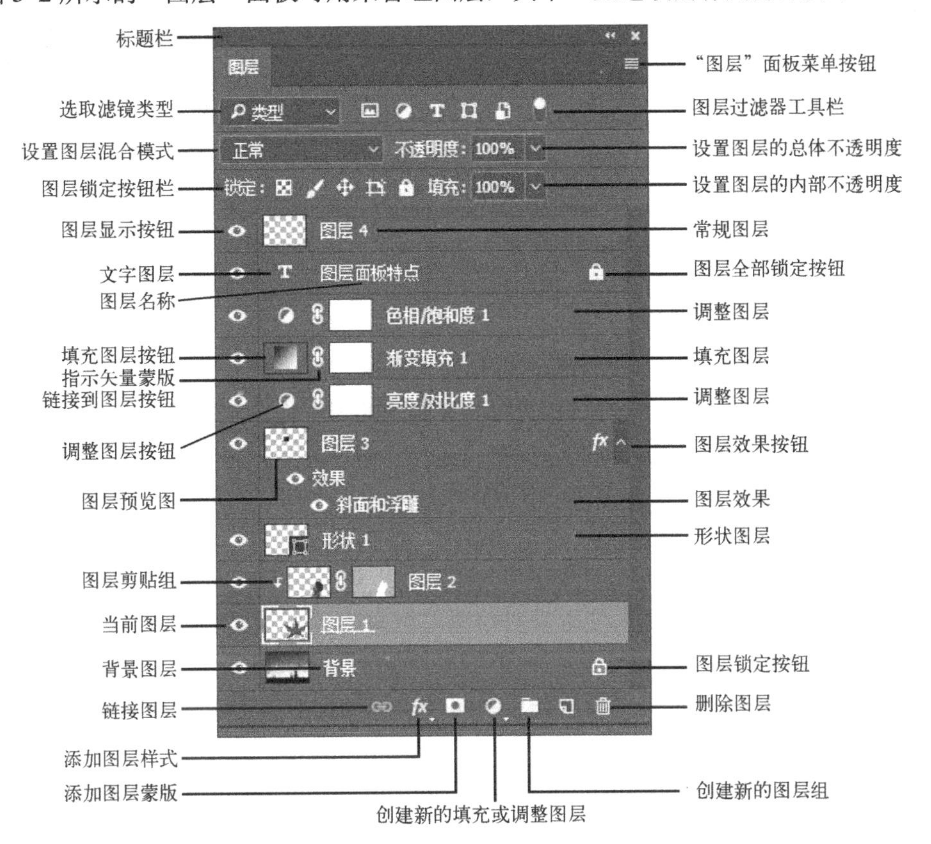

图 3-2　“图层”面板

①“不透明度”框 不透明度: 100%：用来调整图层的总体不透明度，它不但影响图层中绘制的像素和形状，还影响应用于图层的图层样式和混合模式。

②“填充”框：用来调整当前图层的不透明度，它只影响图层中绘制的像素和形状，不影响已应用于图层的图层样式效果的不透明度。

注意：*初学者往往不明白“不透明度”和“填充”百分比数值的区别，此时可以创建一个斜面浮雕的图层样式，分别调整这两者数值进行比较。*

③ 图层过滤器工具栏：包括 5 个按钮和一个过滤开关，方便在“图层”面板中过滤显示像素图层、调整图层、文字图层、形状图层、智能对象。过滤开关可以设置过滤是否生效。

④ 图层锁定按钮栏：包括 4 个按钮，用来设置锁定图层的锁定内容，锁定后不能再处理。单击“图层”面板中的某一图层，单击这个按钮栏中的按钮，即可锁定该图层的部分内容或全部内容。锁定的图层会显示一个“图层锁定”按钮（锁定全部）或（锁定部分）。4 个按钮的作用如下。

- 按下“锁定透明像素”按钮，图层中的透明区域受到保护，不允许被编辑。
- 按下“锁定图像像素”按钮，图层中的任何区域（包括图像像素和透明区域）都受到保护，不允许被编辑。
- 按下“锁定位置”按钮，图层中图像的位置被锁定，不允许移动该图层。
- 按下“锁定全部”按钮，图层被全部锁定，即锁定透明像素、锁定编辑和锁定位置移动。

⑤“图层显示”按钮，有该按钮时，表示该图层处于显示状态。单击该按钮，则该标记消失，该图层处于隐藏状态；右击该按钮可弹出一个快捷菜单，使用其中命令可以“隐藏本图层”，或者“显示/隐藏所有其他图层”。

⑥“指示矢量蒙版链接到图层”按钮：单击可切换显示或隐藏该按钮，表示矢量蒙版有或没有链接到图层。

⑦“图层”面板下侧的一行按钮的名称和作用如下。

- “删除图层”按钮：单击该按钮或将要删除的图层拖动到该按钮上，则删除图层。
- “创建新图层”按钮：单击该按钮，在当前图层之上创建一个常规图层；若将已有图层拖动到该按钮上，则复制该图层。
- “创建新的图层组”按钮：单击该按钮，在当前图层之上创建一个新的图层组。图层组的作用主要是将相关的图层移入图层组，以后任何时候用鼠标单击图层组，就将图层组作为当前图层，便可以对该图层组内的所有图层进行复制、缩放或移动、显示或隐藏等操作，大大提高操作效率。另外，图层组类似于 Windows 中的文件夹，在图层较多的时候，利用图层组将相关的图层进行归类整理，可以大大提高查找图层的速度。
- “创建新的填充或调整图层”按钮：单击该按钮，弹出一个菜单，单击其中的命令，打开相应的对话框，使用这些对话框可以创建填充或调整图层。
- “添加图层蒙版”按钮：单击该按钮，为当前图层添加一个图层蒙版。
- “添加图层样式”按钮：单击该按钮，弹出一个菜单，单击其中的命令，打开“图层样式”对话框。在该对话框的“样式”选项组中选中相应的选项，可为图层添加效果。
- “链接图层”按钮：在选中两个或两个以上的图层后，该按钮有效，单击该按钮就会建立所选图层之间的链接，链接之后的图层便会一同缩放或移动。

3.2 创建编辑图层及图层混合模式

3.2.1 【案例 3-1】花之恋女士沙龙海报

“花之恋女士沙龙海报”案例的效果如图 3-3 所示。

图 3-3 “花之恋女士沙龙海报”效果

二维码 3-1 花之恋女士沙龙海报

【案例设计创意】

该案例是为女士沙龙设计的海报，画面以一个美女图像为底色，该美女图像经过调色处理，以女人喜爱的玫瑰花为衬托。通过在“图层”面板中调整美女图像色彩，使明暗反差较大且呈玫瑰红色调，眼镜呈淡紫色，从而使整个画面尽显妩媚、时尚，从而具有较强的视觉冲击力，起到宣传的作用。

【案例目标】

通过本案例的学习，读者可以掌握图层混合模式和不透明度的设置、照片滤镜的应用技术。在完成本案例之后，大家可以参加一些香水的平面广告设计，参考香水广告中如何对美女模特进行调色处理。

【案例的制作方法】

1）新建一个文件，名为“花之恋女士沙龙海报”，宽度为 600 像素，高度为 800 像素，颜色模式为 RGB，分辨率为 72 像素/英寸。

2）打开“美女.jpg”图像文件，如图 3-4 所示。单击工具箱中的“移动工具”按钮，将其拖动至画布窗口中。这时在“图层”面板中自动生成一个新的图层，命名为“美女”图层。

3）在“图层”面板中将“美女”图层拖动至“创建新图层”按钮之上，并将其复制为“美女拷贝”图层。

4）选择菜单“图像”→“调整”→“去色”命令，将“美女拷贝”图层中图像的颜色去掉，在“图层”面板中将图层的混合模式设置为“强光”。

5）单击“图层”面板中的“创建新的填充或调整图层”按钮，单击弹出菜单中的“照片滤镜”命令，打开“照片滤镜”对话框。设置颜色为玫瑰红（R=240，G=30 且 B=168），其他设置如图 3-5 所示，效果如图 3-6 所示。

图 3-4 “美女.jpg”图像

图 3-5 照片滤镜参数设置

图 3-6 照片滤镜效果

这时在“图层”面板中自动生成一个色彩调整图层，如图 3-7 所示。

6）在“图层”面板中新建一个名为“嘴唇”的图层，单击工具箱中的“椭圆选框工具”按钮，并在选项栏中将羽化值设置为 3px，在人物图像的嘴唇上创建一个椭圆选区，设置前景色为纯红色（R=255，G=0 且 B=0），按〈Alt+Delete〉组合键填充前景色。按〈Ctrl+D〉组合键取消选区。即在人物图像的嘴唇上绘制一个红色的椭圆图形，设置椭圆的混合模式为“柔光”，也可适当用画笔和橡皮擦等工具进行描擦嘴唇，效果如图 3-8 所示。

7）打开一幅名为“鲜花”的图像文件，单击工具箱中的“移动工具”按钮，将其拖动至画布中。这时在“图层”面板中自动生成一个新的图层，命名为“鲜花”。设置“鲜花”图层的不透明度为 68%，设置混合模式为“正片叠底”，效果如图 3-9 所示。

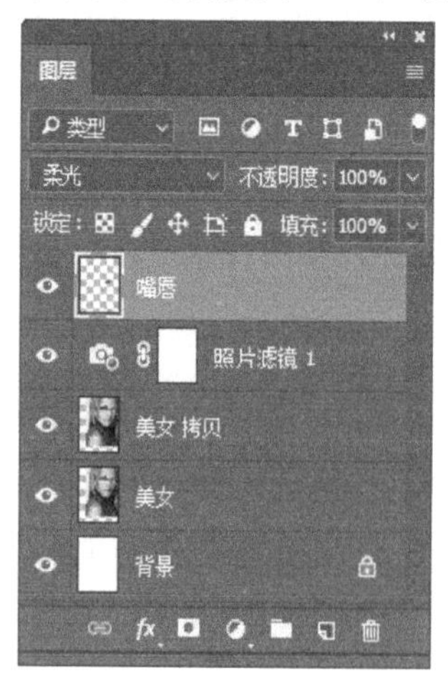

图 3-7 设置椭圆的混合模式

图 3-8 嘴唇效果

图 3-9 鲜花效果

8）在“图层”面板中新建一个名为“渐变矩形”的图层，单击工具箱中的“矩形选框工具”按钮，创建一个矩形选区。单击工具箱中的“渐变工具”按钮，在其选项栏中设置渐变类型为“色谱”线性渐变。从左到右拖动进行渐变填充，按〈Ctrl+D〉组合键清除选区。

9）在“图层”面板中设置“填充”为 20%，设置图层的混合模式为“溶解”，效果如图 3-10 所示。

10）单击工具箱中的“文字工具”按钮，在其选项栏中设置字体为“黑体”，字体大小为 72 点，输入文字“花之恋女士沙龙”。

11）右击“图层”面板中的文字图层，选择快捷菜单中的“栅格化图层”命令，将文字图层转换为常规图层。

12）按住〈Ctrl〉键单击文字图层的缩略图，载入选区。单击工具箱中的“渐变工具”按钮，在其选项栏中设置渐变类型为“色谱”线性渐变。在文字选区内进行渐变填充，按〈Ctrl+D〉组合键取消选区。

13）单击“图层”面板底部的“添加图层样式”按钮，单击弹出菜单中的“投影”命令，打开“图层样式”对话框。保留默认设置，单击“确定”按钮，效果如图 3-11 所示。

图 3-10　设置图层的混合模式后的效果

图 3-11　为文字添加图层样式

14）单击工具栏中的“文字工具”按钮，在其选项栏中设置字体为“黑体”，大小为 40 点，颜色为绿色，输入文字“诚挚邀请女士光临!”。

至此，整个设计制作完毕。最终效果如图 3-3 所示。

3.2.2 【相关知识】创建编辑图层

1. 新建背景图层和常规图层

① 新建背景图层：在画布窗口中没有背景图层时，单击一个图层，然后选择菜单“图层”→“新建”→“背景图层”命令，将当前图层转换为背景图层。

② 新建常规图层：创建常规图层的方法很多，方法如下举例。

- 单击“图层”面板中的“创建新图层”按钮。
- 将剪贴板中的图像粘贴到当前画布窗口中，在当前图层之上创建一个新的常规图层；按住〈Ctrl〉键将一个画布窗口选区中的图像拖动到另一个画布窗口中时，就会在目标画布窗口中的当前图层之上创建一个新的常规图层，同时复制选中的图像。
- 选择菜单“图层”→“新建”→“图层”命令，打开“新建图层”对话框，如图 3-12 所示。设置图层名称、“图层”面板中图层的颜色、模式和不透明度等，然后单击“确定”按钮。
- 单击“图层”面板中的背景图层，选择菜单“图层”→“新建”→“背景图层”命令，打开“新建图层”对话框（与图 3-12 类似）。单击“确定”按钮，将背景图层转换为常规图层。

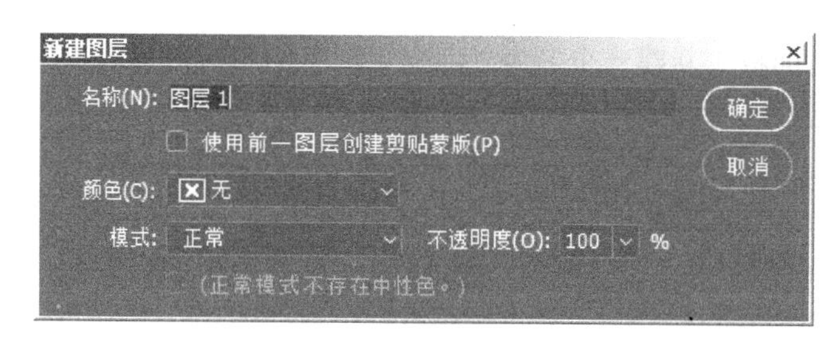

图 3-12 “新建图层”对话框

- 选择菜单“图层”→“新建”→“通过拷贝的图层”命令，在指定的图像文档中创建一个新图层。通过复制产生的图层，将原来当前图层选区中的图像（如果没有选区，则为所有图像）复制到新创建的图层中。这时复制出来的图像内容与原来图像的大小及位置完全一样。
- 选择菜单“图层”→“新建”→“通过剪切的图层”命令，效果与上面的“通过拷贝的图层”相似，只是原来图层中的内容会被删除，相当于将原来图层选区中的图像移到新创建的图层中。
- 选择菜单“图层”→“复制图层”命令，打开“复制图层”对话框，如图 3-13 所示。在“为”文本框中输入复制后图层的名称，在“文档”下拉列表框中选择目标图像文档等，单击“确定”按钮，将当前图层复制到目标图像中。如果在“文档”下拉列表框中选择当前图像文档，则在当前图层之上复制一个图层。

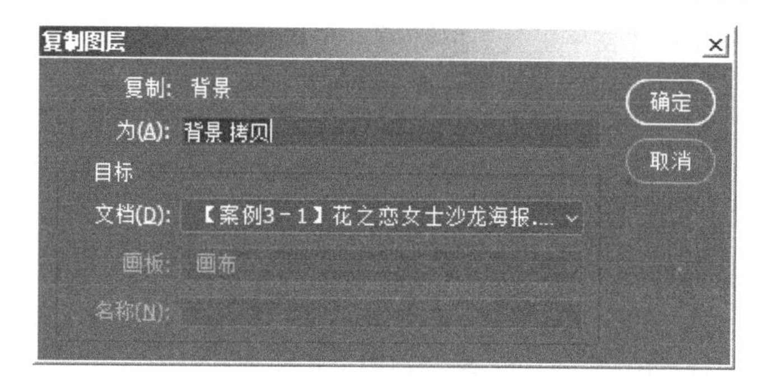

图 3-13 “复制图层”对话框

如果当前图层是常规图层，则上述后 3 种方法创建的是常规图层；如果当前图层是文字图层，则创建的是文字图层。

2. 新建填充图层和调整图层

1）新建填充图层：选择菜单“图层”→“新建填充图层”命令，打开其子菜单，如图 3-14 所示。选择相应命令，打开“新建图层”对话框。

2）设置图层名称、“图层”面板中图层的颜色、模式和不透明度等，单击“确定”按钮，打开相应的对话框。进一步设置颜色、渐变色或图案，然后单击“确定”按钮，创建一个填充图层。图 3-15 所示为创建 3 个不同填充图层后的“图层”面板。

3）新建调整图层：选择菜单“图层”→“新建调整图层”命令，打开其子菜单，如图 3-16 所示。选择其中的相应命令，打开“新建图层”对话框。

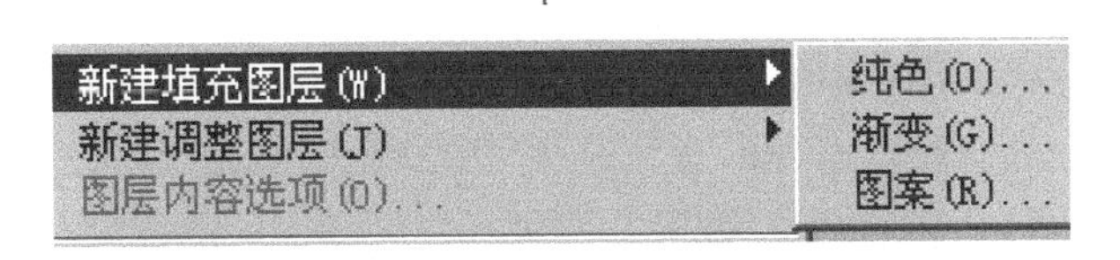

图 3-14 “新建填充图层”子菜单

图 3-15 “图层”面板

4）设置图层名称、“图层”面板中图层的颜色、模式和不透明度等，单击“确定”按钮，可打开相应的对话框，进一步设置色阶、色彩平衡或亮度/对比度等。单击“确定”按钮，创建一个调整图层。图 3-17 所示为 Photoshop CC 2017 版本中创建了 3 个调整图层的“图层”面板（与以前版本的缩略图显示有所不同，只是显示 ）。

5）新建填充图层和调整图层还可以采用如下方法。

单击“图层”面板中的“创建新的填充或调整图层”按钮 ，打开一个菜单，其中集中了图 3-14 和图 3-16 所示的所有命令。选择菜单中的一个命令，打开相应的对话框。设置有关选项，单击“确定”按钮，即可完成创建填充或调整图层的任务。

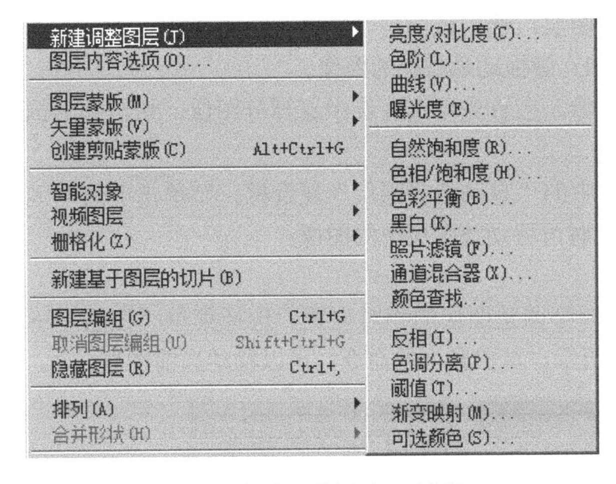

图 3-16 “新建调整图层”子菜单

图 3-17 含 3 个调整图层的“图层”面板

6）调整或填充图层的方法如下。

选中填充或调整图层，选择菜单“图层”→“图层内容选项”命令，则会根据当前图层类型打开相应的面板或对话框。如果当前图层是“亮度/对比度”调整图层，双击该调整图层缩略图则会打开“属性”对话框，如图 3-18 所示；如果当前图层是填充图层，则打开“渐变填充”对话框，如图 3-19 所示，在其中可以调整填充图层或调整图层的内容。但对于调整图层，则只能调整色相和饱和度的内容。

图 3-18 “属性”对话框

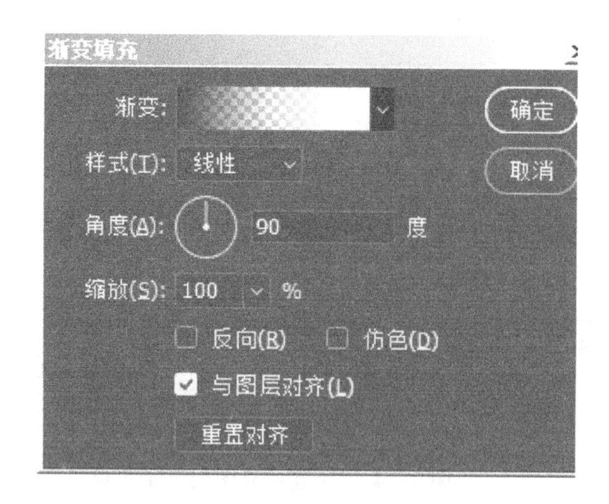

图 3-19 “渐变填充”对话框

注意：填充图层和调整图层实际是同一类图层，表示形式基本一致。保存这两种图层则保存其下图层的选区或整个图层（没有选区时）的色彩等调整信息，用户可以对其加工处理，但不会永久改变其下图层的图像。一旦隐藏或删除填充和调整图层，其下图层的图像会恢复原状。即相对于直接填充或调整操作来说，使用填充或调整图层，不会破坏下面图层的内容。恢复原状时，可以隐藏或删除填充图层和调整图层。

3. 移动图层

移动图层的方法和注意事项如下。

1）单击“图层”面板中要移动的图层，选中该图层，单击工具箱中的“移动工具”按钮 ，或在使用其他工具时按住〈Ctrl〉键拖动画布中的图像。

2）如果要移动图层中的一部分图像，应首先用选区选中这部分图像，然后拖动选区中的图像。

3）如果单击“移动工具”选项栏中的“自动选择图层”复选框，则单击非透明区中的图像时，会自动选中相应的图层。拖动时可移动该图层中的图像。

4. 排列图层

在“图层”面板中上下拖动图层，可调整图层的相对位置。选择菜单“图层”→“排列”命令，打开其子菜单，如图 3-20 所示。单击其中的命令，可以移动当前图层。

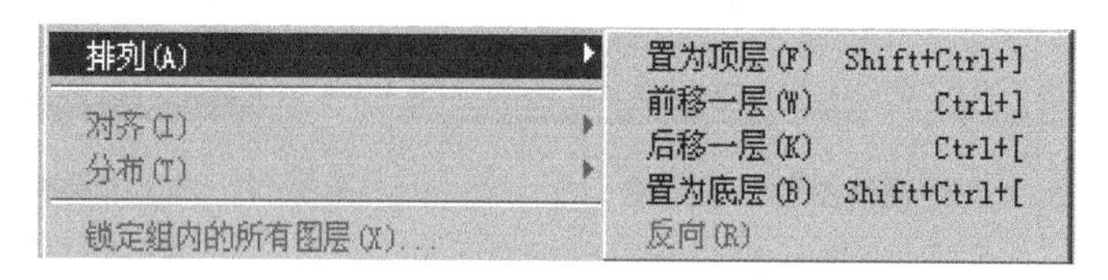

图 3-20 “排列”命令的子菜单

5. 合并图层

图层的合并有如下几种情况。

- 合并可见图层：选择菜单“图层”→“合并可见图层”命令，即可将所有可见图层合并为一个图层。如果有可见的背景图层，则将所有可见图层合并到背景图层中，否则将所有可见图层合并到当前可见图层中。

图层合并后会使图像所占用的内存变小，使图像文件大小变小。但若合并图层后的图像关闭后再打开，则无法修改、隐藏或移动原先未合并之前的那个图层图像内容，所以，合并图层要在确定不再进行修改的情况下根据实际情况进行。

- 向下合并：选择菜单“图层”→“向下合并”命令，将当前图层与其下面的一个图层进行合并。
- 拼合图像：选择菜单“图层”→拼合图像”命令，将所有图层中的图像合并到背景图层中。

要合并图层，也可以单击“图层”面板右上角的菜单按钮，打开面板菜单，然后单击其中所需的命令。

6．改变图层的不透明度和图层栅格化

1）单击“图层”面板中要改变不透明度的图层，选中该图层。

2）单击“图层”面板中“不透明度”带滑块的文本框中，输入不透明度数值，也可以单击黑色箭头按钮，拖动滑块调整不透明度数值，如图 3-21 所示。

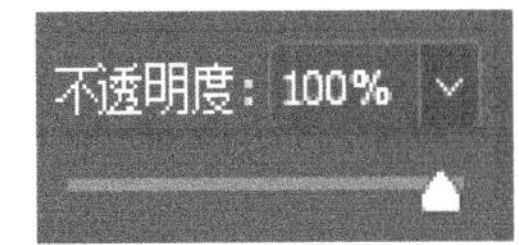

图 3-21 “不透明度”带滑块的文本框

改变“图层”面板中的“填充”文本框中的数值，也可以调整选中图层的不透明度，但不影响已应用于图层的任何图层样式效果的不透明度。

3）观察各图层的不透明度：单击“图层”面板中的图层，在“不透明度”带滑块的文本框中显示该图层的不透明度数值。

4）如果画布窗口中有矢量图形（如文字等），则可以将其转换为位图图像，即图层栅格化。操作方法是，单击有矢量图形的图层，选择菜单“图层”→“栅格化”命令，打开其子菜单。如果单击子菜单中的“图层”命令，则将选中图层中的所有矢量图形转换为点阵位图图像；如果单击“文字”命令，则将选中图层中的文字转换为位图，文字图层也会自动转换为常规图层。

“图层”子菜单中还有其他命令，针对不同情况可以执行不同命令，限于篇幅，读者可以自己练习。

二维码 3-2 调整云彩层次

3.2.3 【案例 3-2】调整云彩层次

案例图片前后效果分别如图 3-22 和图 3-23 所示。

【案例设计创意】

在平时拍照时，有时拍的照片的地面景物效果不错，但是蓝天和白云因为亮度的原因效果却不好。有时天空部分曝光过度，有时天空不够蓝，或是蓝天和白云的层次感不够，此时除了使用蓝天和白云的素材图片进行天空部分替换外，还可以利用 Photoshop 中的图层混合模式对蓝天及白云部分进行调整，使得蓝天和白云更有层次感。案例操作步骤简单易学，而且实用，可对蓝天和白云的效果进行美化。

【案例目标】

通过本案例的学习，读者可以掌握图层混合模式和蒙版技术。在完成本案例之后，大家可以举一反三，利用图层混合模式与蒙版技术对照片效果进行快速美化和调整。

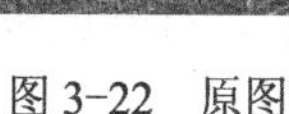

图 3-22　原图

图 3-23　调整云彩层次后的效果图

【案例的制作方法】

1）打开图片“背景图素材.jpg”，新建一个空白层“图层 1”，按快捷键〈D〉将前景色设置为黑白色。

2）使用“渐变工具”，选取“前景色到透明渐变”，在图 3-24 所示的位置拖出一个黑色到透明的渐变（如图 3-24 中的 1、2 操作）。

图 3-24　拖出一个从前景色到透明的渐变

3）改变图层 1 的图层模式为“叠加”，如图 3-24 中 3 所示的操作。

4）此时云彩的层次已经加强，但马背上的颜色变了，如图 3-25 所示，这时单击图 3-24 中 4 所示的“添加图层蒙版”按钮，添加一个图层蒙版。

5）单击图 3-24 中的 5 所示的蒙版，再单击工具栏中的“快速选择工具”按钮，选中背景图层中的马背部分，填充上黑色，然后用黑色柔边的画笔在马背边缘部分涂抹，直到马背恢复为原来的颜色，最终效果如图 3-23 所示。

图 3-25　改变图层叠加混合模式后效果

3.2.4 【相关知识】图层混合模式

在 Photoshop 中，“图层混合模式”的应用范围非常广泛。图 3-26 所示为 RGB 模式下的图层混合模式选项。当不同的图层叠加在一起时，除了设置图层的不透明度以外，图层混合模式也将影响两个图层叠加后产生的效果。在打开的列表中，可以看到一系列混合模式。该混合模式菜单在 Photoshop 中的多处都可看到，如“填充”“描边”“计算”等对话框中，它们的原理相同，使用的方法也基本一样。

注意，图层混合模式里的选项将会受到图像色彩模式的影响。图 3-27 所示为 Lab 颜色模式下的图层混合选项列表，但其中的“变暗”“颜色加深”等模式是不可用的。如果选择其他的颜色模式，图层混合选项列表里的选项还会改变，限于篇幅，这里就不一一介绍了。

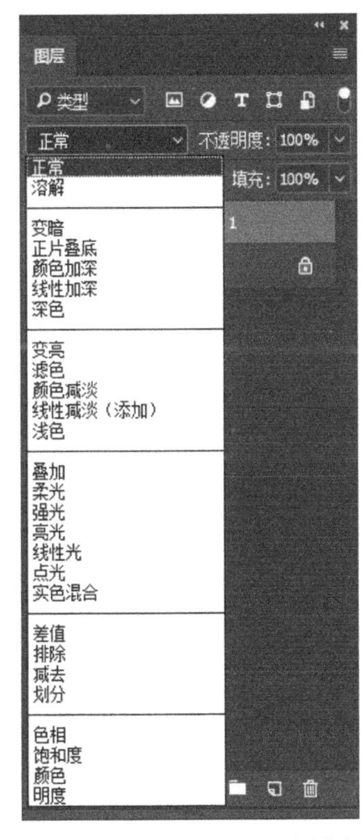

图 3-26　RGB 模式下的图层混合模式选项

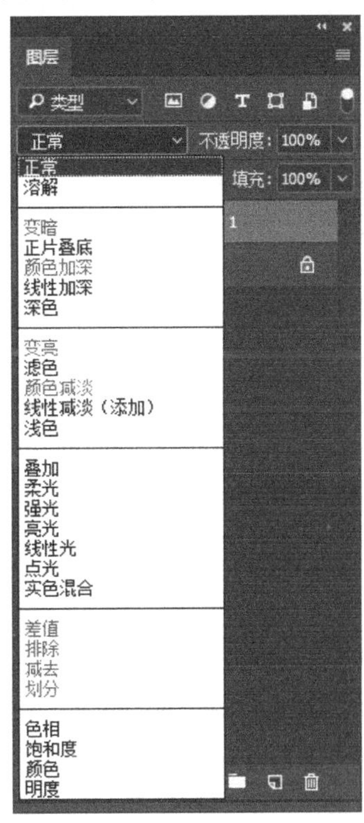

图 3-27　Lab 模式下的图层混合模式选项

下面介绍各个混合模式的使用。在图层混合模式选项中指定的混合模式可用来控制图像中的像素是如何受绘画或编辑工具的影响的。

- “基色”：指图像中的原稿颜色，即使用混合模式选项时，两个图层中下面的那个图层的颜色。
- “混合色”：指通过绘画或编辑工具应用的颜色，即使用混合模式命令时，两个图层中上面的那个图层的颜色。
- “结果色”：指使用混合模式后得到的颜色，也是最后的效果颜色。

在后面的介绍中，将图 3-28 和图 3-29 作为“基色”图片和“混合色”图片来成生最后的“结果色”图片。

图 3-28 “基色”图片

图 3-29 “混合色”图片

1. 正常（Normal）模式

在“正常”模式下，“混合色”的显示与不透明度的设置有关。当“不透明度”为 100%，也就是说完全不透明时，“结果色”的像素将完全由所用的“混合色”代替；当“不透明度”小于 100%时，混合色的像素会显示出来，显示的程度取决于不透明度的设置与“基色”的颜色。图 3-30 所示是将“不透明度”设置为 90%后的效果。

在处理“位图”颜色模式图像或“索引颜色”颜色模式图像时，“正常”模式就称为“阈值”模式了，不过功能是一样的。

2. 溶解（Dissolve）模式

在“溶解”模式中，根据任何像素位置的不透明度，“结果色”由“基色”或“混合色”的像素随机替换。因此，“溶解”模式最好是同 Photoshop 中的一些着色工具一同使用，如“画笔工具”“仿制图章工具”“橡皮擦工具”等，也可以使用文字。

当“混合色”没有羽化边缘，并且具有一定的透明度时，“混合色”将溶解到“基色”内。如果“混合色”没有羽化边缘，并且“不透明度”为 100%，那么“溶解”模式不起任何作用。图 3-31 所示是将“混合色”的“不透明度”设为 90%后产生的效果，否则“混合色”和“结果色”是不会有太大的区别的，只是边缘有一点变化。

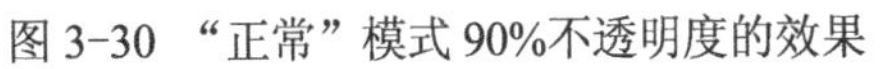

图 3-30 “正常”模式 90%不透明度的效果

图 3-31 “溶解”模式 90%不透明度的效果

如果是用“画笔工具”或文字创建的“混合色”，同“基色”交替，就可以创建一种类似溶解的效果，如图 3-32 所示。

图 3-32 “溶解”模式下创建类似溶解的效果

在“溶解”模式下，如果以小于或等于 50％的不透明度描画一条路径，然后利用“描边路径”命令，会在图像边缘周围创建一种“泼溅”的效果，如图 3-33 所示。在该模式下还可以制作破损纸的边缘的效果等。

如果利用“橡皮擦工具”，可以在一幅图像上方创建一个新的图层，并以填充的白色作为“混合色，然后在“溶解”模式中用“橡皮擦工具”擦除，可以创建类似于冬天上霜的玻璃中间被擦除的效果，如图 3-34 所示。

图 3-33 “溶解”模式创建的“泼溅”效果

图 3-34 “溶解”模式创建的玻璃被擦除效果

3.3 为图层添加样式

3.3.1 【案例 3-3】制作水珠效果

制作水珠效果案例的效果如图 3-35 所示。

图 3-35 “制作水珠效果”案例效果图

二维码 3-3 制作水珠效果

【案例设计创意】

该案例是 Photoshop 高新技术考试中的一道案例题，该案例利用“斜面和浮雕”“内阴影”“内发光”“投影”图层样式，快速制作出逼真的水珠效果。该效果在海报制作中也经常用到。

【案例目标】

通过本案例的学习，读者可以掌握“斜面和浮雕”“内阴影”“内发光”“投影”这几种图层样式的设置。在完成本案例之后，大家可以举一反三，利用图层样式制作出水珠文字特效等。

【案例的制作方法】

1）打开素材背景图片“drop.jpg”，单击工具栏中的“以所示的快速蒙版模式进行编辑”按钮或按快捷键〈Q〉进入“快速蒙版模式”。

2）按快捷键〈D〉将前背景色设置为默认的黑白色，再单击工具栏中的“画笔工具”按钮，设置画笔大小为 13 像素，硬度为 0。在画布中涂抹成图 3-36 所示的效果。注意：空隙部分的形状和大小就是最后完成时水珠的形状和大小，所以，要尽可能让空隙部分不要有尖角。

3）再按快捷键〈Q〉，退出“快速蒙版模式”，在“图层”面板中将背景图层拖到“创建新图层”按钮上，即复制背景图层为“背景 拷贝”图层。再单击“图层”面板中的“添加图层蒙版”按钮，操作及“图层”面板如图 3-37 所示。

图 3-36　快速蒙版模式下用画笔工具涂抹的效果

图 3-37　复制背景图层并创建蒙版

4）选中“背景 拷贝”图层，单击“图层”面板中的“添加图层样式”按钮，分别为该图层添加“斜面和浮雕”“内发光”“内阴影”“投影”这 4 种图层样式。这 4 种图层样式的设置参数分别如图 3-38～图 3-41 所示。

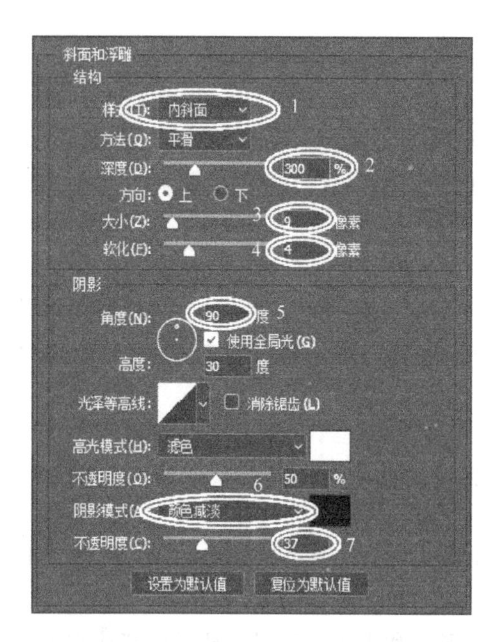

图 3-38　设置“斜面和浮雕”图层样式

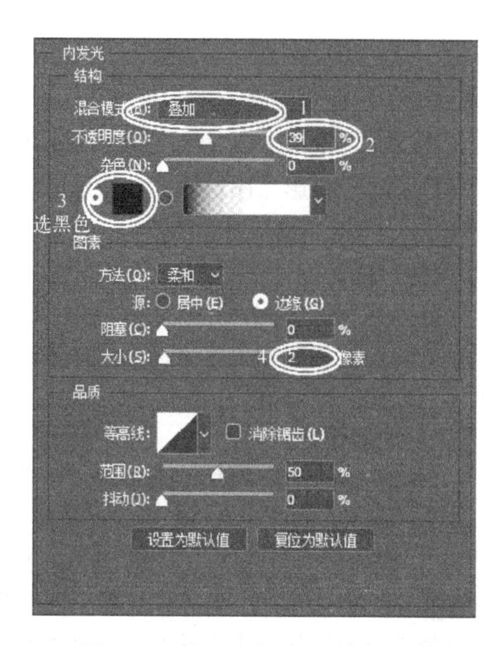

图 3-39　设置“内发光”图层样式

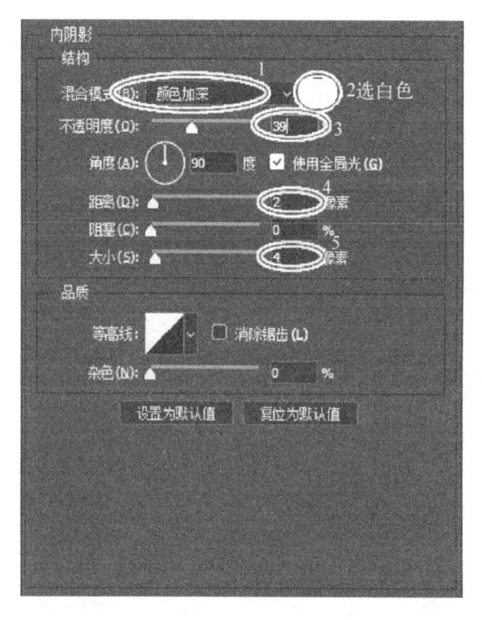

图 3-40　设置“内阴影”图层样式

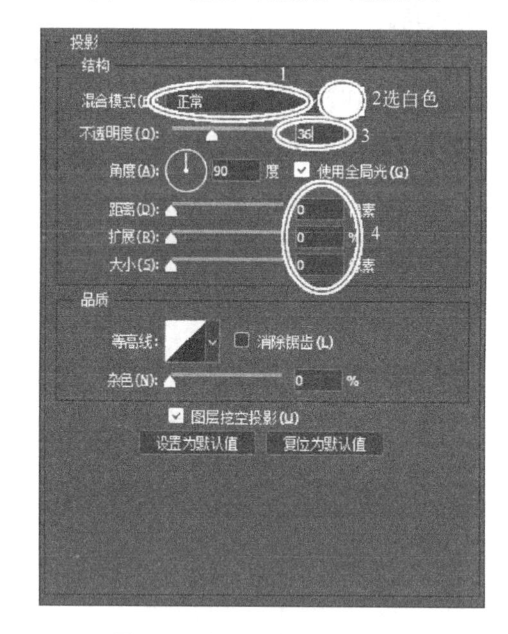

图 3-41　设置“投影”图层样式

3.3.2 【相关知识】为图层添加图层样式

1. 为图层添加图层样式

使用图层样式可以方便地创建图层中整个图像的阴影、发光、斜面、浮雕等效果，这些图层效果的集合构成了图层样式。在“图层”面板中，图层名称的右边会显示fx图标。单击fx图标右侧的按钮，可以将图层下边显示的效果名称展开，如图 3-42 所示。此时，图层名称的右边会显示fx按钮。单击fx按钮右边的按钮，可折叠图层下边的图层样式效果名称。

添加图层样式需要首先选中要添加图层样式的图层，然后采用下面所述的一种方法。

● 选择“图层”面板中的“添加图层样式”按钮fx，打开图层样式菜单，如图3-43所示。

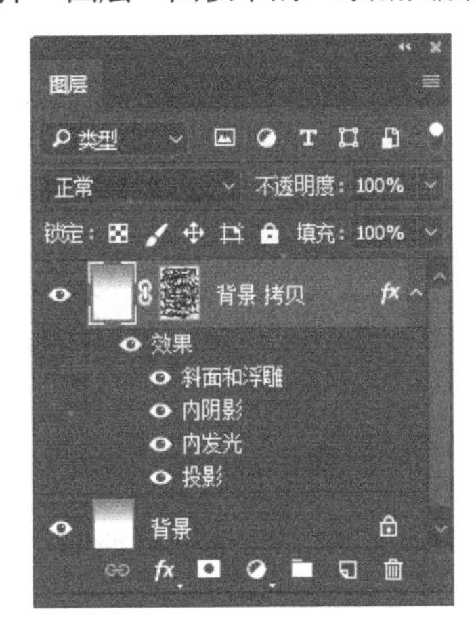

图3-42　展开图层样式效果名称

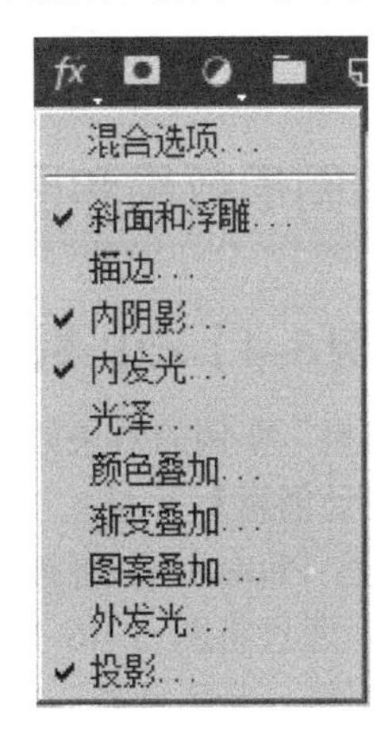

图3-43　图层样式菜单

单击“混合选项”命令或其他命令，打开“图层样式”对话框，如图3-44所示，从中可以添加图层样式，产生各种不同的效果。

如果选择图层样式菜单中的其他命令，也会打开“图层样式”对话框。在“样式”选项组中选中多个复选框，可以添加多种样式，产生多种效果。

● 选择“图层”→“图层样式”→“混合选项”命令，或选择“图层”面板菜单中的“混合选项”命令，再或者双击要添加图层样式的图层，可打开“图层样式”对话框。

● 双击“样式”面板中的一种样式图标，即可为选定的图层添加图层样式。

2. 设置图层样式

图3-44所示的“图层样式”对话框中，各选项的作用和使用方法如下。

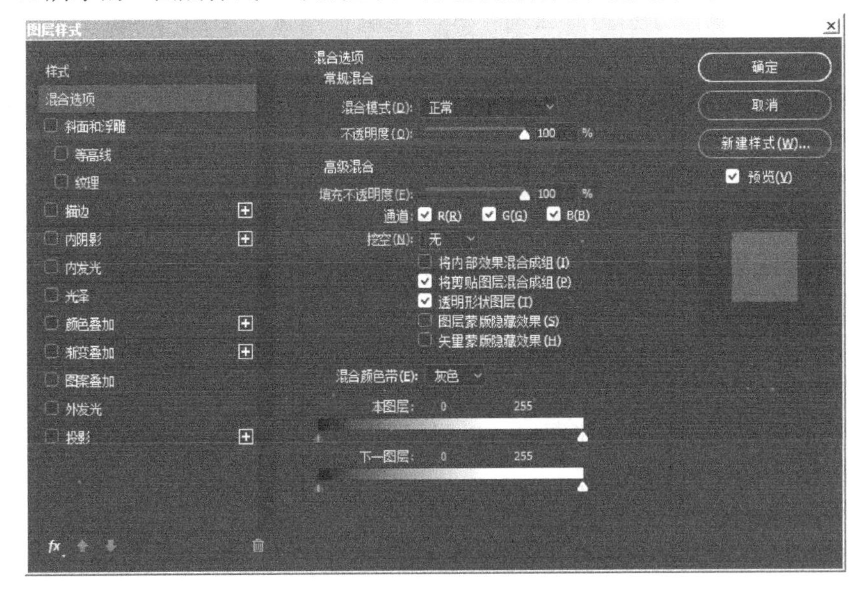

图3-44　“图层样式”对话框

1）在“样式”选项组中有多个复选框，选中一个复选框，即可增加一种效果，同时在“预览”框中显示相应的综合效果图。

2）选择“样式”选项组中的复选框后，可通过设置“常规混合”“高级混合”及“混合颜色带”选项组中的选项调整图层样式。

3.4 编辑图层效果和图层样式

3.4.1 【案例 3-4】云中飞机

“云中飞机”案例的效果如图 3-45 所示。

图 3-45 “云中飞机”案例效果

【案例设计创意】

该案例是 Photoshop 高新技术考试中的一道案例题。案例中，通过将图 3-46 所示的素材“云图”和“飞机”的图像进行处理加工，使得飞机和云无缝拼接，且飞机被云雾包围。

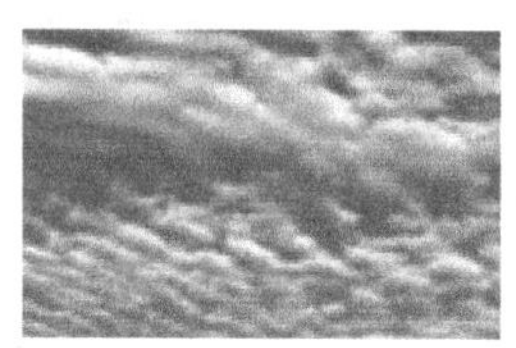

图 3-46 “云图”和“飞机”图像

二维码 3-4 云中飞机

【案例目标】

通过本案例的学习，读者可以掌握图层样式中的“混合选项”的应用，及对“混合颜色带”的调整实现两个图层的混合效果。

【案例的制作方法】

1）打开两幅图像，分别是“云图”和“飞机”图像，如图 3-46 所示。

2）单击工具箱中的“魔棒工具”按钮，在其选项栏中设置容差为 50。单击“飞机”图像的背景，按住〈Shift〉键单击没有选中的飞机背景图像，选中整个飞机背景图像。选择菜单“选择”→“反向”命令，将飞机图像选中，如图 3-47 所示。

3）选择菜单“编辑”→“拷贝”命令，将“飞机”图像复制到剪贴板中。单击云图图像，选择菜单“编辑”→“粘贴”命令，将剪贴板中的“飞机”图像粘贴到“云图”图像中，此时自动创建名为“图层 1”图层。

4）选择菜单“编辑”→“自由变换”命令，调整“图层 1”图层中飞机图像的大小、位置和旋转角度。调整后按〈Enter〉键，效果如图 3-48 所示。

5）双击“图层”面板中的“图层 1”图层（“飞机”图像所在图层），打开“图层样式”对话框。

使用“混合颜色带”选项组可以调整“云图”和“飞机”图像所在图层的混合效果。选择“混合颜色带”下拉列表框中的“灰色”选项，如图 3-49 所示，对这两个图层中的灰度进行混合效果调整（该下拉列表框中还有“红”“绿”和“蓝”3 个选项）。

图 3-47　选中飞机图像

图 3-48　调整后的效果

6）按住〈Alt〉键拖动“下一图层”的白色三角滑块来调整下一图层（即“云图”图像所在的图层），如图 3-49 所示。此时，画布中的“飞机”图像如图 3-50 所示。

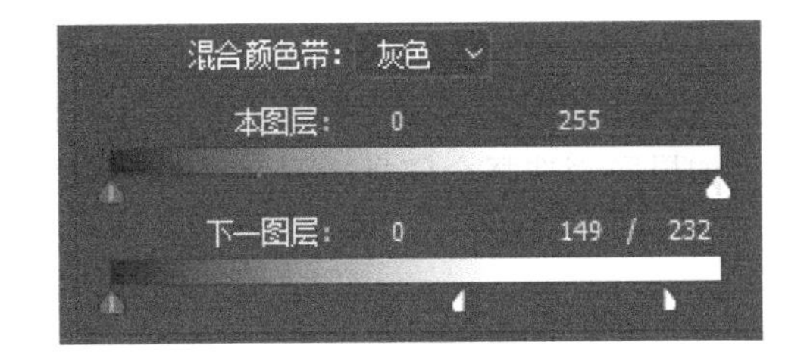

图 3-49　设置“混合颜色带”选项栏

图 3-50　画布中的“飞机”图像

7）单击工具箱中的“移动工具”按钮，按住〈Alt〉键拖动飞机图像，复制一个“飞机”图像，并将复制后的“飞机”图像所在的图层命名为“图层 2”图层。

8）双击“图层”面板中的“图层 2”图层，打开“图层样式”对话框。使用“混合颜色带”选项组调整“飞机”和“云图”图像所在的两个图层的混合效果，参数调整如图 3-51 所示，最终效果如图 3-52 所示。

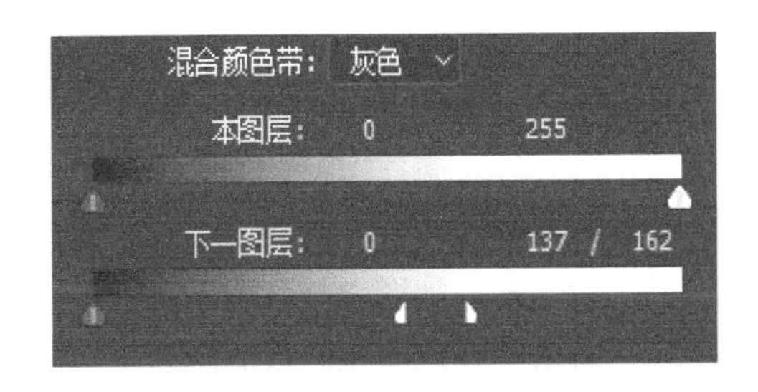

图 3-51　“混合颜色带”选项栏调整 2

图 3-52　图层 2 飞机的最终效果

3.4.2 【相关知识】编辑图层效果和图层样式

1. 隐藏和显示图层效果

- 隐藏图层效果：单击“图层”面板中效果层左边的按钮，使其消失，就会隐藏该图层效果；单击“图层”面板中“效果”层左边的按钮，使其消失，就会隐藏所有图层效果。
- 隐藏图层的全部效果：选择菜单“图层”→“图层样式”→“隐藏所有效果”命令，就会隐藏选中图层的全部效果，即隐藏图层样式。

- 显示图层效果：单击“图层”面板中“效果”层左边的按钮，会出现按钮，即显示隐藏的图层效果。

2．删除图层效果

① 删除图层的一个效果：将“图层”面板中的效果名称行（如 投影）拖动到“删除图层”按钮之上即可。

② 删除一个图层的所有效果的方法如下。

- 将“图层”面板中的“效果”行 效果拖动到“删除图层”按钮之上。
- 右击要添加图层样式的图层或效果行名称，打开其快捷菜单。选择其中的“删除图层样式”命令，即可删除全部图层效果（即图层样式）。
- 选择菜单“图层”→“图层样式”→“清除图层样式”命令。
- 单击“样式”面板中的“清除样式”按钮。

③ 删除一个或多个图层效果：选中要删除图层效果的图层，打开“图层样式”对话框，然后取消选择“样式”选项组中的相应复选框。如果取消选择全部复选框，则删除图层效果。

3．复制和粘贴图层样式

复制和粘贴图层样式的操作可以将一个图层的样式复制添加到其他图层中。

① 复制图层样式有如下两种方法。

- 右击要添加图层样式的图层或其样式，打开其快捷菜单，选择“拷贝图层样式”命令。
- 单击要添加图层样式的图层，选择菜单“图层”→“图层样式”→“拷贝图层样式”命令。

② 粘贴图层效果有如下两种方法。

- 右击要添加图层样式的图层，打开其快捷菜单，然后选择“粘贴图层样式”命令。
- 单击要添加图层样式的图层，选择菜单“图层”→“图层样式”→“粘贴图层样式”命令。如果选中的图层原来有样式，粘贴的样式会将其替代。

4．保存图层样式

按照上述方法复制图层样式，然后右击“样式”面板中的样式图案，打开图 3-53 所示的快捷菜单，选择“新建样式”命令，打开“新建样式”对话框，如图 3-54 所示。命名样式并设置有关选项，单击“确定”按钮，此时在“样式”面板中样式图案的最后添加了一种新的样式图案。

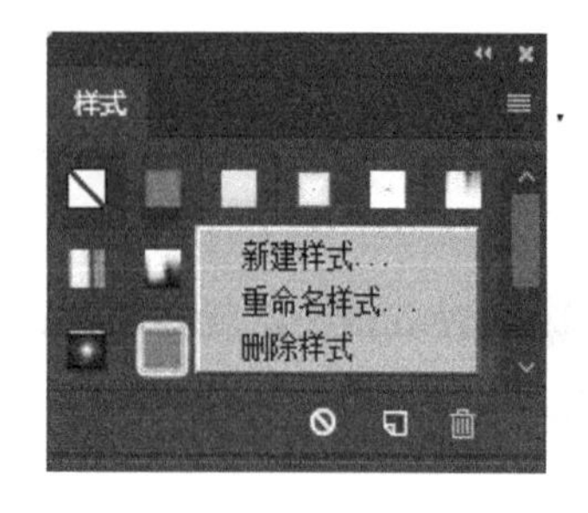

图 3-53 “样式”面板

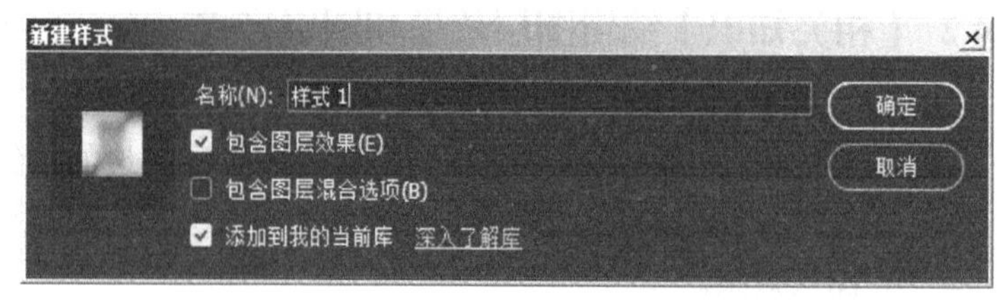

图 3-54 “新建样式”对话框

单击“图层样式”对话框中的“新建样式”按钮，也可打开“新建样式”对话框。

3.5　本章小结

本章讲述了图层的概念及“图层”面板的操作应用，重点讲述了创建及编辑图层、设置图层混合模式、添加图层样式这几个知识点，读者应能很好地掌握常用的几种图层混合模式和图层样式。

3.6　练习题

1．通过对图 3-55 所示素材中小鸭的变换、复制等操作，制作出小鸭在水中的倒影效果，如图 3-56 所示。

图 3-55　练习 1 素材

图 3-56　小鸭在水中的倒影效果图

2．通过图层的运用，对图 3-57 所示的图片素材进行处理，制作出窗影效果，要求完成的最后效果如图 3-58 所示。

图 3-57　练习 2 图片素材

图 3-58　窗影效果

3．对图 3-59 所示的“天空”图像、图 3-60 所示的“热气球”图像进行加工，通过图层样式中的混合选项技巧的运用，制作出热气球在天空云彩间飞行的效果，如图 3-61 所示。

4．切取部分图 3-62 所示的全家合影图像，创建新图层，并使用图层蒙版、描边、投影处理新图层，制作白色边框，并复制出其他各切片效果，最终制作出照片拼贴效果，如图 3-63 所示。

图 3-59 “天空”图像

图 3-60 “热气球”图像

图 3-61 合成效果图

图 3-62 练习 4 素材

图 3-63 照片拼贴效果

第 4 章　图像色彩的调节

【教学目标】

通过前面章节的学习，读者对 Photoshop CC 2017 软件的基本操作有了比较全面的了解。本章将对 Photoshop CC 2017 中的色彩模式、图像的色彩调节及具体应用进行详细讲解，并通过实际案例对这些知识点进行应用。本章知识要点、能力要求及相关知识如表 4-1 所示。读者通过本章的学习，能够很好地运用 Photoshop CC 2017 的颜色模式并进行图像色彩的调整。

【教学要求】

表 4-1　本章知识要点、能力要求及相关知识

知识要点	能力要求	相关知识
色彩模式	理解	色彩模式及特点
图像色调控制	掌握	调整图像明暗，调整图像的色阶、色相/饱和度，以及灰点、白场校色
图像色彩控制	掌握	调整图像色彩平衡、亮度/对比度
曲线调整	掌握	曲线命令的功能应用

【设计案例】

（1）褪色照片的校正

（2）调出婚片温柔暖色调

（3）为沙滩美女调出中性色

4.1　图像色彩调整基础知识

4.1.1　“调整”面板概述

在“调整”面板中找到用于调整颜色和色调的工具。单击工具图标可以进行调整并自动创建调整图层。使用“调整”面板中的控件和选项进行的调整会创建非破坏性调整图层，起到保护原有素材的作用，“调整”面板如图 4-1 所示。

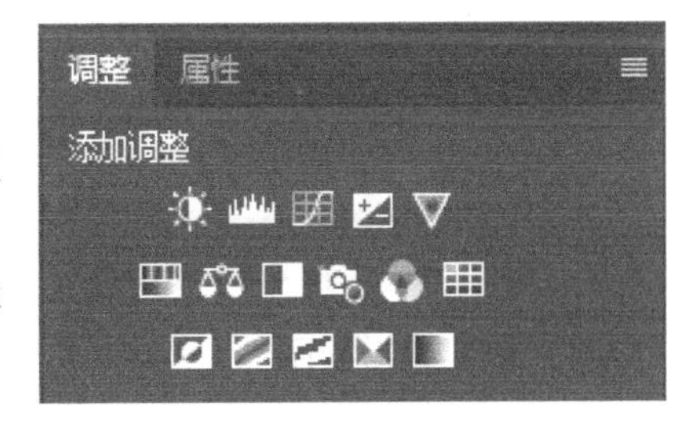

图 4-1　“调整”面板

4.1.2　直方图概述

直方图又称亮度分布图，用图形表示图像每个亮度级别的像素数量，展示像素在图像中的分布情况。直方图显示某个图像的阴影（在直方图的左侧部分显示）、中间调（在中部显示）及高光（在右侧部分显示）是否有足够的细节来进行良好的校正。

直方图还提供了图像色调范围或图像基本色调类型的快速浏览图。低色调图像的细节集中在阴影处，高色调图像的细节集中在高光处，而平均色调图像的细节集中在中间调处，全色调范围的图像在所有区域中都有大量的像素。识别色调范围有助于进行相应的色调校正，如图 4-2～图 4-4 所示。

图 4-2　曝光过度的照片

图 4-3　正确曝光的照片

图 4-4　曝光不足的照片

1．“直方图”面板概述

选取菜单“窗口”→“直方图”命令或单击“直方图”标签，可以打开“直方图”面板。默认情况下，“直方图”面板将以“紧凑视图”的形式打开，并且没有控件或统计数据，可以调整视图。

紧凑视图显示不带控件或统计数据的直方图，该直方图代表整个图像，如图 4-5 所示。

扩展视图除了显示有统计数据的直方图外，还可选取由直方图表示的通道的控件、查看“直方图”面板中的选项、刷新直方图以显示未高速缓存的数据、在多图层文档中选取特定图层，如图 4-6 所示。

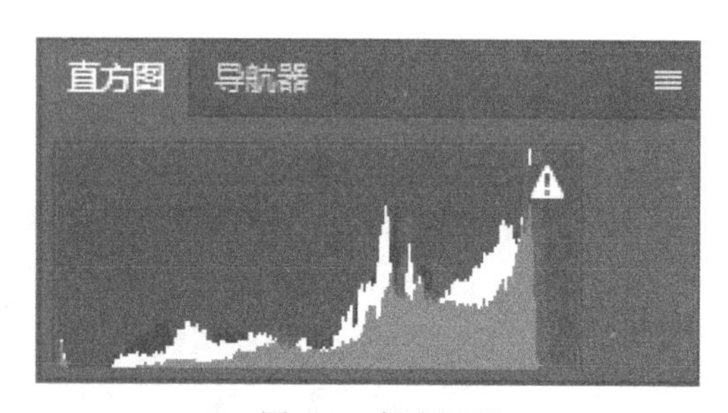

图 4-5　紧凑视图

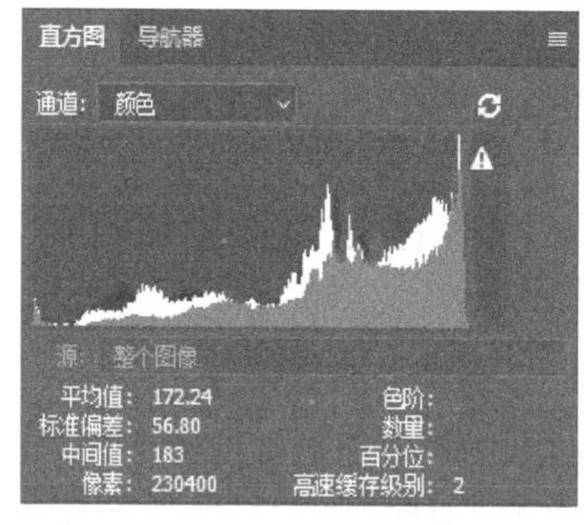

图 4-6　扩展视图

2．全部通道视图

全部通道视图显示各个通道的单个直方图。单个直方图不包括 Alpha 通道、专色通道或蒙版，如图 4-7 所示。

4.1.3　查看图像中的颜色值

1．颜色校正

使用“色彩调整”对话框或“调整”面板时，“信息”面板显示指针下像素的两组颜色值。左栏中的值是像素原来的颜色值，右栏中的值是调整后的颜色值。

使用“吸管工具”可查看单个位置的颜色，最多可以使用 4 个颜色取样器来显示图像中一个或多个位置的颜色信息。

1）选择菜单“窗口”→“信息”命令以打开“信息”面板，如图 4-8 所示。

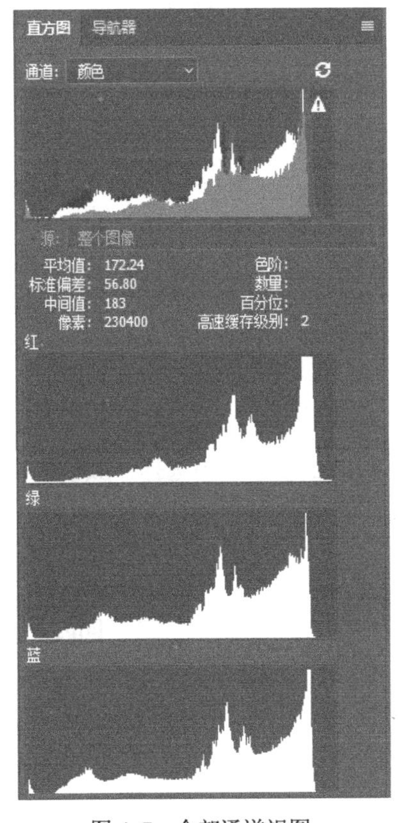

图 4-7　全部通道视图

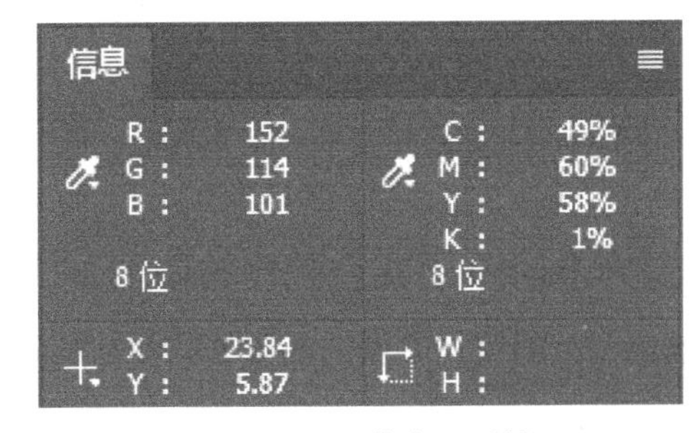

图 4-8　“信息”面板

2）选择“吸管工具”或“颜色取样器工具”，并在选项栏中选择样本大小。“取样点”用于读取单一像素的值，其他选项用于读取像素区域的平均值。

3）如果选择了“颜色取样器工具”，则最多可在图像中放置 4 个颜色取样器。

2．调整颜色时查看颜色信息

在使用“色彩调整”对话框或“调整”面板调整颜色时，可查看图像中特定像素的颜色信息。

1）打开“色彩调整”对话框，或使用“调整”面板进行调整。

2）进行调整时，在“信息”面板中查看调整前和调整后的颜色值。在图像中移动指针以查看指针位置处的颜色值。

注意：如果使用调整对话框，则在图像上移动指针时，将会激活“吸管工具”。读者也可以使用快捷键来访问滚动控件、“徒手工具”和“缩放工具”。

3）如果已将颜色取样器放置在图像上，则颜色取样器处的颜色值将显示在“信息”面板的下半部分。

要添加新的颜色取样器，请执行下列操作之一。

- 如果使用“调整”面板，则选择“颜色取样器工具”，然后在图像中单击，或选择“吸管工具”，并按住〈Shift〉键在图像中单击。
- 如果使用“色彩调整”对话框，则按住〈Shift〉键在图像中单击。

添加颜色取样器后，可以将其移动、删除或隐藏，也可以更改“信息”面板中显示的颜色取样器信息。

移动或删除颜色取样器的操作如下。

选取“颜色取样器工具”，执行下列操作之一。

- 要移动颜色取样器，可将颜色取样器拖移到新位置。
- 要删除颜色取样器，可将颜色取样器拖出文档窗口。或者按住〈Alt〉键，直到指针变成剪刀状，然后单击颜色取样器。
- 要删除所有的颜色取样器，可单击选项栏中的“清除”选项。

要在“色彩调整”对话框处于打开状态时删除颜色取样器，可按住〈Alt+Shift〉组合键单击取样器。

隐藏或显示图像中的颜色取样器的操作如下。

要显示或隐藏“信息”面板中的颜色取样器信息，可从面板菜单中选择“颜色取样器”命令。复选标记表示颜色取样器信息处于可见状态。

4.2 调整图像的色彩及灰场、白场校色法

二维码 4-1 褪色照片的校正

4.2.1 【案例 4-1】褪色照片的校正

褪色照片的校正案例的效果如图 4-9 所示。

a)

b)

图 4-9 照片校正前后效果

【案例设计创意】

该案例是对褪色照片的校正，这张照片褪色比较厉害，已经没有什么颜色信息，而且色调偏灰。南方的秋天是枝繁叶茂的季节，植物的颜色应该是翠绿色的，在阳光的照射下会产生强烈的明暗色调的对比，这里选择相应的调整色调的命令对照片进行调整。

【案例目标】

通过本案例的学习，读者可以掌握使用“色阶”“色相/饱和度”等命令来提高照片色调对比度，增强色相饱和度，使照片颜色变鲜亮。

【案例的制作方法】

1）选择菜单“文件”→“打开”命令，打开本书配套资源中“【案例 4-1】褪色照片的校正”目录下的“褪色照片.jpg”文件，如图 4-9a 所示。

2）在“图层”面板下方单击“创建新的填充或调整图层”按钮，选择“色阶”命令，打开“色阶”对话框，如图 4-10 所示。在对话框中进行设置，完成设置后，单击“确定”按钮，其效果如图 4-11 所示。

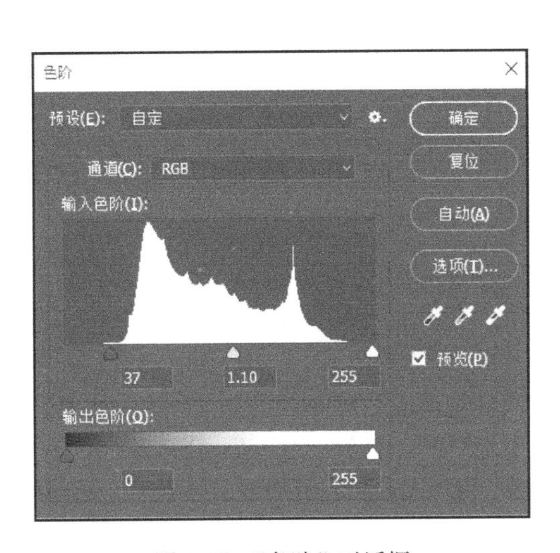

图 4-10 “色阶”对话框

图 4-11 执行色阶调整后的效果

3）现在的照片有了明暗对比度，但颜色还是偏灰。接下来执行“色相/饱和度”命令，来增加照片的颜色饱和度。再次单击“图层”面板下方的“创建新的填充或调整图层”按钮，选择“色相/饱和度”命令，打开“色相/饱和度”对话框，在“编辑”下拉列表框中依次选择“全图”“黄色”“绿色”选项，参数设置及效果如图 4-12 所示，单击“确定”按钮，关闭对话框。

4.2.2 【相关知识】调整色彩及灰场、白场校色法

调整色彩主要通过选择菜单“图像”→“调整”子菜单中的命令来实现，菜单如图 4-13 所示。

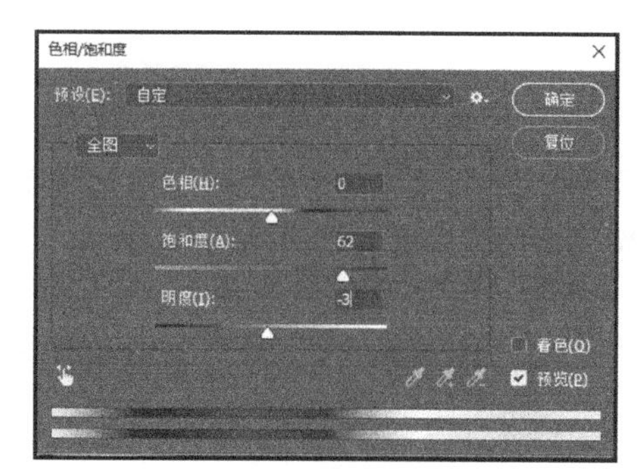

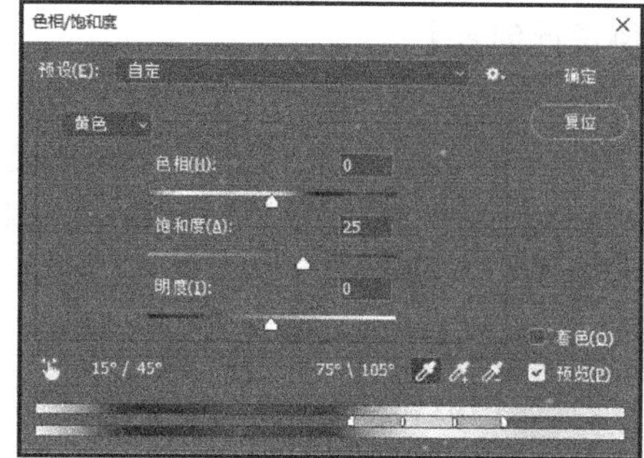

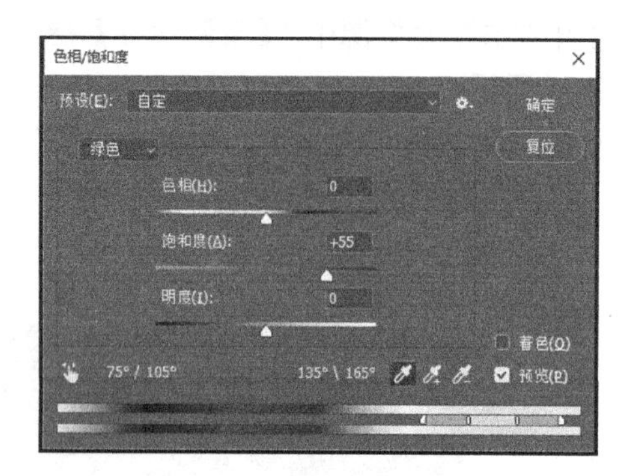

图 4-12 “色相/饱和度”参数设置及其执行后的效果

图 4-13 “调整”子菜单

1．色阶

“色阶”对话框如图 4-14 所示，从中既能对合成的通道进行处理，也可以选择个别颜色通道进行调整。向左移动“输入色阶”的三角形颜色滑块，将使图像颜色朝着“通道”下拉列表框中所选颜色的方向改变；而向右移动这些滑块则将使图像颜色朝着通道所选颜色相反的颜色转移。而移动底部“输出色阶”的三角形滑块，其作用则恰恰相反，向左移动将使图像颜色朝所选颜色相反的方向改变，向右移动将使图像颜色朝着所选颜色改变。

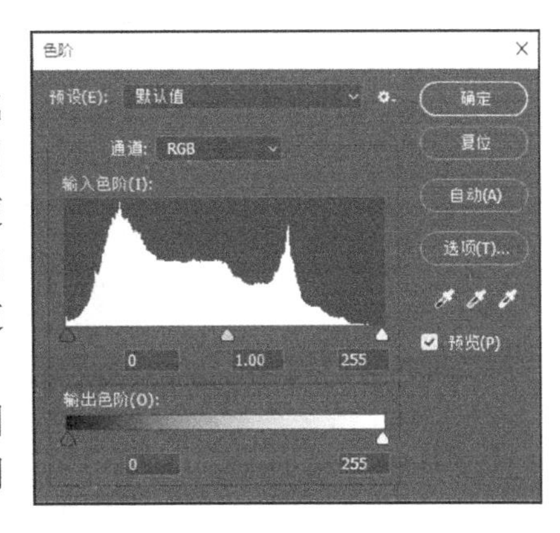

图 4-14 “色阶”对话框

使用“输入色阶”可以增加图像的对比度；右边的白色滑块用来增加图像中亮部的对比度，而中间的灰色三角形滑块则用于控制图像中间色调的对比度值。

使用 3 个吸管工具可以在图像中以取样点作为图像的最亮点（白场）、灰平衡点（灰场）及最暗点（黑场）。

2．自动对比度

执行“图像”→“调整”→“自动对比度”命令时，Photoshop CC 2017 会自动将图像中最深的颜色加强为黑色，将最亮的部分加强为白色，以增强图像的对比度。

3．去色

“去色”命令可以使图像中所有颜色的饱和度为 0，即将所有的颜色转换为灰阶值。转换后的图像仍然保持原有的色彩模式，只是由彩色转变成灰阶图，执行该命令的前后效果如图 4-15 所示。

图 4-15 执行“去色”命令前后的效果

4．匹配颜色

执行“图像”→“调整”→“匹配颜色”命令，弹出“匹配颜色”对话框。在这个对话框中可以方便地将一个图像的总体颜色和对比度与另一个图像相匹配，使两个图像看上去一致，如图 4-16 所示。

5．替换颜色

在“替换颜色”对话框中可以很方便地对指定颜色进行颜色转换，但需要注意的是，这个命令不能用于调整图层，执行“替换颜色”命令前后的效果如图 4-17 所示。

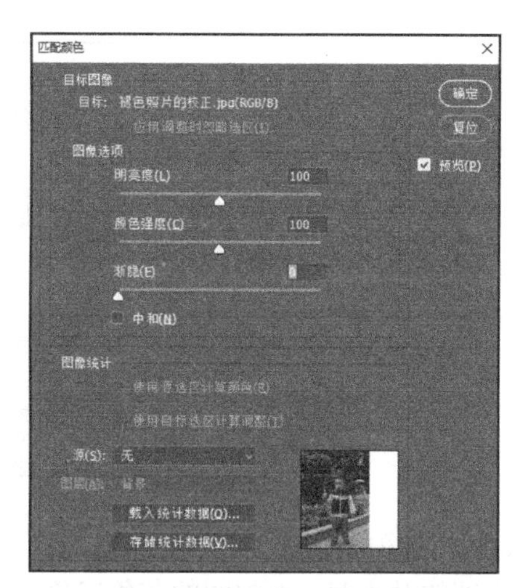

图 4-16 “匹配颜色”对话框

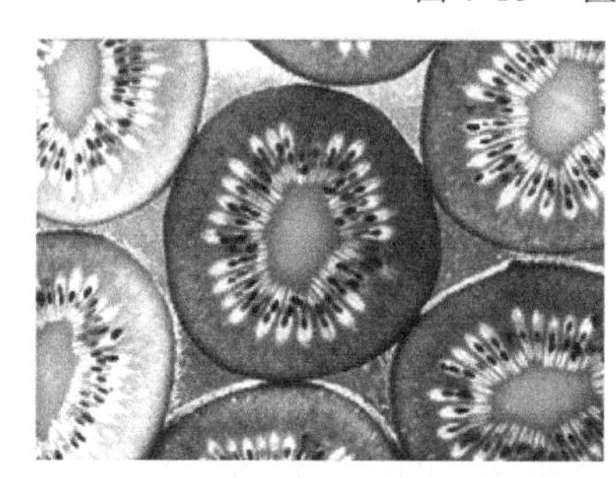

图 4-17 执行“替换颜色”命令前后的效果

6. 通道混合器

通道混合器可以完全混合“通道”面板中所显示的通道内容，它可以调整各个颜色通道的值，还可以将彩色图像转换成高质量的灰度图像，如图 4-18 所示。

7. 渐变映射

“渐变映射”命令用于将图像的灰度范围映射到指定的渐变填充色上，首先将图像转变为灰度图像，然后用渐变条中显示的不同颜色来替换图像中的各级灰度。如果使用双色渐变填充，图像中的暗调部分映射到渐变填充的一个端点颜色，高光部分映射到另一个端点颜色，而中间调部分则会映射到两个端点间的颜色，如图 4-19 所示。

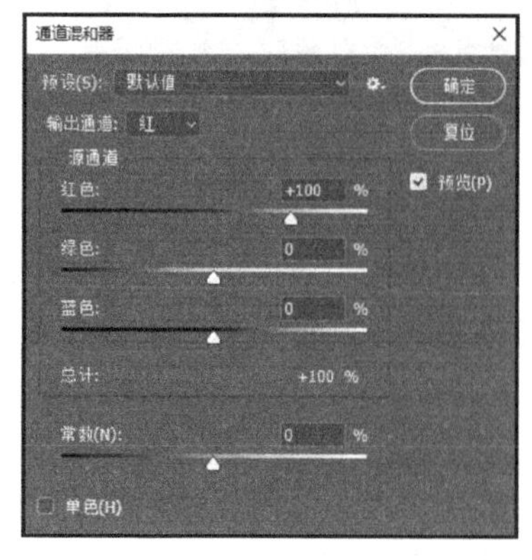

图 4-18 通道混合器

图 4-19 执行“渐变映射”命令前后的效果

8. 阴影/高光

若照相时有强逆光，则容易使照片产生剪影效果，使用“阴影/高光”命令可以轻松校正。这个命令并不是简单地使图像变亮或者变暗，而是基于阴影或高光区周围的像素进行协调增亮或者变暗，执行该命令前后的效果如图 4-20 所示。

图 4-20 执行“阴影/高光”命令前后的效果

9. 曝光度

执行“图像”→“调整”→“曝光度”命令，可以模拟传统摄影中各种曝光程度的不同效果，这个命令既可以用于修补各种曝光不足或曝光过度的照片，也可以用于制作一些特效。

10. 反相

执行“反相”命令后可以生成原图的负片，看上去很像传统照片中的底片。当使用此命令后，白色变成黑色，其他像素点的对应值 255 减去原像素值，执行该命令前后的效果如图 4-21 所示。

图 4-21 执行“反相”命令前后的效果

11. 色调均化

“色调均化”命令可以重新分配图像中各像素的像素值。当执行此命令后，Photoshop CC 2017 会寻找图像中最亮和最暗的像素值，并且平均所有的亮度值，使图像中最亮的像素代表白色，使最暗的像素代表黑色，中间各像素值按灰度重新分配，执行该命令前后的效果如图 4-22 所示。

图 4-22　执行“色调均化”命令前后的效果

12. 阈值

“阈值”命令可将彩色或者灰阶的图像转换成黑白图，执行该命令前后的效果如图 4-23 所示。

图 4-23　执行“阈值”命令前后的效果

13. 色调分离

“色调分离”命令可定义色阶的多少。此命令用于在灰阶图像中减少灰阶数量，形成一些特殊的效果。可以在“色调分离”对话框中直接输入数值来定义色调分离的级数，执行该命令前后的效果如图 4-24 所示。

图 4-24　执行“色调分离”命令前后的效果

14．灰点、白场校色法

照片出现偏色后还可以采用在图像中设置黑场、灰场、白场的方法进行快速校色。操作方法是选择“图像”→“调整”→“色阶”命令，调整前后的效果如图 4-25、图 4-26 所示。

图 4-25　调整前后的效果

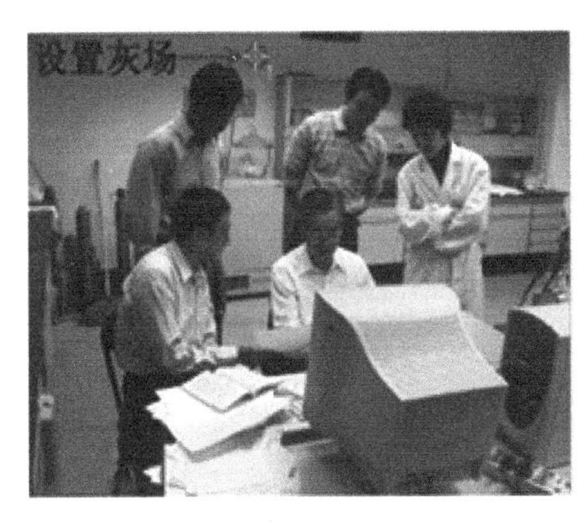

图 4-26　调整前后的效果

二维码 4-2　调出婚片温柔暖色调

4.3　调整图像色彩平衡、亮度/对比度及色相/饱和度

4.3.1 【案例 4-2】调出婚片温柔暖色调

调出婚片温柔暖色调案例的前后效果如图 4-27 所示。

【案例设计创意】

该案例使用 Photoshop CC 2017 软件进行调色，将发灰的婚片调出温柔暖色调。

【案例目标】

通过本案例的学习，读者可以掌握调整自动色阶、创建可选颜色、调整色相/饱和度、调整亮度/对比度、设置曲线调整层等技术，完成最终效果。

图 4-27　调出婚片温柔暖色调案例的前后效果

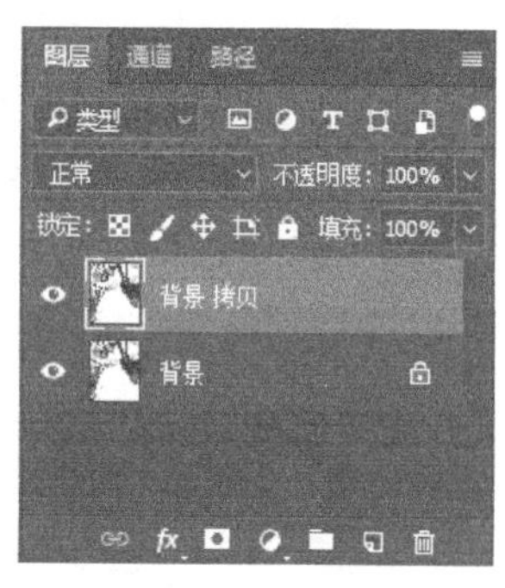

图 4-28　复制背景图层

【案例的制作方法】

1）选择菜单“文件”→“打开”命令，打开素材文件“调出婚片温柔暖色调.jpg”，按〈Ctrl+J〉组合键复制背景层，如图 4-28 所示。执行“图像”→“调整”→“色阶”→“自动色阶”命令，或者〈Shift+Ctrl+L〉组合键执行自动色阶操作。

2）建立可选颜色调整层，设置参数如图 4-29 所示。

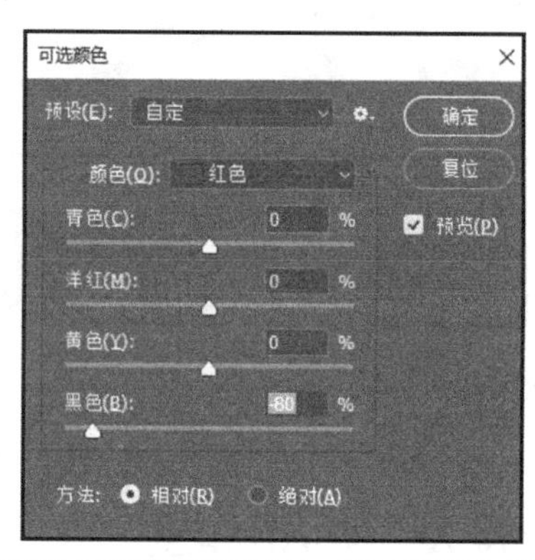

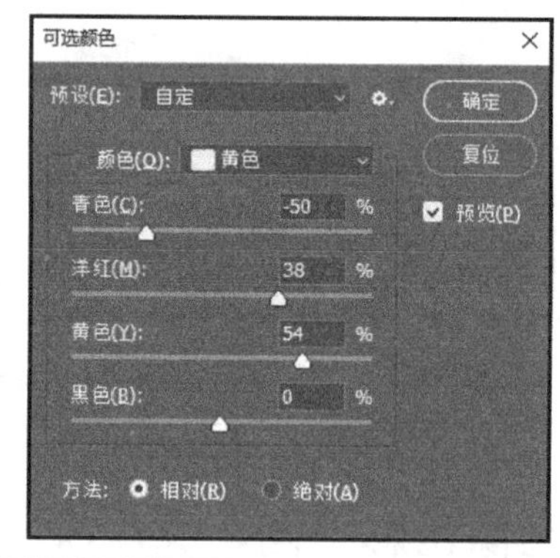

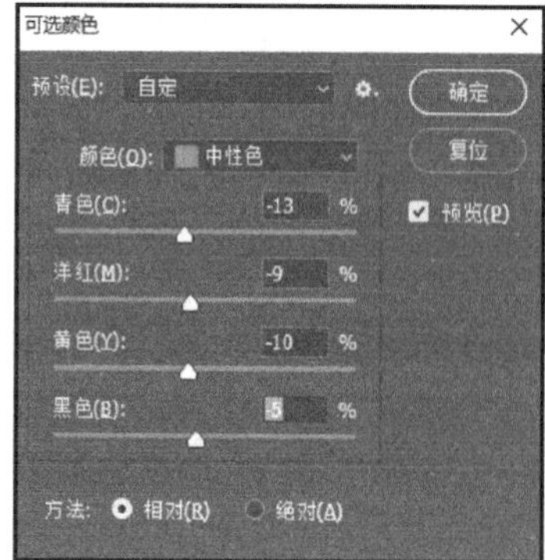

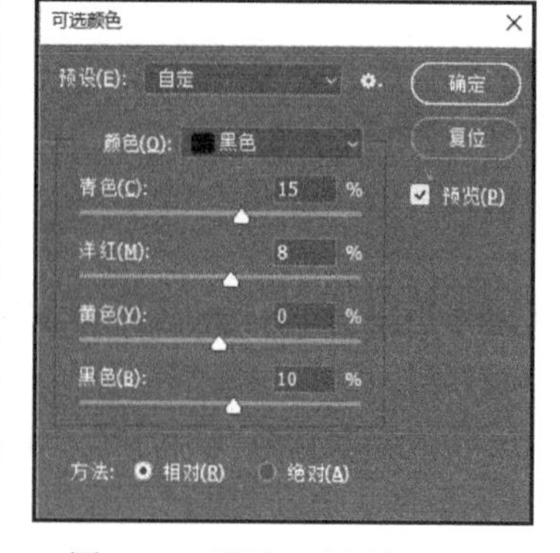

图 4-29　设置可选颜色

3）再建立“色相/饱和度”调整层，用“吸管工具”吸取人物身后的草地颜色，也可以直接选择“黄色”通道进行调整，设置参数如图 4-30 所示。

4）选择“画笔工具”，用黑色画笔在色相/饱和度蒙版层上把人物皮肤抹擦出来，如图 4-31 所示。抹擦时尽力不要碰到背景，抹擦前后效果如图 4-32 所示。

图 4-30 “色相/饱和度”对话框

图 4-31 建立色相/饱和度调整层

图 4-32 抹擦前后效果

5）再对亮度/对比度调整图层设置参数，如图 4-33 所示。

6）继续对曲线调整图层设置参数，如图 4-34 所示。

图 4-33 设置亮度/对比度属性

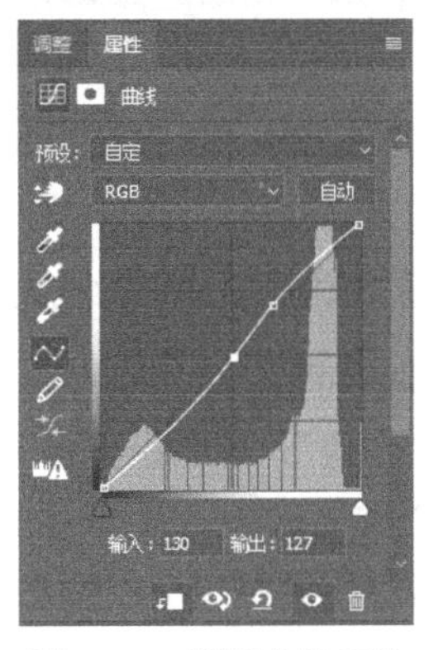

图 4-34 设置曲线属性

7）为了使人物和背景看起来更融洽，添加照片滤镜调整层，参数设置如图 4-35 所示。

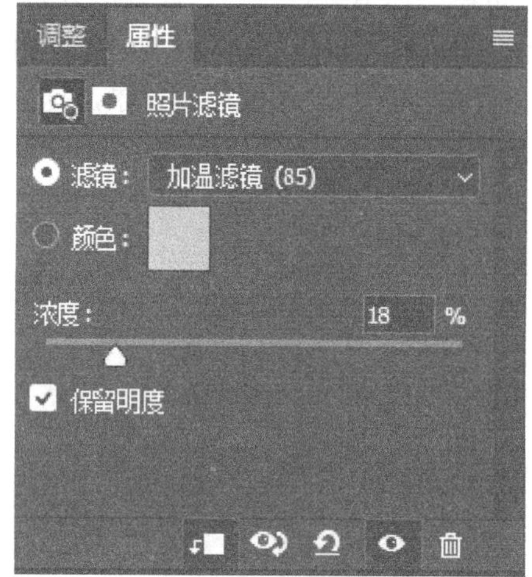

图 4-35 设置照片滤镜属性

8）按〈Shift+Ctrl+Alt+E〉组合键盖印可见图层，执行“滤镜”→“锐化”→“USM 锐化”命令，参数设置如图 4-36 所示。

9）最终效果如图 4-37 所示。

图 4-36 设置 USM 锐化

图 4-37 最终效果

4.3.2 【相关知识】调整色彩平衡

1. 色彩平衡

执行“图像”→“调整”→“色彩平衡”命令，可以改变图像中颜色的组成，但不能精确控制单个颜色成分，只能对图像进行粗略的调整，直接作用于复合颜色通道。正因为如此，它常常用作调整图层，使后面的修改变得更容易，如图 4-38 所示。

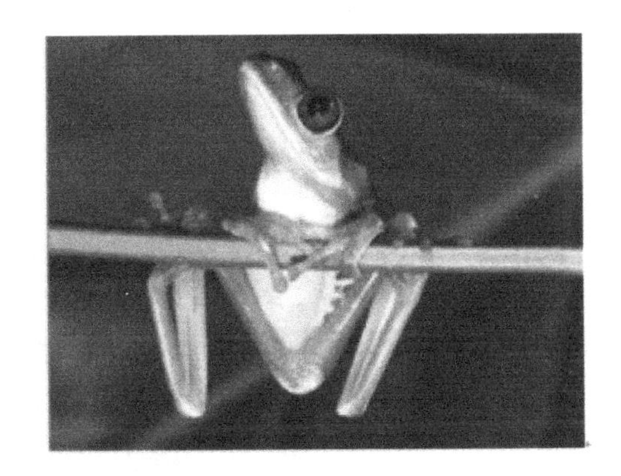

图 4-38　执行“色彩平衡”命令前后的效果

2．亮度/对比度

执行“图像”→“调整”→“亮度/对比度”命令，只适用于粗略地调整图像，如图 4-39 所示。

图 4-39　执行“亮度/对比度”命令前后的效果

3．色相/饱和度

在“色相/饱和度”对话框的“编辑”下拉列表框中可以选择“红色”“绿色”“蓝色”“青色”“洋红”及“黄色”6 种颜色中的任何一种单独进行编辑，或选择“全图”选项来调整所有颜色。

通过适当地调整图像的色相、饱和度和明度值可以改善扫描的图片丢失颜色信息的现象，还可以修改色偏、曝光不足或过度的照片，还可以灵活地转换彩色图像为灰度图或将灰度图着色为彩色图像等。但同时需要注意的是，过度地修改也可能会引起图片失真，所以调整时应谨慎，并不断进行比较，“色相/饱和度”对话框如图 4-40 所示。

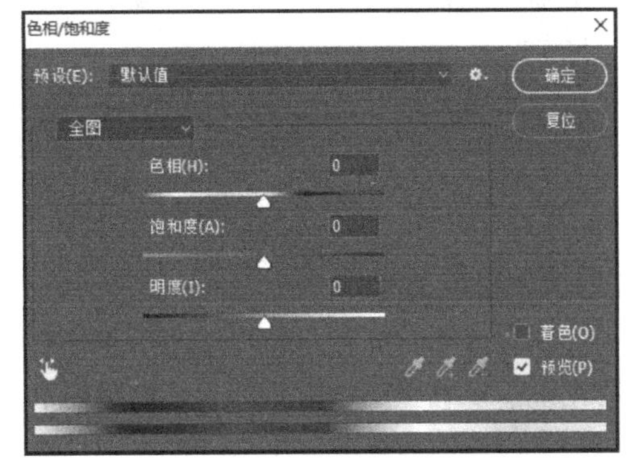

图 4-40　“色相/饱和度”对话框

4．曲线

“曲线”命令可调整灰阶曲线中的任何一点。如果将曲线右上角的端点向左移动，则可以增加图像亮部的对比度，并使图像变亮；而如果将曲线左下角的端点向右移动，则会增加图像暗部的对比度，使图像变暗，“曲线”对话框如图 4-41 所示。

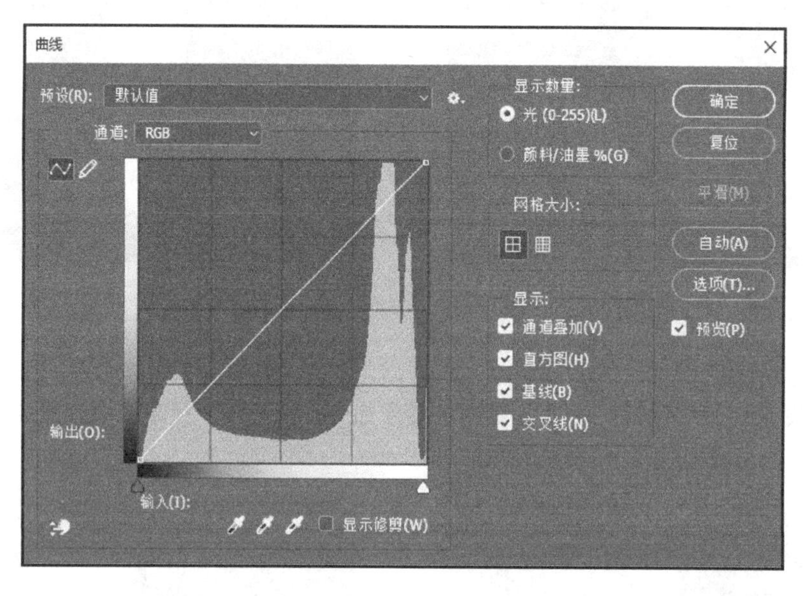

图 4-41 “曲线”对话框

5. 可选颜色

在“可选颜色”对话框中可以对 RGB、CMYK 和灰度等色彩模式的图像进行分通道颜色调整。从“颜色”下拉列表中选择一种想要改变的颜色，然后拖动中部的 3 个滑块将所选颜色向原色转换，执行该命令前后的效果如图 4-42 所示。

图 4-42 执行“可选颜色”命令前后的效果

6. 照片滤镜

执行“照片滤镜”命令相当于使用传统摄影中的滤光镜，即模拟在相机镜头前加上彩色滤光镜，以调整到达镜头的光线的色温和色彩平衡，从而使底片产生特定的曝光效果，执行该命令前后的效果如图 4-43 所示。

图 4-43　执行“照片滤镜”命令前后的效果

二维码 4-3　为沙滩美女调出中性色

4.4　图像的高级调整——曲线调整

4.4.1 【案例 4-3】为沙滩美女调出中性色

“为沙滩美女调出中性色”案例调色前后的效果如图 4-44 所示。

图 4-44　调色前后的效果

【案例设计创意】

在该案例中对拍摄的照片进行调色，利用“渐变映射”“曝光度”“曲线调整”调出一种中性色调，给人一种怀旧的感觉，这在有些电影的后期处理调色中也经常用到。

【案例目标】

通过本案例学习，读者可以掌握渐变映射、曝光度、曲线调整等技术。

【案例的制作方法】

1）打开图片，添加“渐变映射”调整图层，渐变编辑器如图 4-45 所示。

2）添加“曝光度”调整图层，将图层不透明度调整为 50%，如图 4-46 所示。

3）添加“曲线”调整图层，调整“红”通道曲线值，如图 4-47 所示。

4）接着调整“蓝”通道曲线值，如图 4-48 所示。

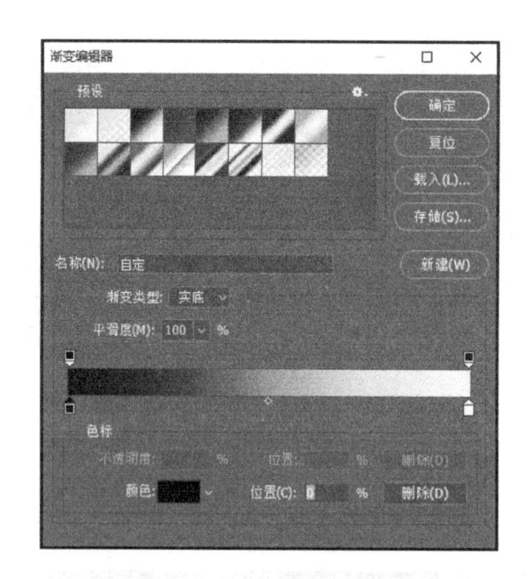

图 4-45 渐变编辑器

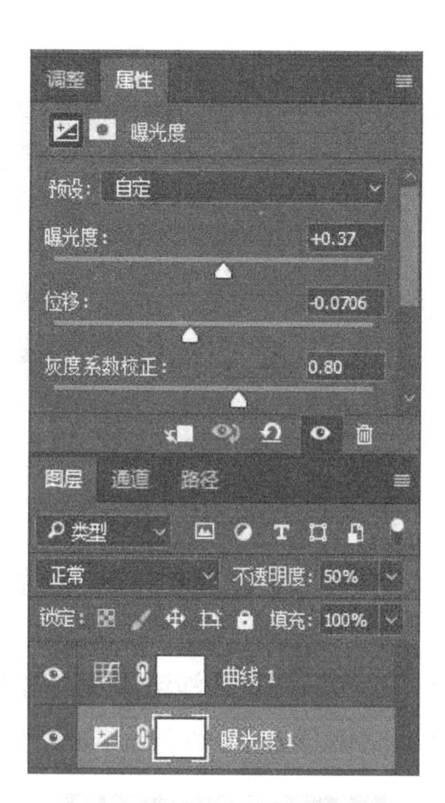

图 4-46 “曝光度”调整

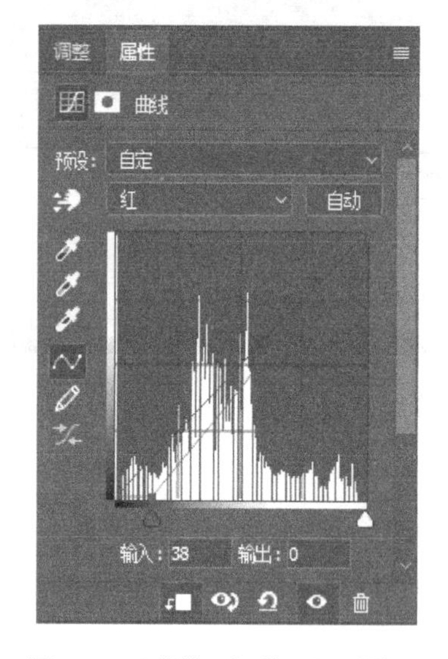

图 4-47 “曲线”调整（红通道）

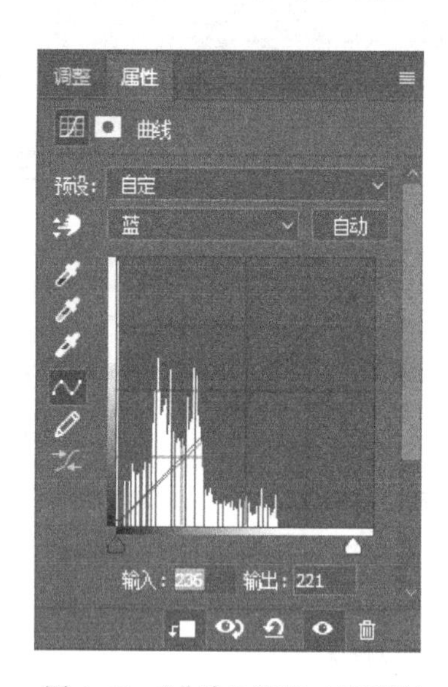

图 4-48 “曲线”调整（蓝通道）

5）最后将“曲线”调整图层的不透明度设置为 60%。最终效果如图 4-44 右图所示。

4.4.2 【相关知识】曲线概述

如图 4-49 所示，可以使用“曲线”或“色阶”调整图像的色调范围。“曲线”可以调整图像的整个色调范围内的点（从阴影到高光）。“色阶”只有 3 种调整（白场、黑场、灰度系数。）用户也可以使用“曲线”对图像中的个别颜色通道进行精确调整，还可以将“曲线”调整设置存储为预设。

在“曲线”调整中，色调范围显示为一条直的对角基线，因为输入色阶（像素的原始强度值）和输出色阶（新颜色值）是完全相同的。

注意：在调整了曲线的色调范围之后，Photoshop CC 2017 将继续以该基线作为参考。要隐藏该基线，可取消选择“曲线显示选项”中的“显示基线”复选框。

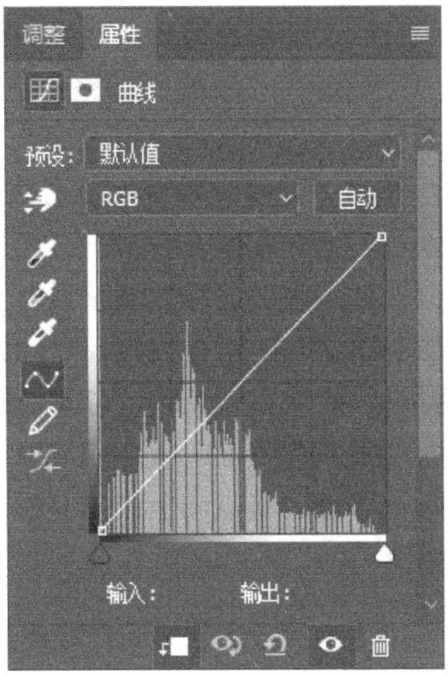

图形的水平轴表示输入色阶；垂直轴表示输出色阶。

（1）设置曲线显示选项

使用曲线显示选项可以控制曲线网格。

1）执行下列操作之一。

- 单击“调整”面板中的“曲线”图标或“曲线”预设，或从“面板”菜单中选择“曲线”命令。
- 选取菜单“图层”→“新建调整图层”→“曲线”命令，在“新建图层”对话框中单击“确定”按钮。
- 选取菜单“图像”→“调整”→“曲线”命令。

图 4-49 “曲线”调整

注意：选取菜单“图像”→“调整”→“曲线”命令，可将所做的调整直接应用于图像图层。

2）在“调整”面板中，从“面板”菜单中选择“曲线显示选项”命令。

注意：如果选择菜单“图像”→“调整”→“曲线”命令，则可在“曲线”对话框中展开曲线显示选项。

3）选取下列选项之一：

- 要反转强度值和百分比的显示，可选择“显示光量（0～255）”或“显示颜料/油墨量（%）”选项。曲线显示 RGB 图像的强度值（0～255），黑色（0）位于左下角。显示的 CMYK 图像的百分比范围是 0～100%，高光（0）位于左下角。将强度值和百分比反转之后，对于 RGB 图像，高光（0）将位于右下角；而对于 CMYK 图像，黑色（0）将位于右下角。
- 要以 25% 的增量显示网格线，可选择“简单网格”选项；要以 10%的增量显示网格，可选择“详细网格”选项。要更改网格线的增量，可按住〈Alt〉键（Windows）或〈Option〉键（Mac 0S）单击网格。
- 要显示叠加在复合曲线上方的颜色通道曲线，可选择“显示通道叠加”选项。
- 要显示直方图叠加，可选择“显示直方图”选项。
- 要在网格上显示以 45° 角绘制的基线，可选择“显示基线”选项。
- 要显示水平线和垂直线以帮助用户在相对于直方图或网格进行拖动时对齐点，可选择“显示交叉线”选项。

（2）使用曲线调整颜色和色调

通过在“曲线”调整中更改曲线的形状，可以调整图像的色调和颜色。将曲线上移或下移可以使图像变亮或变暗，具体情况取决于用户是将“曲线”设置为显示色阶还是显示百分比。曲线中较陡的部分表示对比度较高的区域；曲线中较平的部分表示对比度较低的区域。

如果将“曲线”调整设置为显示色阶而不是百分比，则会在图形的右上角呈现高光。移动曲线顶部的点可调整高光，移动曲线中心的点可调整中间调，而移动曲线底部的点可调整阴影。要使高光变暗，可将曲线顶部附近的点向下移动。将点向下或向右移动会将“输入”值映射到较小的“输出”值，并会使图像变暗。要使阴影变亮，可将曲线底部附近的点向上移动。将点向上或向左移动会将较小的“输入”值映射到较大的“输出”值，并会使图像变亮。

注意：通常在对大多数图像进行色调和色彩校正时只需进行较小的曲线调整即可。

1）执行下列操作之一：

- 单击“调整”面板中的“曲线”图标或“曲线”预设。
- 选取“图层”→“新建调整图层”→“曲线”命令，在“新建图层”对话框中单击“确定”按钮。

注意：用户还可以选取“图像”→“调整”→“曲线”命令。但是，请记住，该方法会对图像图层进行直接调整并扔掉图像信息。

2）（可选）要调整图像的色彩平衡，可从“通道”菜单中选取要调整的一个或多个通道。

3）（可选）要同时编辑一组颜色通道，可在选择“图像”→“调整”→“曲线”命令之前，按住〈Shift〉键并单击“通道”面板中的相应通道（此方法在“曲线”调整图层中不起作用）。然后，“通道”菜单会显示目标通道的缩写，例如，CM 表示青色和洋红，此菜单还包含选定组合的各个通道。

注意：在曲线显示选项中，选择“通道叠加”可查看叠加在复合曲线上方的颜色通道曲线。

4）通过执行以下操作之一，可在曲线上添加点。

- 如图 4-50 所示，直接在曲线上单击。
- 选择“图像调整工具”，然后单击图像中要调整的区域。向上或向下拖动指针可使照片中所有相似色调的值变亮或变暗。

注意：要识别正在修剪的图像区域（黑场或白场），可选择“曲线”对话框中的“显示修剪”选项或选择“调整”面板菜单中的“显示黑白场的修剪”命令。最多可以向曲线中添加 14 个控点。要移去控点，可将其从图中拖出，或选中该控点后按〈Delete〉键；或者按住〈Ctrl〉键（Windows）或〈Command〉键（Mac OS）单击该控点。用户不能删除曲线的端点。

图 4-50　单击图像的 3 个区域以将点添加到曲线

注意：要确定 RGB 图像中最亮和最暗的区域，可使用调整工具在图像上拖移。“曲线”图显示的是指针下方区域的强度值和曲线上相对应的位置。在 CMYK 图像中拖动指针会在“颜色”面板上显示百分比（如果已将其设置为显示 CMYK 值）。

5）通过执行下列操作之一来调整曲线的形状。

- 单击某个点，并拖动曲线直到色调和颜色看起来正确。按住〈Shift〉键单击，可选择多个点并一起将其移动。
- 选择图像调整工具。当用户在图像上移动鼠标指针时，鼠标指针会变成吸管，并且曲线上的指示器显示下方像素的色调值。在图像上找到所需的色调值并单击，然后向上、向下垂直拖动可调整曲线。
- 单击曲线上的某个点，然后在“输入”文本框中输入值。
- 选择曲线网格左侧的铅笔，然后拖动以绘制新曲线。可以按住〈Shift〉键将曲线约束为直线，然后单击以定义端点。完成后，单击面板中的“平滑”图标，或单击“曲线”对话框中的“平滑”按钮，使曲线平滑。

曲线上的点保持锚定状态，除非用户移动它们。因此，用户可以在不影响其他区域的情况下在某个色调区域中进行调整。

（3）应用自动校正

单击“曲线”调整面板或“曲线”对话框中的“自动”按钮。

“自动”是默认设置，用于自动校正颜色、对比度或色阶。要更改默认设置，可使用“自动颜色校正选项”对话框中的选项。可以对图像应用“自动颜色”“自动对比度”或“自动色调”校正。

（4）使用黑场滑块和白场滑块设置黑场和白场

如果将黑场滑块向右移到色阶 5 处，则 Photoshop CC 2017 会将等于或低于色阶 5 的所有像素都映射到色阶 0。同样，如果将白场滑块移到左边的色阶 243 处，则 Photoshop CC 2017 会将位于或高于色阶 243 的所有像素都映射到色阶 255。这种映射将影响每个通道中最暗和最亮的像素。其他通道中的相应像素按比例调整以避免改变色彩平衡。

1）将黑场滑块和白场滑块沿轴移动到任一点时，输入值会发生变化。

2）要在调整黑场和白场时预览修剪，可执行下列操作之一。

- 拖动滑块时按住〈Alt〉键（Windows）或〈Option〉键（Mac 0S）。
- 从“调整”面板菜单中选择“显示黑白场的修剪”命令，或选择“曲线”对话框中的“显示修剪”选项。

（5）使用吸管工具设置黑场和白场

1）双击“设置黑场”吸管工具。在 Adobe 拾色器中，选择具有相同 R、G 和 B 值的颜色。要将值设置为黑色，可将 R、G 和 B 值设置为 0。

2）使用吸管工具，单击图像中代表黑场的区域，或单击具有最低色调值的区域。

3）双击“设置白场”吸管工具，并选择具有相同 R、G 和 B 值的颜色。

4）单击图像中具有最高色调值的区域以设置白场。

可以对曲线使用以下键盘快捷键。

- 在“曲线”对话框中要设置当前通道的曲线上的点，可按住〈Ctrl〉键（Windows）或〈Command〉键（Mac 0S）单击该图像。

注意：如果要转而使用曲线调整，只需使用图像调整工具单击该图像即可。

- 要在每个颜色成分通道（而不是复合通道）中选定颜色曲线上设置的点，可按住〈Shift+Ctrl〉组合键（Windows）或〈Shift+Command〉组合键（Mac 0S）在图像中单击。
- 要选择多个点，可按住〈Shift〉键单击曲线上的点。选定的点以黑色填充。
- 要取消选择曲线上所有的点，可在网格中单击，或按〈Ctrl+D〉组合键（Windows）或〈Command+D〉组合键（Mac 0S）。
- 要选中曲线上的下一个较高点，可按〈+〉键；要选中下一个较低的点，可按〈-〉键。
- 要移动曲线上选定的点，可按箭头键。

4.5 本章小结

本章系统介绍了 Photoshop CC 2017 处理颜色的工具和使用方法，每种工具都有各自的特点和适用的情况。但一般来说，只要能掌握“色相/饱和度”命令、“自动颜色”命令和“替换颜色”命令的用法，就可以调配出同一图像呈现不同颜色的效果。

4.6 练习题

1．通过调整素材（图 4-51）改变花的色相，并调整图像的亮度，将紫色花朵调整为红色，并将整个图像的亮度降低，最终效果如图 4-52 所示。

图 4-51 练习 1 素材

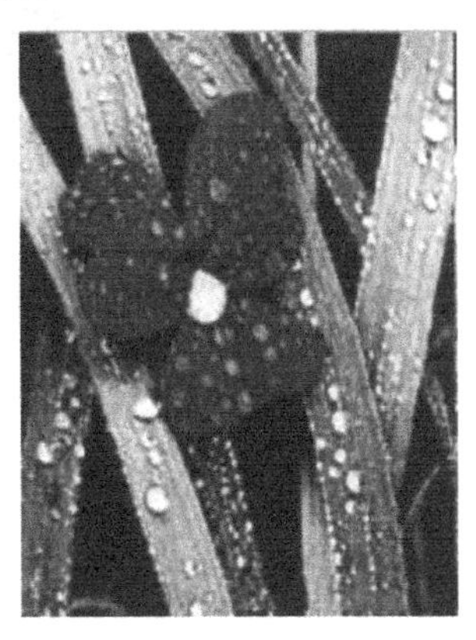

图 4-52 最终效果

2．通过调整素材（图 4-53）使图像更清晰，将图像的亮度提高，并将黄色花蕊通过改变油墨百分比调整成红色花蕊，最终效果如图 4-54 所示。

图 4-53 练习 1 素材

图 4-54 最终效果

3．通过调整素材（图 4-55）使一幅图像呈现 3 种色彩效果，将图像分 3 部分调整，一部分呈灰度，一部分呈补色，一部分色相不变但饱和度提高，最终效果如图 4-56 所示。

图 4-55 练习 1 素材

图 4-56 最终效果

4．为黑白照片上色，如图 4-57 所示，其人物皮肤颜色遵照现实、填充衣服和环境的颜色，制作出图 4-58 所示的照片的效果。

图 4-57　黑白照片

图 4-58　上色后的效果

第 5 章　通道与蒙版的使用

【教学目标】

通过前面章节的学习，读者对 Photoshop CC 2017 软件操作界面及工具箱有了比较全面的了解，本章将对 Photoshop CC 2017 中通道的概念和通道的创建、编辑及具体应用，蒙版的基本概念和蒙版的创建、编辑及具体应用进行详细讲解，并通过实际案例对这些知识点进行应用。本章知识要点、能力要求及相关知识如表 5-1 所示。读者通过本章节的学习，能够很好地掌握 Photoshop CC 2017 中通道和蒙版的各种应用。

【教学要求】

表 5-1　本章知识要点、能力要求及相关知识

知识要点	能力要求	相关知识
通道概念及作用	掌握	通道的概念及“通道”面板的操作应用
Alpha 通道的应用	掌握	Alpha 通道在选区及通道运算中的应用
蒙版与快速蒙版的基本概念	掌握	蒙版与快速蒙版的区别
蒙版的原理、作用及使用技巧	掌握	利用蒙版制作出相应的效果

【设计案例】

（1）奔驰汽车

（2）斑斓

（3）溜冰鞋广告

（4）饰品广告

5.1　通道的基本概念

在 Photoshop CC 2017 中，通道的作用主要有两种：存储颜色信息和保存选择区域。根据作用的不同，通道可以分为 3 种类型：用于保存彩色信息的颜色信息通道、用于保存选择区域的 Alpha 通道和用于存储专用颜色信息的专色通道。使用通道可以从另外一个方面来调整图像的色彩和创建选区，这样可以使加工一些复杂的效果变得简单和快捷。例如，可以编辑加工图像的基色通道，然后将编辑后的基色通道合成来获得一些特殊效果。还可以将选区存储为 Alpha 通道，并编辑其中的图像，然后将 Alpha 通道作为选区载入图像，这样可以获得复杂的选区。本章仅详细讲述前两种类型的通道。

5.1.1　彩色信息的颜色信息通道

颜色信息通道的数量取决于图像所采用的颜色模式。常用的颜色信息通道有灰色通道、RGB 通道、CMYK 通道和 Lab 通道等。

- 灰色模式只有一个灰色通道。
- RGB 模式有 4 个通道，即 RGB 通道（又称为“RGB 复合通道”，一般它不属于颜色通道）、红通道、绿通道和蓝通道。
- CMKY 模式有 5 个通道，即 CMYK 通道（又称为“CMYK 复合通道”，一般它不属于颜色通道）、青色通道、洋红通道、黄色通道和黑色通道。
- Lab 模式有 4 个通道，即 Lab 通道（又称为“Lab 复合通道”，一般它不属于颜色通道）、明亮通道（存储图像亮度情况的信息）、a 通道（存储绿色与红色之间的颜色信息）、b 通道（存储蓝色与黄色之间的颜色信息）。

5.1.2 Alpha 通道

用选择工具或图层建立的选择区域只能使用一次，而使用通道可以将选择区域保存起来，保存的选择区域就是 Alpha 通道，可以随时调用，这样可大大提高工作效率。

当将一个选择区域保存后，在“通道”面板中会自动生成一个新的通道。在 Photoshop CC 2017 中，这些由选择区域保存下来而生成的通道称为 Alpha 通道。通过 Alpha 通道，可以实现蒙版的编辑和存储。

颜色通道是由图像的色彩模式决定的，不需要创建颜色通道，如要创建 Alpha 通道可参见“5.3.2 通道的创建与编辑”。

5.2 “通道”面板

选择菜单“窗口”→“通道”命令，即可显示“通道”面板，如图 5-1 所示。

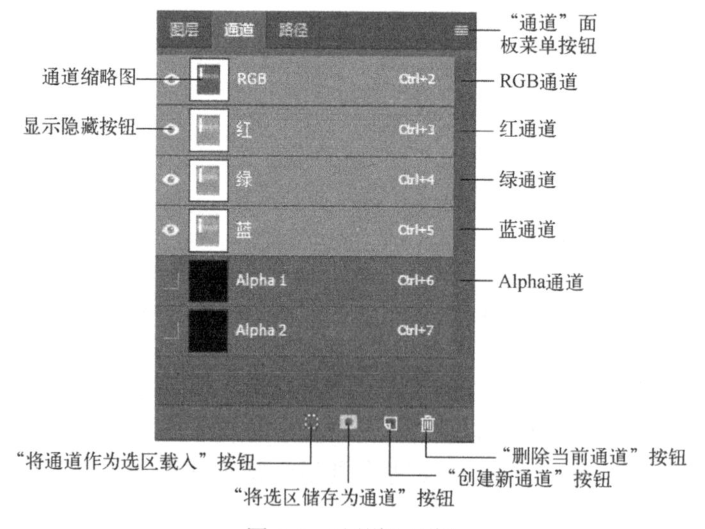

图 5-1 “通道”面板

1）单击“通道”面板中的任意一个通道，即可将该通道激活，此时被选择的通道颜色为蓝色。按住键盘的〈Shift〉键的同时单击不同的通道，可以选择多个通道。

2）单击“通道”面板的第一列按钮，当显示按钮时，则显示该通道的信息，反之隐藏该通道信息。

3）单击“通道”面板下方的按钮，可将Alpha通道内的选区载入图像窗口。

4）单击“通道”面板下方的按钮，可将选区保存到Alpha通道内。

5）单击“通道”面板下方的按钮，可新建一个Alpha通道。若按住鼠标左键，将某个通道向下拖动到“创建新通道”按钮上，可复制该通道。

6）单击“通道”面板下方的按钮，可删除被选择的通道。也可用鼠标左键按住某个通道，向下拖动到该按钮上将其删除。

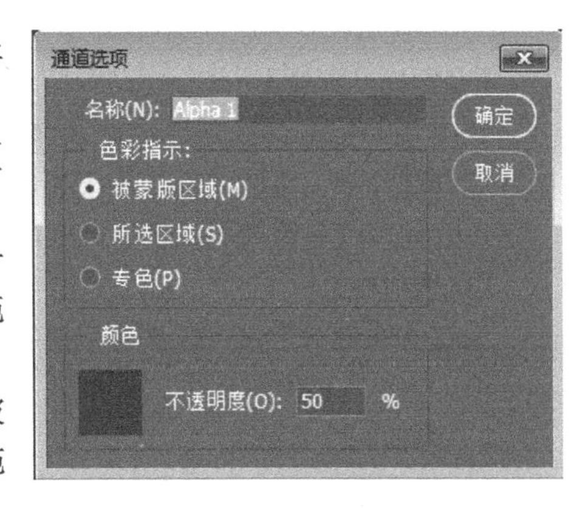

图5-2 “通道选项”对话框

7）双击“通道”面板中的任意一个Alpha通道图标，即可弹出“通道选项”对话框，如图5-2所示。在此对话框中，可以设置各项参数，更改通道的设置。

8）单击“通道”面板右上角的按钮，可弹出“通道”面板，对于单个图层的图像，可以选“分离通道”命令，将通道拆分为与其数目相同的几个灰度图像。

9）要调整通道缩略图的大小或隐藏通道缩略图，可从“通道”面板中选取“面板选项”命令，单击可调整缩略图大小，或单击“无”关闭缩略图显示。查看缩略图是一种跟踪通道内容的简便方法，关闭缩略图显示可以提高性能。

5.3 通道的创建、编辑以及通道与选区的互相转换

二维码5-1 奔驰的汽车

5.3.1 【案例5-1】奔驰的汽车

奔驰的汽车案例的效果如图5-3所示。

图5-3 “奔驰的汽车”效果

【案例设计创意】

该案例是用动感模糊对汽车及背景进行处理，达到汽车奔驰效果的。汽车头部保持清晰，能鲜明地突出主题，而不至于整个画面都模糊，画面左上角采用风吹的效果对“奔驰”二字进行处理，也给人一种极速奔驰的感觉。

【案例目标】

通过本案例的学习，读者可以掌握通道的创建、应用，以及通道和选区互相转换的操作和应用，为后面的蒙版应用打好基础。

【案例的制作方法】

1）打开素材目录下的“汽车.psd”，选择菜单“文件”→“存储为”命令，将打开的汽车文件保存为“奔驰的汽车.psd”。

2）单击工具箱中的“魔棒工具”按钮，将选项栏上的“容差”设置为 80，单击绿色草地部分，这时可以将除汽车以外的草地都选中。再选择菜单“选择”→“反向”命令，则选中整个汽车，如图 5-4 所示。

3）按〈Ctrl+C〉组合键，将汽车的轮廓复制至剪贴板中，再按〈Ctrl+V〉组合键，这时将汽车粘贴到新建的“图层 1”中，然后按〈Ctrl+D〉组合键取消选区。先隐藏“图层 1”，在“图层”面板中选中“背景”图层。

4）选择菜单“滤镜”→“模糊”→“动感模糊”命令，在弹出的“动感模糊”对话框中设置参数，如图 5-5 所示。参数设置完成后，单击“确定”按钮，效果如图 5-6 所示。

图 5-4　选取汽车

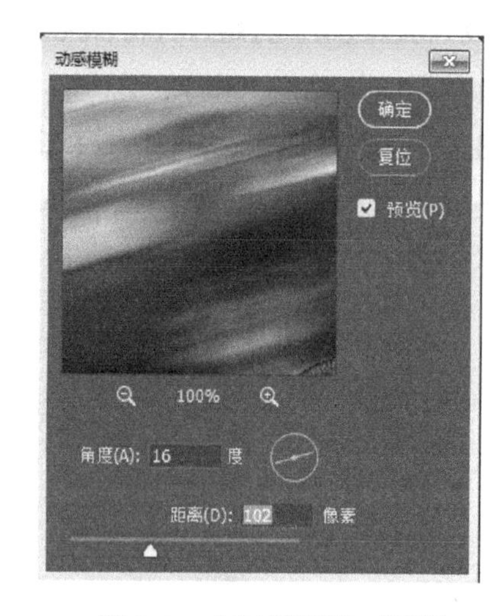

图 5-5　“动感模糊”对话框

5）按〈Ctrl+A〉组合键，选取整个画布，再选择菜单“选择”→“存储选区”命令，在弹出的“存储选区”对话框中设置参数，如图 5-7 所示。参数设置完成后，单击“确定”按钮，在“通道”面板中会建立一个新通道“Alpha 1”，如图 5-8 所示。

6）在“通道”面板中，单击“Alpha 1”通道，将其激活，然后单击工具栏中的“渐变工具”按钮，在选项栏中设置由白色到黑色的线性渐变，如图 5-9 所示。

图 5-6　动感模糊后的图像效果

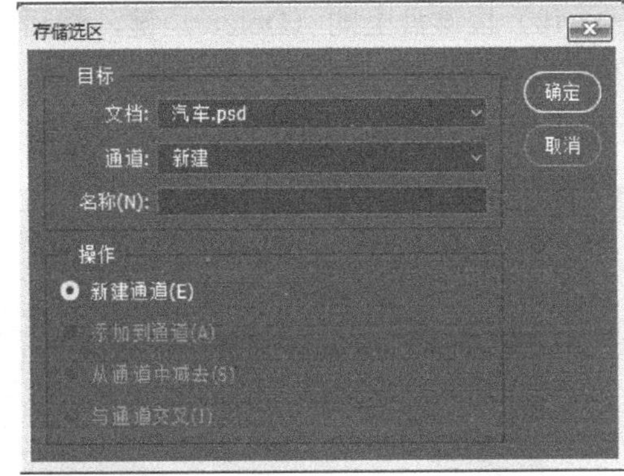

图 5-7　“存储选区”对话框

7）在画布窗口中，按住鼠标左键，自右上向左下拖动，可拖动出图 5-10 所示的线性渐变效果。

8）回到“图层”面板中，单击“图层 1”，选中该图层，并单击该图层前面的显示或隐藏按钮，将之前步骤 3）中隐藏的汽车显示出来。

9）按住键盘上的〈Ctrl〉键单击“通道”面板中的“Alpha 1”通道，此时图像文件中建立了一个选区，如图 5-11 所示。

图 5-8　“通道”面板

图 5-9　“渐变工具”选项栏

图 5-10　鼠标拖动出线性渐变

图 5-11　建立的选区

10）按键盘上的〈Delete〉键，然后取消选区，这时汽车头清晰且具有奔驰效果，如图 5-12 所示。

11）在“通道”面板中，单击下方的按钮，建立新的通道，自动命名为“Alpha 2”，如图 5-13 所示。

图 5-12　制作出的奔驰汽车效果

图 5-13　建立新通道后的“通道”面板

12）将前景色设置为白色，单击工具箱中的“横排文字工具”按钮T，在其选项栏中设置参数，如图 5-14 所示。

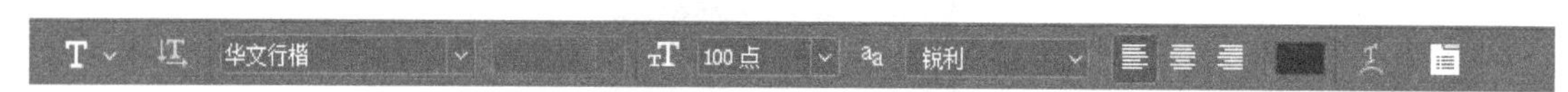

图 5-14　“横排文字工具”选项栏

13）输入文字“奔驰”，文字的位置如图 5-15 所示。

14）在“通道”面板中，将“Alpha 2”通道拖动到按钮处，可复制出名称为“Alpha 2 副本”的通道。

15）单击“Alpha 2”通道，然后选择菜单“滤镜”→“风格化”→“风”命令，在弹出的“风”对话框中按图 5-16 所示设置好各项参数，单击“确定”按钮（注意：执行风滤镜效果时必须取消选区）。执行风滤镜后的文字效果如图 5-16 所示。

图 5-15　输入的文字位置

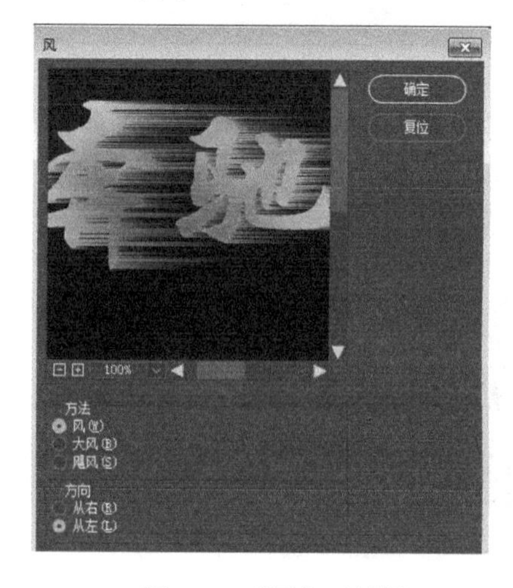

图 5-16　“风”对话框

制作提示：如果风的效果不太明显，可以按〈Ctrl+F〉组合键，再次执行“风”命令，直至达到理想的风效果为止。

16）在“通道”面板中，单击 RGB 通道，然后在“图层”面板中选择“背景”图层。

17）选择菜单“滤镜”→“渲染”→“光照效果”命令，在弹出的“光照效果”对话框中设置各参数，并在“纹理通道”下拉列表中选“Alpha 2”，如图 5-17 所示。执行“光照效果”后的图像效果如图 5-18 所示。

18）选择菜单“选择”→“载入选区”命令，在弹出的“载入选区”对话框中，“通道”选择“Alpha 2 副本”，“操作”选择“新建选区”，单击“确定”按钮，这时可载入“奔驰”文字选区，然后按〈Ctrl+C〉组合键进行复制，按〈Ctrl+V〉组合键进行粘贴，在“图层”面板中，复制的文字会自动粘贴到生成的“图层 2”中，如图 5-19 所示。

19）效果菜单“图层”→“图层样式”→“投影”命令，在弹出的“图层样式”对话框中设置各项参数，并将颜色设置为黑色，如图 5-20 所示。

20）在“图层样式”对话框中，勾选“外发光”复选框，然后设置右侧的各项参数，如图 5-21 所示。

图 5-17 “光照效果”对话框

图 5-18 “光照效果”后的文字效果

图 5-19 “图层”面板

21）在“图层样式”对话框中，勾选“斜面和浮雕”复选框，然后设置右侧的各项参数，如图 5-22 所示。

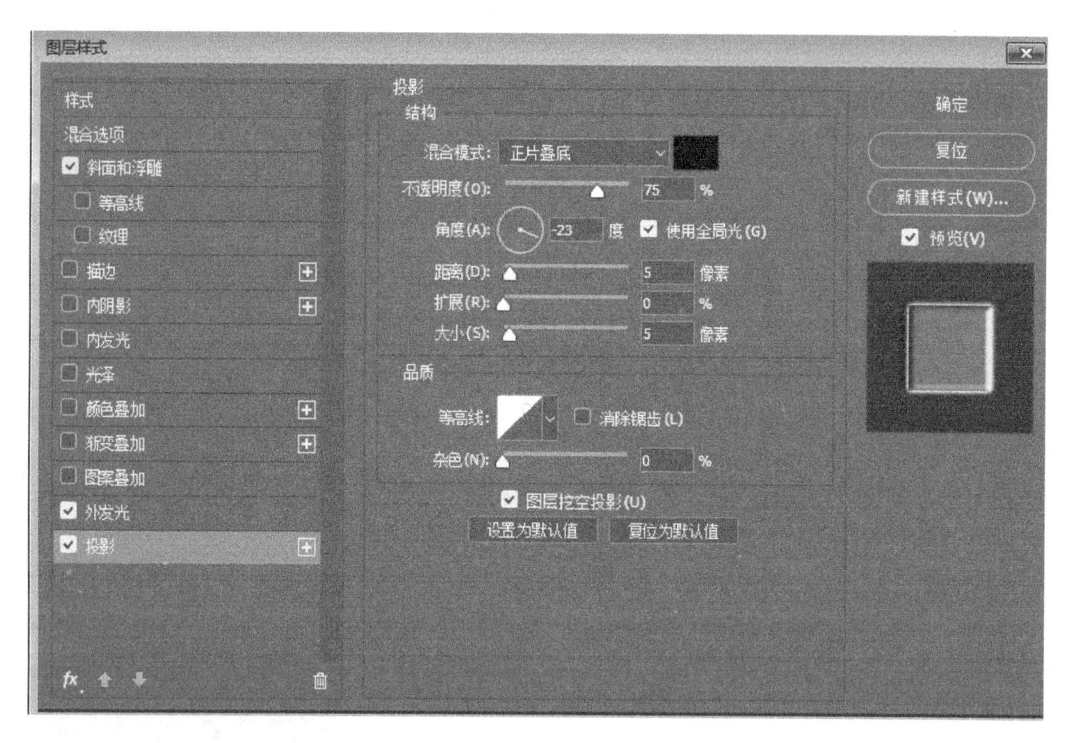

图 5-20　图层样式—投影对话框

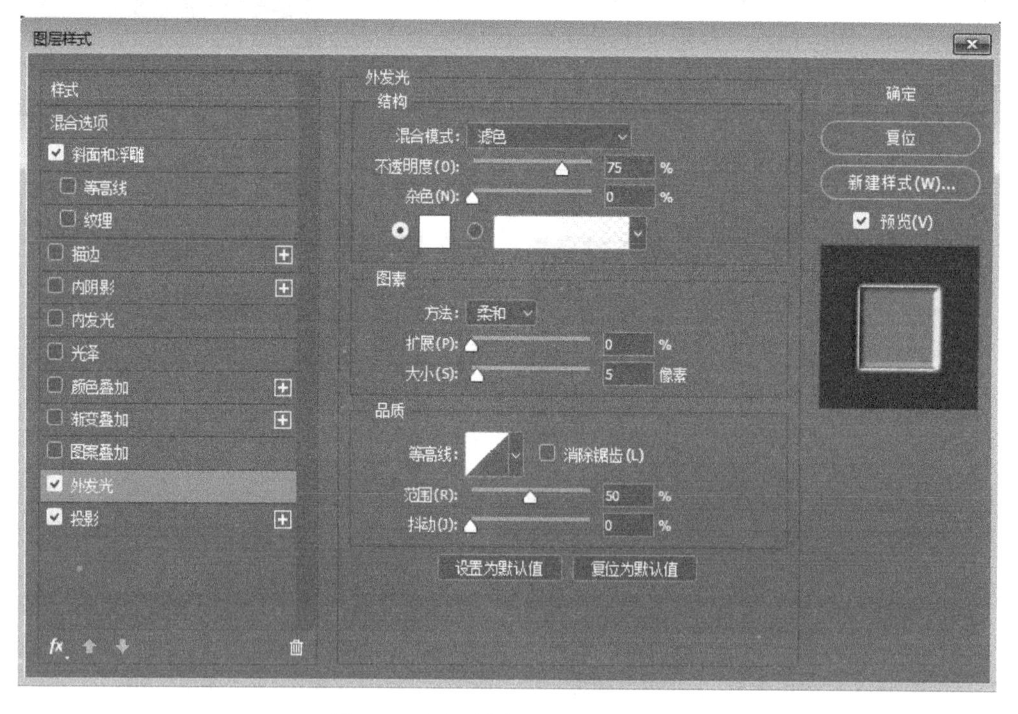

图 5-21　图层样式—外发光对话框

22）单击“图层样式”对话框中的“确定”按钮，“奔驰”文字被加上带有光感的浮雕效果，最终效果如图 5-3 所示。

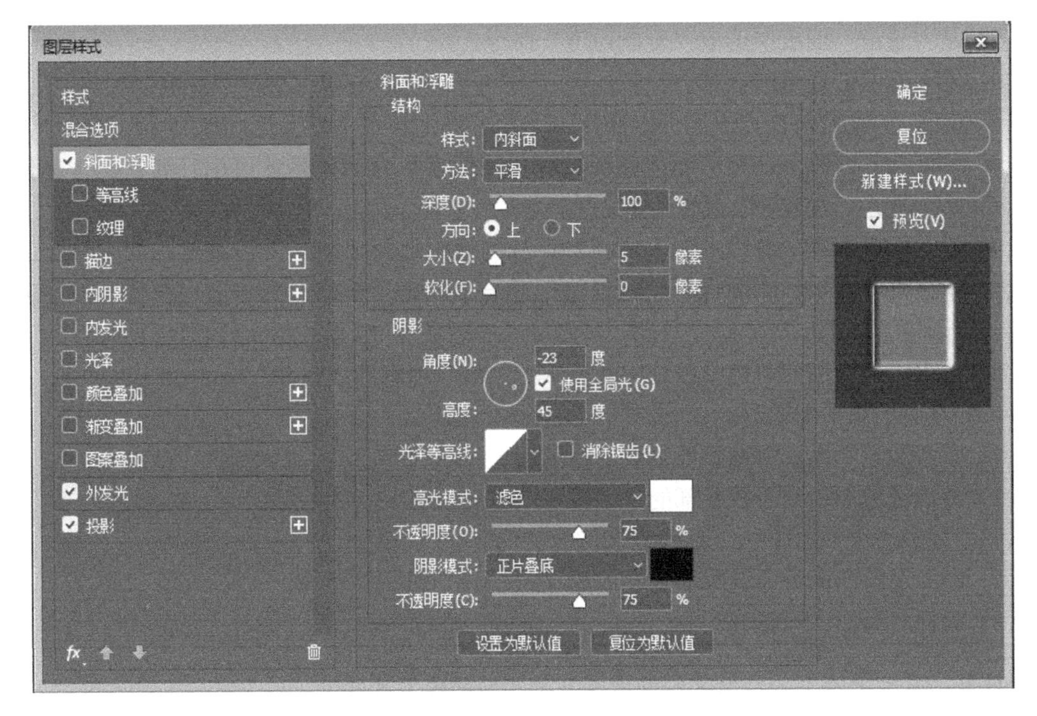

图 5-22　图层样式—斜面和浮雕对话框

5.3.2 【相关知识】通道的创建与编辑

1．通道的创建

颜色通道是由图像的色彩模式决定的，不能创建颜色通道。要创建 Alpha 通道有以下四种方法。

- 单击“通道”面板按钮，选择“新建通道”命令，在弹出的“新建通道”对话框中调整参数，即可创建 Alpha 通道。
- 在“通道”面板中单击下方的“创建新通道”按钮，也可创建 Alpha 通道。
- 当画布中有选区时，选择菜单“选择”→“保存选区”命令，并调整“保存选区”对话框中的各项参数，也可创建 Alpha 通道。
- 选择菜单“图像”→“计算”命令，并调整“计算”对话框的参数，同样可以创建 Alpha 通道。

注意： Alpha 通道表示选区。在 Alpha 通道中，白色表示选中，黑色表示未选中，灰色表示半选中（复制粘贴时表现为透明度为 50%）。

2．复制和删除通道

可以复制通道并在当前图像或另一个图像中使用该通道。

（1）复制通道

如果要在图像之间复制 Alpha 通道，则通道必须具有相同的像素尺寸。不能将通道复制到位图模式的图像中。

1）在“通道”面板中选择要复制的通道。

2）从“通道”面板中选取“复制通道”命令。

3）输入复制的通道的名称。

4）对于“文档”，执行下列任一操作：

- 选取一个目标，只有与当前图像具有相同像素尺寸的图像才可用。要在同一文件中复制通道，可选择通道的当前文件。
- 在“复制通道”窗口中的“文档”下拉列表中选择“新建”后并输入“名称”的内容将通道复制到新图像中，这样将创建一个包含单个通道的多通道图像，然后输入新图像的名称。

5）要反转所复制的通道中被选中并蒙版的区域，可选择“反相”命令。

（2）复制图像中的通道

1）在“通道”面板中选择要复制的通道。

2）将该通道拖动到面板底部的“创建新通道”按钮上。

（3）复制另一个图像中的通道

1）在“通道”面板中选择要复制的通道。

2）确保目标图像已打开。

注意： 目标图像不必与所复制的通道具有相同的像素尺寸。

3）执行下列操作之一：

- 将该通道从“通道”面板拖动到目标图像窗口。复制的通道即会出现在“通道”面板的底部。
- 选取菜单“选择”→“全部”命令，然后选取菜单“编辑”→“拷贝”命令，在目标图像中选择通道，并选取菜单“编辑”→“粘贴”命令，所粘贴的通道将覆盖现有通道。

（4）删除通道

存储图像前，可能想删除不再需要的专色通道或 Alpha 通道。复杂的 Alpha 通道将极大地增加图像所需的磁盘空间。

在 Photoshop CC 2017 中，在“通道”面板中选择该通道，然后执行下列操作之一。

- 按住〈Alt〉键并单击“删除通道”按钮。
- 将面板中的通道名称拖动到“删除通道”按钮。
- 从“通道”面板菜单中选取“删除通道”命令。
- 单击面板底部的“删除通道”按钮，然后单击“是”按钮。

注意： 从带有图层的文件中删除颜色通道时，将拼合可见图层并丢弃隐藏图层。之所以这样做，是因为删除颜色通道时会将图像转换为多通道模式，而该模式不支持图层。当删除 Alpha 通道、专色通道或快速蒙版时，不对图像进行拼合。

3．将通道转换为选区

将通道转换为选区有如下 5 种方法，具体操作方法如下。

- 按住〈Ctrl〉键单击“通道”面板中相应的 Alpha 通道的缩略图。
- 按住〈Ctrl+Alt〉组合键再按通道编号数字键，编号从上到下（不含第 1 个复合通道）依次为 1、2、3……

- 单击“通道”面板中相应的 Alpha 通道，单击“通道”面板中的“将通道作为选区载入”按钮。
- 将“通道”面板中相应的 Alpha 通道拖动到“将通道作为选区载入”按钮上。
- 选择菜单“选择”→“载入选区”命令，选择相应的 Alpha 通道，这种方法将在下面介绍。

4．存储和载入选区

可以将任何选区存储到新的或现有的 Alpha 通道中，然后从该通道中重新载入选区。通过载入选区使其处于现用状态，然后添加新的图层蒙版，可将选区用作图层蒙版。

（1）将选区存储到新通道

- 选择图像的一个或多个区域。
- 单击“通道”面板底部的“存储选区”按钮。新通道即出现，并按照创建的顺序而命名。

（2）将选区存储为新通道或存储到现有通道

- 使用“选择工具”选择想要隔离的一个或多个图像区域。
- 选取菜单“选择”→“存储选区”命令。

在“存储选区”对话框中指定以下各项，然后单击“确定”按钮。

文档：为选区选取一个目标图像。默认情况下，选区放在现用图像中的通道内。可以将选区存储到其他打开的且具有相同像素尺寸的图像通道中，或存储到新图像中。

通道：为选区选取一个目标通道。默认情况下，选区存储在新通道中。可以选取将选区存储到选中图像的任意现有通道中，或存储到图层蒙版中（如果图像包含图层）。

- 如果要将选区存储为新通道，可在“名称”文本框中为该通道输入一个名称。
- 如果要将选区存储到现有通道中，可选择组合选区的以下方式。

替换通道：替换通道中的当前选区。

添加到通道：将选区添加到当前通道中。

从通道中减去：从通道内容中删除选区。

与通道交叉：保留与通道内容交叉的新选区的区域。

可从“通道”面板中选择“通道”面板中的某一通道来查看以灰度显示的存储的选区。

（3）载入存储的选区

注意：如果要从另一个图像载入存储的选区，应确保将其打开，同时确保目标图像处于现用状态。

- 选择菜单“选择”→“载入选区”命令，打开 “载入选区”对话框。
- 在“载入选区”对话框中指定“源”选项。

文档：用于选择要载入的源。

通道：用于选取包含要载入的选区的通道。

反相：用于选择未选中区域。

选择一个“操作”选项，以便指定在图像已包含选区的情况下如何合并选区。

新建选区：用于添加载入的选区。

添加到选区：用于将载入的选区添加到图像中的任何现有选区。

从选区中减去：用于从图像的现有选区中减去载入的选区。

与选区交叉：从载入的选区和图像中的现有选区交叉的区域中存储一个选区。

注意：可以将选区从打开的 Photoshop CC 2017 图像中拖动到另一个图像中。

5.4 通道与选区的分离、合并及专色通道

二维码 5-2
“斑斓”案例的效果

5.4.1 【案例 5-2】斑斓

斑斓案例的效果如图 5-23 所示。

图 5-23 “斑斓”案例的效果

【案例设计创意】

在色彩斑斓的背景图片上有“斑斓”文字，该文字从左边到中间逐渐不透明，从中间到右边逐渐透明，体现出色彩斑斓、丰富多彩的效果。

【案例目标】

通过本案例的学习，读者可以掌握创建 Alpha 通道、编辑通道、通道转换为选区及填充选区等技术。

【案例的制作方法】

1）打开“【案例 5-2】斑斓”文件夹中的“斑斓素材.tif”图像文件，如图 5-24 所示。

2）单击工具箱中的“横排文字工具”按钮 T，在其选项栏中设置字体为“隶书”，大小为 200 点，颜色为蓝色。输入文字“斑斓”，并移动到画布中央。用鼠标右击该文字图层，在弹出的快捷菜单中选“栅格化文字”命令。

3）选择菜单“滤镜”→“扭曲”→“波浪”命令，在弹出的“波浪”对话框中按图 5-25 所示调整参数，并用鼠标单击“随机化”按钮，使得“斑斓”两个字达到满意的效果。

4）按住〈Ctrl〉键单击“斑斓”图层，载入文字选区。

5）删除“斑斓”文字图层，切换到“通道”面板，删除原有的 Alpha 1 通道。单击“通道”面板中的“将选区存储为通道”按钮，将文字选区转换为一个新的 Alpha 通道“Alpha 1”。此时可以看到“Alpha 1”通道中的文字和选区，如图 5-26 所示。

图 5-24 “斑斓素材”图像

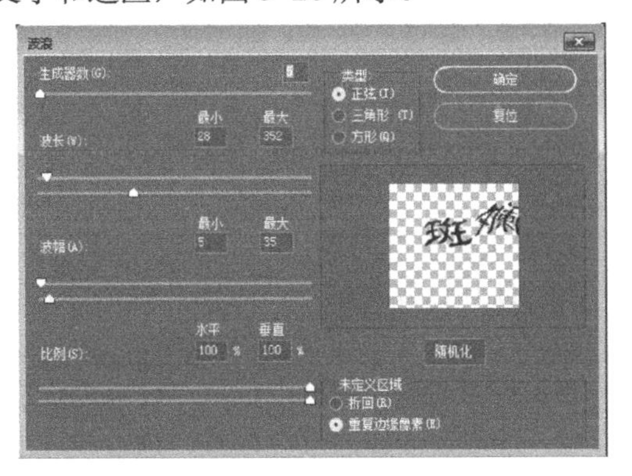

图 5-25 “波浪”对话框

6）单击工具箱中的“渐变工具”按钮，在其选项栏中设置线性渐变方式，设置渐变色为黑→白→黑，在文字选区中水平拖动，为文字填充水平渐变色，如图 5-27 所示。

图 5-26 Alpha 通道中的文字和选区

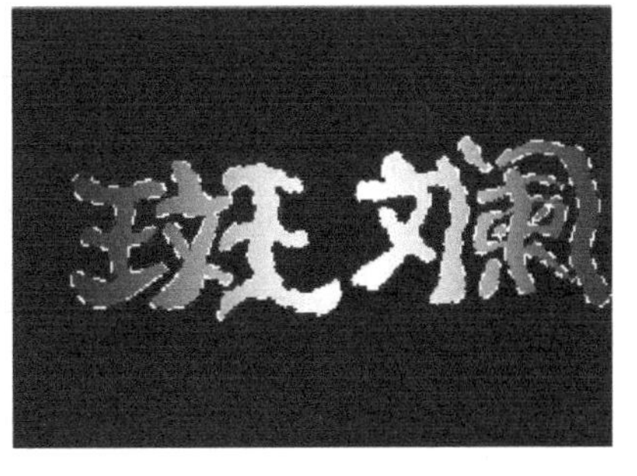

图 5-27 为文字填充水平渐变色

7）按〈Ctrl+D〉组合键取消选区，单击“通道”面板中的“将通道作为选区载入”按钮，将通道转换为选区。

8）切换到“图层”面板，新建图层 1，设置前景色为纯蓝色，按两次〈Alt+Delete〉组合键为选区填充蓝色，可以看出通道中填充的颜色越深，此处填充的蓝色越透明。

5.4.2 【相关知识】通道与选区的分离、合并及专色通道

1. 将通道分离为单独的图像

只能分离拼合图像的通道。当需要在不能保留通道的文件格式中保留单个通道信息时，分离通道非常有用。

要将通道分离为单独的图像，可从“通道”面板菜单中选取“分离通道”命令。原文件被关闭，单个通道出现在单独的灰度图像窗口中。新窗口中的标题栏显示原文件名及通道，可以分别存储和编辑新图像。

2．合并通道

可以将多个灰度图像通道合并为一个图像通道。要合并的图像必须处于灰度模式，并且已被拼合（没有图层）且具有相同的像素尺寸，还要处于打开状态。已打开的灰度图像的数量决定了合并通道时可用的颜色模式。例如，如果打开了 3 幅图像，可以将它们合并为一个 RGB 图像；如果打开了 4 幅图像，则可以将它们合并为一个 CMYK 图像。

注意：如果遇到意外丢失了链接的 DCS 文件（并因此无法打开、放置或打印该文件），可打开通道文件并将它们合并成 CMYK 图像，然后将该文件重新存储为 DCS EPS 文件。

合并通道的步骤如下：

1）打开包含要合并通道的灰度图像，并使其中一个图像成为现用图像。为使“合并通道”选项可用，必须打开多个图像。

2）从“通道”面板中选取“合并通道”命令，打开“合并通道”对话框。

3）选取要创建的颜色模式，适合模式的通道数量就出现在“通道”文本框中。

4）若有必要，可在“通道”文本框中输入一个数值。RGB 或 Lab 模式下，通道的最大个数为 3；CMYK 模式下，通道的最大个数为 4。如果输入的通道数量与选中模式不兼容，则将自动选中多通道模式。这里将创建一个具有两个或多个通道的多通道图像。

5）单击“合并通道”对话框中“确定”按钮。

6）对于每个通道，应确保需要的图像已打开。如果用户想更改图像类型，可单击“模式”返回“合并通道”对话框。

7）如果要将通道合并为多通道图像，单击“下一步”按钮，然后选择其余的通道。

注意：多通道图像的所有通道都是 Alpha 通道或专色通道。

8）选择完通道后，单击“确定”按钮。选中的通道合并为指定类型的新图像，原图像则在不做任何更改的情况下关闭。新图像出现在未命名的窗口中。

注意：不能分离并重新合成（合并）带有专色通道的图像。专色通道将作为 Alpha 通道添加。

3．专色通道

专色是特殊的预混油墨，用于替代或补充印刷色（CMYK）油墨。通过专色通道可在印刷物中标明运行特殊印刷的区域。下面通过实际操作来学习如何创建专色通道。

1）选择“风景”文档，单击“通道”面板中的复合通道，将图像显示。接着使用“套索工具”或“魔棒工具”绘制选区，如图 5-28 所示。

2）按下〈Ctrl〉键并单击“通道”面板底部的“创建新通道”按钮，弹出图 5-29 所示的对话框。

3）单击“颜色”图标，弹出“拾色器”对话框。接着在对话框中单击“颜色库”按钮，弹出“颜色库”对话框，如图 5-30 所示，选择色标，并根据需要选择专色，如图 5-30 所示。

图 5-28　绘制选区

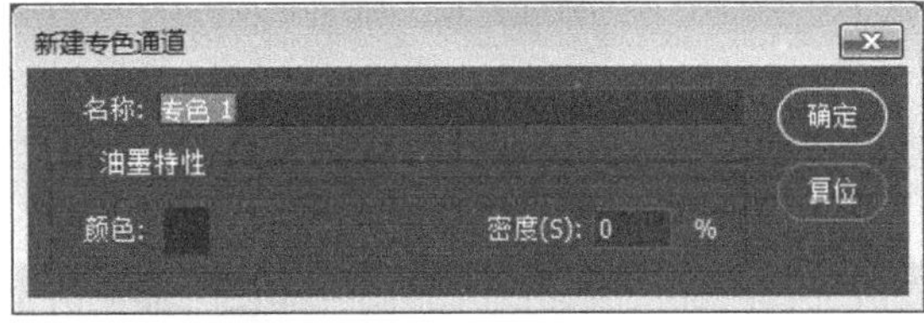

图 5-29 “新建专色通道”对话框

4）单击“确定”按钮回到“新建专色通道”对话框，将密度设置为合适的透明度，如图 5-31 所示。

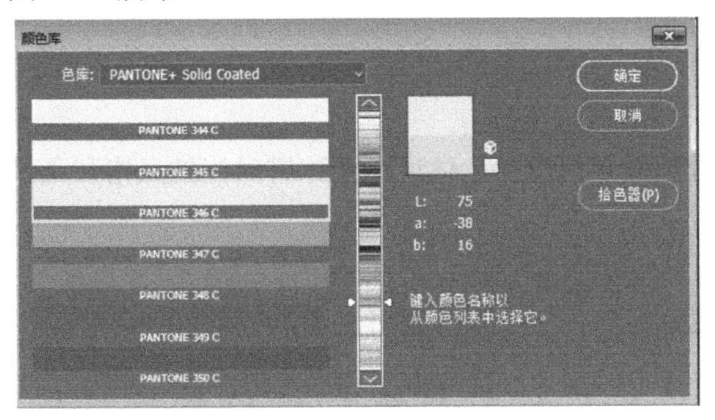

图 5-30　选择专色

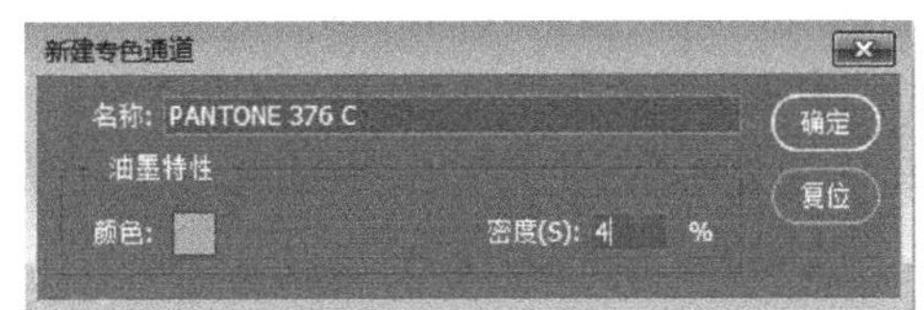

图 5-31　设置“新建专色通道”对话框

注意：密度选项可在屏幕上模拟印刷后专色的密度，可输入 0 ~ 100 之间的任意值。如果设置值为 100，将模拟完全覆盖下层油墨的油墨；设置为 0，将模拟完全显示下层油墨的透明油墨。

5）单击图 5-29 中“确定”按钮，在“通道”面板上会出现一名为“PANTONE 376C”的专色通道，如图 5-32 所示。

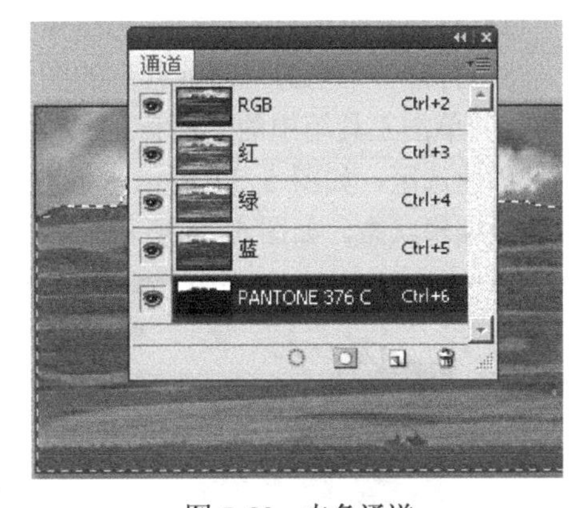

图 5-32　专色通道

注意：为了使其他应用程序能够更好地识别及打印专色通道，默认的通道名称最好不要随意更改。若要输出专色通道，在 Photoshop CC 2017 中需要将文件以 DCS 2.0 格式或 PDF 格式存储。

5.5　快速蒙版

5.5.1 【案例 5-3】溜冰鞋广告

溜冰鞋广告案例的效果如图 5-33 所示。

二维码 5-3
“溜冰鞋广告”
案例

图 5-33 “溜冰鞋”案例的效果

【案例设计创意】

案例以蓝天及白云为背景，溜冰鞋在数架战斗机前面，体现出溜冰鞋时尚的风格和飞快的速度，大大激发人们的购买欲望。

【案例目标】

通过本案例的学习，读者可以掌握快速蒙版和图层蒙版的应用技术。

【案例的制作方法】

1）新建一个名为“溜冰鞋广告”的文件，宽为 800 像素，高为 600 像素，分辨率为 72 像素/英寸，颜色模式为 RGB 颜色的画布窗口。

2）打开一个名为“天空”的图像文件，将其拖动到画布窗口中作为背景图像。

3）打开一个名为“溜冰鞋”的图像文件，将其拖动至画布窗口中。

4）单击工具箱中的“魔棒工具”按钮，按住〈Shift〉键单击，在溜冰鞋四周的白色区域创建选区，如图 5-34 所示。单击工具箱中的“以快速蒙版模式编辑”按钮，进入快速蒙版编辑状态，如图 5-35 所示。

图 5-34 创建选区

图 5-35 快速蒙版编辑状态

5）设置前景色为白色，使用“画笔工具”在溜冰鞋外部的半透明红色区域中涂抹，以消除红色区域（如果有大块区域，可使用“矩形选框工具”选中后填充白色）。设置前景色为黑色，使用“画笔工具”在溜冰鞋内部的白色区域中涂抹，将其涂抹为红色。要确保溜冰鞋图像中部为红色，外部无红色，完成后的效果如图 5-36 所示。

6）单击工具箱中的“以标准模式编辑”按钮，退出快速蒙版编辑状态。此时，快速蒙版中的红色区域在选区之外（即溜冰鞋图像在选区外），选择菜单“选择”→“反选”命令则反向选中溜冰鞋图像，效果如图 5-37 所示。

图 5-36　完成后的效果

图 5-37　选中溜冰鞋图像的效果

7）选择菜单“选择”→“修改”→“羽化”命令，打开“羽化选区”对话框。设置“羽化半径”为 1 像素，单击“确定”按钮完成羽化。在“图层”面板中，单击下方的“添加图像蒙版”按钮，为溜冰鞋图像图层添加图层蒙版，效果如图 5-38 所示。可以看到，原来在选区外的图像部分已成为透明区域。此时，如果发现溜冰鞋选取得不完整，或是溜冰鞋外部还有未变为透明的区域，可单击溜冰鞋图层的蒙版缩略图，然后使用白色画笔在溜冰鞋内部涂抹以将溜冰鞋补充完整，或使用黑色画笔在溜冰鞋外部涂抹以删除多余的部分。

8）打开一幅名为“空中机群”的图像文件，将其拖动到画布窗口中。

9）按前面 4）～7）的步骤，为“空中机群”图像中的战机和尾部的烟雾添加图层蒙版，完成后的效果如图 5-39 所示。

图 5-38　图层蒙版效果

图 5-39　战机完成后的效果

10）在“图层”面板中复制多个战机图像，并将其移动到合适位置，如图 5-33 所示。

11）单击工具箱中的“横排文字工具”按钮，在画布窗口右上方输入文字“SPOTRS 冰鞋　体验飞速时尚潮流”。其中英文字体为 Algerian，中文字体为黑体，字母 S 为红色，R 为黄色，其他字母及中文为白色，效果如图 5-33 所示。

至此，整个溜冰鞋广告制作完成，最终效果如图 5-33 所示。

5.5.2 【相关知识】快速蒙版

在快速蒙版模式下，可以将选区转换为蒙版。此时创建一个临时的蒙版，并在“通道”面板中创建一个临时的 Alpha 通道。可以使用工具和滤镜来编辑及修改蒙版，修改蒙版后返回标准模式下，即可将蒙版转换为选区。

默认状态下，快速蒙版呈半透明的红色。与掏空了选区的红色胶片相似，遮盖在非选区图像的上面。因为蒙版是半透明的，所以可以通过蒙版观察到下面的图像。

在图像中创建一个选区，然后双击工具箱中的“以快速蒙版模式编辑”按钮，打开“快速蒙版选项”对话框，如图 5-40 所示。设置有关选项，单击“确定”按钮建立快速蒙版，此时的图像如图 5-41 所示。如果保留图中的默认状态，可单击工具箱中的“以快速蒙版模式编辑”按钮，快速建立蒙版。

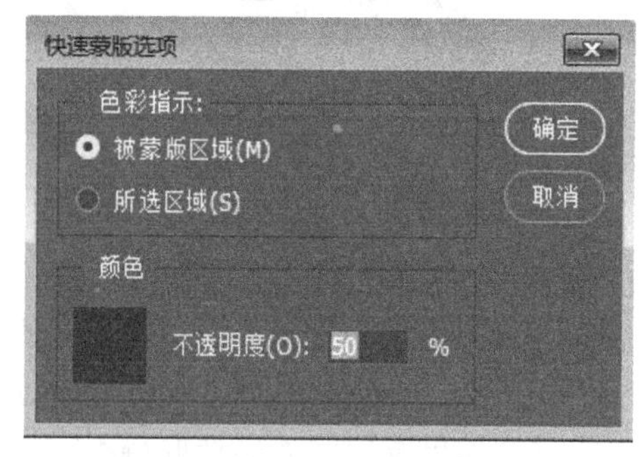

图 5-40 “快速蒙版选项”对话框

图 5-41 进入快速蒙版后的图像效果（被蒙版区域）

1．“快速蒙版选项”对话框

“快速蒙版选项”对话框中各选项的作用如下。

1）“被蒙版区域”单选按钮：选中后，蒙版区域（即非选区）有颜色，非蒙版区域（即选区）没有颜色。

2）“所选区域”单选按钮：选中后，选区（蒙版区域）有颜色，非选区（非蒙版区域）没有颜色。

3）“颜色”选项组：在“不透明度”文本框中输入不透明的百分比数据。单击色块，打开“拾色器”对话框，可设置蒙版的颜色，默认值是不透明度为 50%的红色。

选择“所选区域”单选按钮，颜色为蓝色，不透明度为 80%，单击“确定”按钮，图像效果如图 5-42 所示。建立快速蒙版后的“通道”面板如图 5-43 所示，可以看出其中增加了一个快速蒙版临时通道。

2．编辑快速蒙版

单击“通道”面板中的快速蒙版通道，就可以使用工具和滤镜编辑快速蒙版。改变快速蒙版的大小与形状，也就调整了选区的大小与形状。在用画笔和橡皮擦等工具修改快速蒙版时，应遵从以下规则。

- 针对图 5-41 所示的图像，有颜色的区域越大，蒙版越小，选区越小；针对图 5-42 所示图像，有颜色的区域越大，蒙版越大，选区越大。

图 5-42　进入快速蒙版后的图像效果（被选区域）

图 5-43　建立快速蒙版后的“通道”面板

- 如果前景色为白色，并在有颜色区域绘图，会减小有颜色区域；如果前景色为黑色，并在无颜色区域绘图，会增加有颜色区域。
- 如果前景色为白色，并在无颜色区域擦除，会增加有颜色区域；如果前景色为黑色，并在有颜色区域擦除，会减少有颜色区域。
- 如果前景色为灰色，则在绘图时会创建半透明的蒙版和选区；如果背景色为灰色，在擦除时会创建半透明的蒙版和选区。灰色越淡，透明度越高。

3. 将快速蒙版转换为选区

编辑加工快速蒙版的目的是为了获得特殊效果的选区。将快速蒙版转换为选区的方法很简单，只要用鼠标单击工具箱中的“以标准模式编辑”按钮■即可。当将快速蒙版转换为选区后，“通道”面板中的快速蒙版通道会自动取消。

5.6　蒙版

5.6.1 【案例 5-4】饰品广告

饰品广告案例的效果如图 5-44 所示。

图 5-44　“饰品广告”案例的效果

二维码 5-4　饰品广告案例效果

【案例设计创意】

案例中以蓝色星光作为底衬营造出高雅、超凡脱俗的环境气氛；把高贵、典雅的钻石饰物作为辅助图形，可展现其种类的多样性，在激发人们的购买欲望的同时可烘托出人们的真情告白——尽显时尚魅力。

【案例目标】

通过本案例的学习，读者可以掌握图层蒙版的应用技术。

【案例的制作方法】

1）将背景色设置为黑色，将前景色设置为蓝色（R=44、G=0、B=155）。

2）选择菜单“文件”→“新建”命令，按图 5-45 所示参数新建画布。

3）单击“图层”面板上的“创建新图层”按钮，建立一个新图层“图层 1”，按键盘的〈Alt+Delete〉组合键，将“图层 1”用前景色填充，如图 5-46 所示。

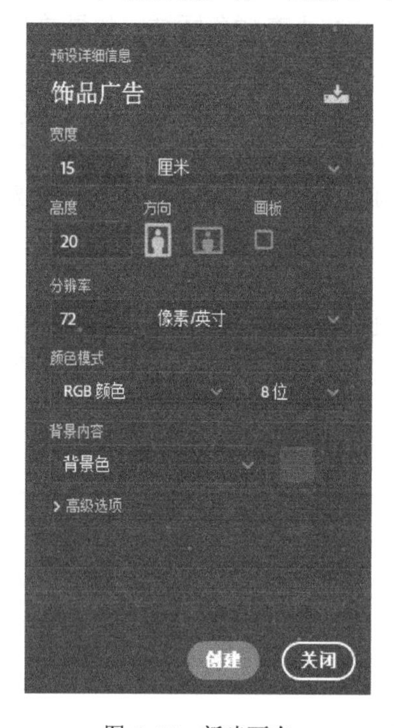

图 5-45　新建画布

图 5-46　“图层”面板

4）单击工具箱中的“以快速蒙版模式编辑”按钮，进入快速蒙版编辑状态。

5）单击工具箱中的“渐变工具”按钮，在其属性栏中调整各项参数，如图 5-47 所示。

图 5-47　“渐变工具”选项栏

6）将鼠标指针移到图像内，按住鼠标左键，由左下角向右上角拖动，此时的图像效果如图 5-48 所示。

7）单击工具箱中的“以标准模式编辑”按钮，使图像返回到标准模式，此时在图像内会出现一个选区。

8）按键盘上的〈Ctrl+Shift+I〉组合键反选图像，再按〈Delete〉键删除不需要的部分，此时的图像效果如图 5-49 所示，然后按〈Ctrl+D〉组合键取消选区。

图 5-48　渐变图像效果

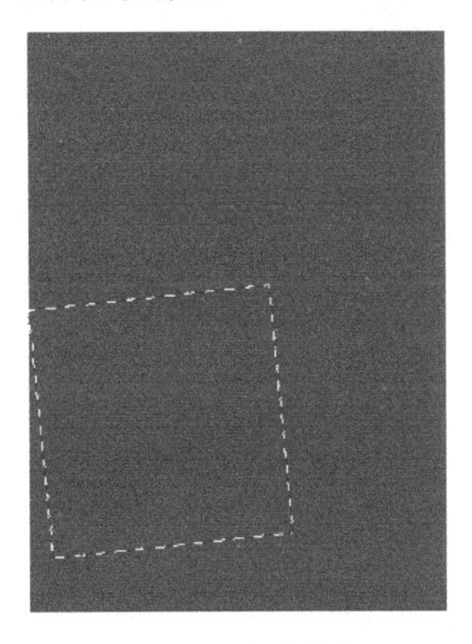

图 5-49　创建的选区

9）打开“首饰照片.jpg”，如图 5-50 所示。

10）单击工具箱中的“移动工具”按钮，然后将光标放置在图像内，按住鼠标左键，将“首饰照片.jpg”文件拖动至“饰品广告”图像文件中，此时可生成新的图层“图层 2”，调整其大小与位置，效果如图 5-51 所示。

11）单击“图层”面板中的“添加图层蒙版”按钮，然后在画布中由上到下拖出一个从白到黑的线性渐变。图像效果和“图层”面板分别如图 5-52、图 5-53 所示。

图 5-50　首饰照片.jpg

图 5-51　调整图像后的效果

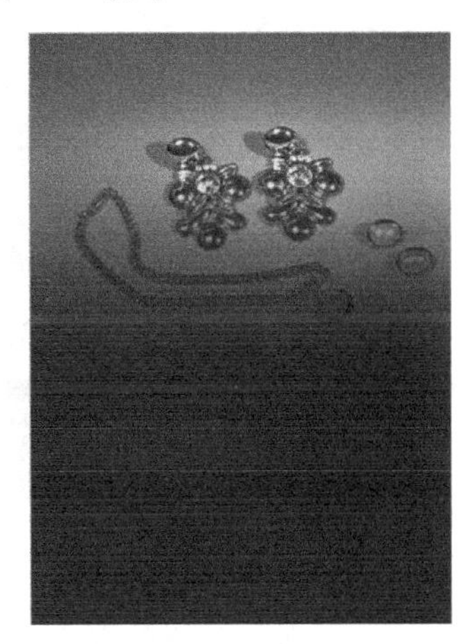

图 5-52　添加蒙版后效果

12）选择菜单“文件”→“打开”命令，打开素材文件夹中的“下金蛋.psd”文件，如图 5-54 所示。

13）用同样的方法，将图像拖动到“饰品广告”画布中，按〈Ctrl+T〉组合键进行自由变换，调整其大小与位置，如图 5-55 所示。

图 5-53 “图层”面板

图 5-54 “下金蛋.psd”

图 5-55 调整后的图像效果

14）单击工具箱中的“直排文字工具”按钮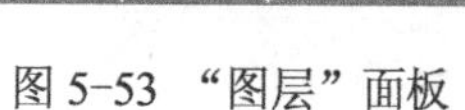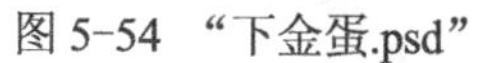，在选项栏中调整各项参数，如图 5-56 所示。然后输入“尽显”二字，如图 5-57 所示。

图 5-56 “直排文字工具”选项栏

15）单击“图层”面板中的“添加图层样式”按钮 fx ，在弹出的菜单中选择“斜面和浮雕”选项，在弹出的“图层样式”对话框中调整各项参数，如图 5-58 所示。

16）在“图层样式”对话模式中选择“投影”选项，调整各项参数，如图 5-59 所示。

图 5-57 直排文字效果

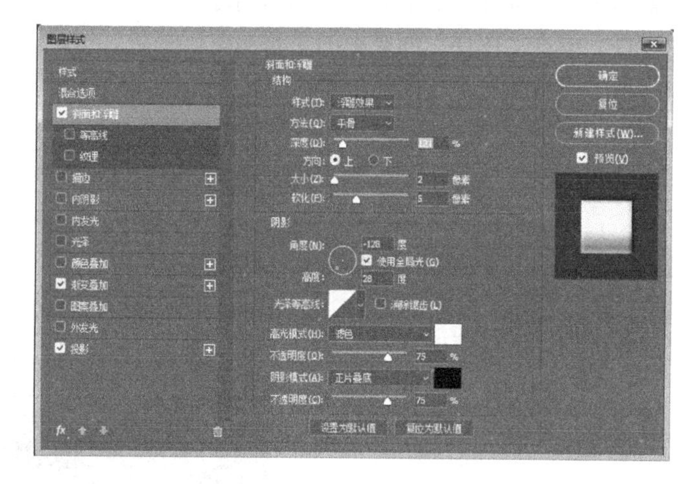

图 5-58 “斜面和浮雕”图层样式

17）使用同样的方法，调整“渐变叠加”选项的各项参数，如图 5-60 所示。

18）单击“图层样式”对话框中的“确定”按钮，并调整文字的位置，如图 5-61 所示。

19）单击工具箱中的“直排文字工具”按钮，在选项栏中调整各项参数，如图 5-62 所示，设置字体为“长城特粗宋体”，大小为 60 点，颜色为红色，输入文字“时尚”，此时的图像效果如图 5-63 所示。

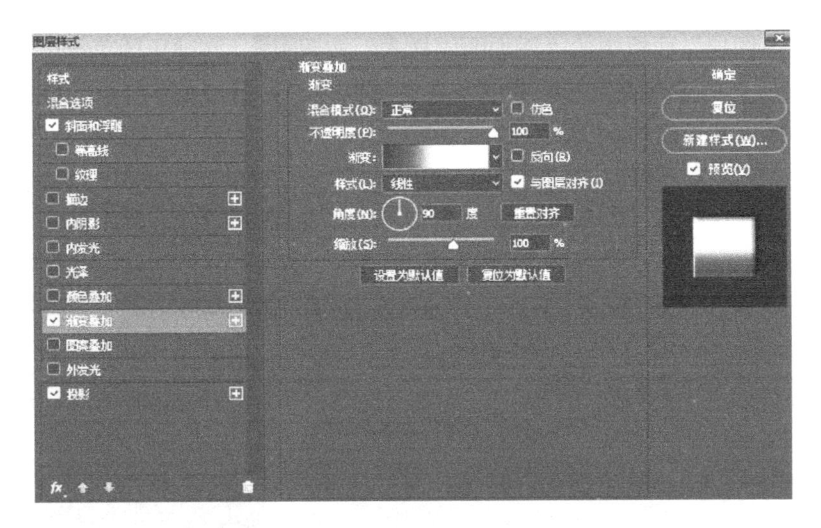

图 5-59 “投影”图层样式

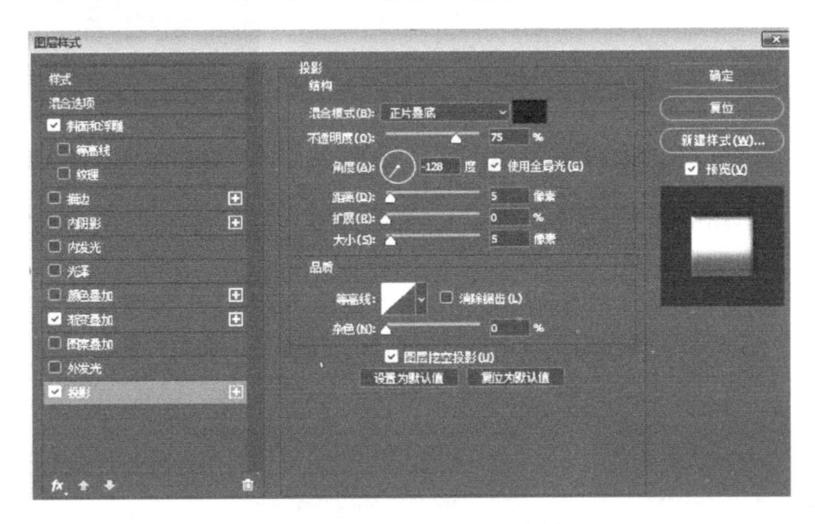

图 5-60 “渐变叠加”图层样式

图 5-61 编辑后图像效果

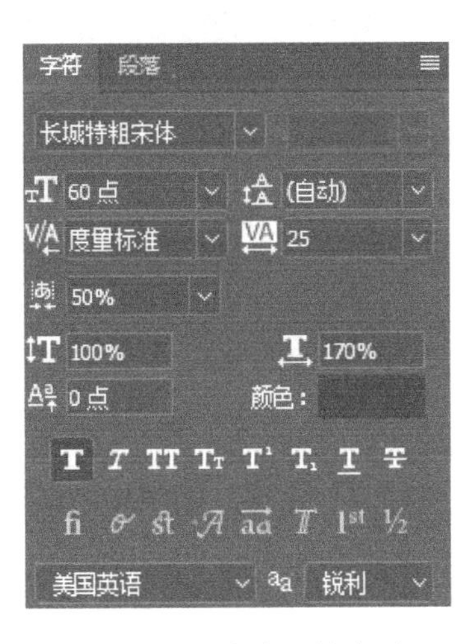

图 5-62 文字工具选项

图 5-63 输入文字后效果

20）单击“图层”面板中的“添加图层样式”按钮 fx ，在弹出的菜单中选择“描边”选项，在弹出的“图层样式”对话框中调整各项参数，如图 5-64 所示。单击“确定”按钮，此时的图像效果如图 5-65 所示。

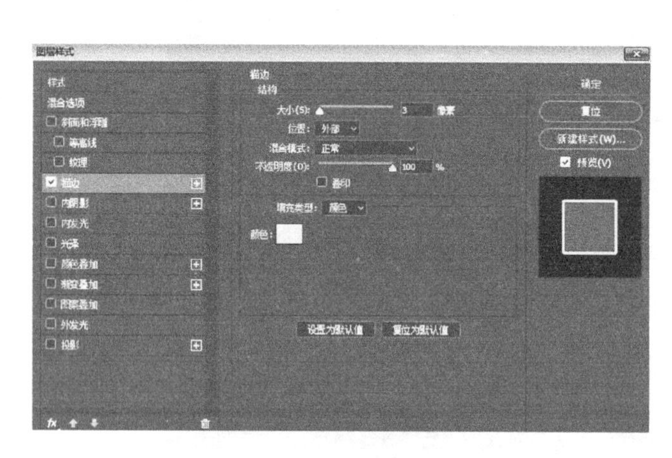

图 5-64 “描边”图层样式

图 5-65 描边后的图像效果

21）单击工具箱中的“直排文字工具”按钮，调整“字符”面板的各项参数，如图 5-66 所示。输入文字“魅力”。

22）将“魅力”层设置为当前图层，双击“图层”面板上的该图层，可弹出“图层样式”对话框，勾选“斜面和浮雕”复选框，使用默认值即可。调整“渐变叠加”选项中的各项参数，如图 5-67 所示，然后单击“确定”按钮。

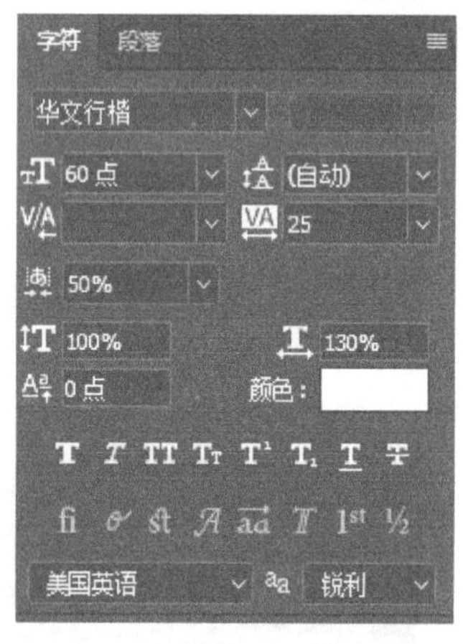

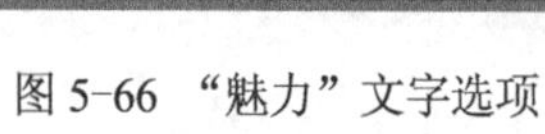

图 5-66 “魅力”文字选项

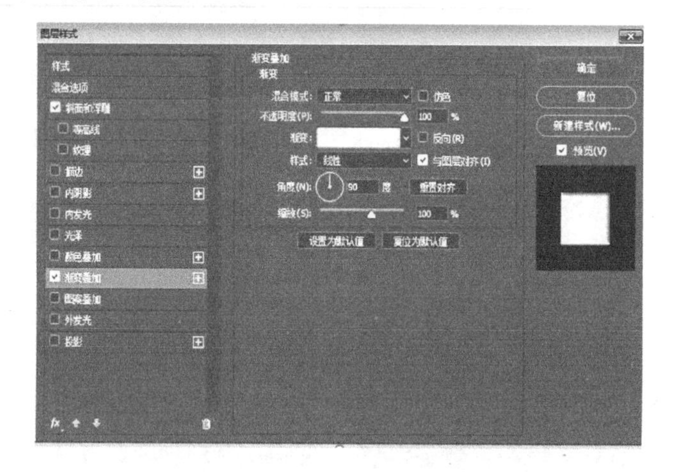

图 5-67 “渐变叠加”图层样式

23）使用前面的方法为图像添加其他文字，则图像的最终效果如图 5-44 所示。

5.6.2 【相关知识】蒙版与快速蒙版的基本概念及区别

蒙版也叫作图层蒙版，它的作用是保护图像的某一个区域，使用户的操作只能对该区域之外的图像进行。从这一点来说，蒙版和选区的作用正好相反。选区的创建是临时的，一旦创建新选区后，原来的选区便自动消失，而蒙版可以是永久的。

选区、蒙版和通道是密切相关的。在创建选区后，实际上也就创建了一个蒙版。将选区和蒙版存储起来，即生成了相应的 Alpha 通道。它们之间相对应，还可以相互转换。

蒙版与快速蒙版有相同之处，也有不同之处。快速蒙版的作用是建立特殊的选区，所以它是临时的，一旦由快速蒙版模式切换到标准模式，快速蒙版就转换为选区，而图像中的快速蒙版和“通道”面板中的快速蒙版通道会立即消失。创建快速蒙版时，对图像的图层没有要求。蒙版一旦创建，它会永久保留，同时在“图层”面板中建立蒙版图层（进入快速蒙版模式时不会建立蒙版图层），在“通道”面板中建立蒙版通道，只要不删除它们，它们会永久保留。

5.7 蒙版的五大功能

蒙版是 Photoshop 图像处理中非常强大的功能，在蒙版的作用下，Photoshop 中的各项调整功能才真正发挥到极致。现将蒙版的功能归纳为以下 5 个方面。

1. 无痕迹拼接多幅图像

利用蒙版可无痕迹拼接多幅图像，如图 5-68 所示。

图 5-68 用蒙版无痕迹拼接多幅图像

2. 创建复杂边缘的选区

利用蒙版可创建复杂边缘的选区，如图 5-69 所示。

3. 替换局部图像

利用蒙版可替换局部图像，如图 5-70 所示。

图 5-69 创建复杂边缘选区

图 5-70 替换局部图像

4. 结合调整层来调整局部图像

利用蒙版结合调整层可调整局部图像，如图 5-71 所示。

图 5-71　结合调整层来调整局部图像效果

5. 使用灰度蒙版按照灰度关系调整图像影调

实际上蒙版的精彩之处在于，结合调整层的操作灵活调整局部图像。图 5-72 所示为调整后的效果。处理之前如图 5-73 所示，几乎是废片。

图 5-72　使用灰度蒙版按照灰度关系调整图像影调后的效果

图 5-73　调整之前几乎是废片

5.8　本章小结

本章讲述了 Photoshop CC 2017 中较为重要的通道和蒙版的概念、创建、编辑和具体应用。通道主要的作用有两个：存储颜色信息和保存选择区域。蒙版的五大功能可以归纳为：

1）用蒙版无痕迹拼接多幅图像；

2）创建复杂边缘选区；

3）替换局部图像；

4）结合调整层来随心所欲地调整局部图像；

5）使用灰度蒙版按照灰度关系调整图像影调。

此外还讲述了快速蒙版和蒙版的异同点。通道和蒙版也是一个难点，读者可多加练习。

5.9 练习题

1．对如图 5-74、图 5-75 所示的素材“火箭”“地球”进行合成处理，制作出火箭从裂开的地球中冲出的效果，如图 5-76 所示。

图 5-74 “火箭”图片

图 5-75 “地球”图片

图 5-76 火箭从地球冲出的效果图

2．对图 5-77 所示的素材——大海、图 5-78 所示的素材——高楼图片进行合成处理，制作出图 5-79 所示的海市蜃楼的效果。

图 5-77 大海图片

图 5-78 高楼图片

图 5-79 合成的海市蜃楼的效果

第 6 章　路径与动作

【教学目标】

本章将对 Photoshop CC 2017 软件中路径的概念及具体应用进行详细讲解，并通过实际案例对这些知识点进行应用。路径是 Photoshop CC 2017 软件提供的强大的图像处理工具，主要用于对图案的描边、填充，以及与选区的相互转换。使用 Photoshop CC 2017 能够绘制并编辑各种矢量图形，这主要归功于路径工具。路径工具可以将一些不确定的选区转换成路径，并对其进行编辑，使其精确。使用“动作”面板可以记录、播放、编辑和删除个别动作，还可以用来存储和载入动作文件。本章知识要点、能力要求及相关知识如表 6-1 所示。读者通过本章节的学习，能够较好地掌握 Photoshop CC 2017 软件中路径的各种应用和自动批处理功能。

【教学要求】

表 6-1　本章知识要点、能力要求及相关知识

知识要点	能力要求	相关知识
路径的概念及“路径”面板	理解	路径的基本概念和使用“路径”面板管理及组织路径曲线
路径的创建	掌握	创建路径矢量曲线的方法
路径的编辑	掌握	路径曲线的编辑与修改方法
“动作”面板	理解	“动作”面板的组成和使用方法
记录动作	理解	记录动作的操作
编辑动作	掌握	记录的编辑操作

【设计案例】

（1）制作水晶水果图标

（2）篮球运动招贴广告

（3）二维卡通形象的绘制

（4）批量制作邮票

6.1　路径

6.1.1　路径的基本概念

路径由线（直线或曲线）构成，并不占图层位置，在最终的导出图中是不显示的。创建路径或任意形状，都可使用“钢笔工具”。

路径上有些矩形的小点。称为锚点。锚点标记路径上线段或曲线的端点。通过调整锚点的位置和形态，可以对路径进行各种变形调整。

直线路径的创建：直接在工作区单击即可创建，如图 6-1 所示。

提示：按住〈Shift〉键绘制路径，可绘制直线路径且可将创建路径线段的角度限制为 45°的倍数，如图 6-2 所示。

要创建曲线路径，可在绘制锚点的同时，拖动鼠标不放直至出现带箭头的指针，如图 6-3 所示。

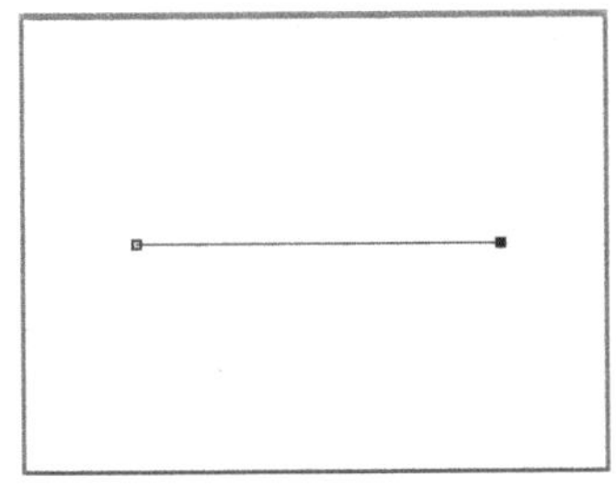

图 6-1　绘制直线路径

图 6-2　绘制 45° 直线路径

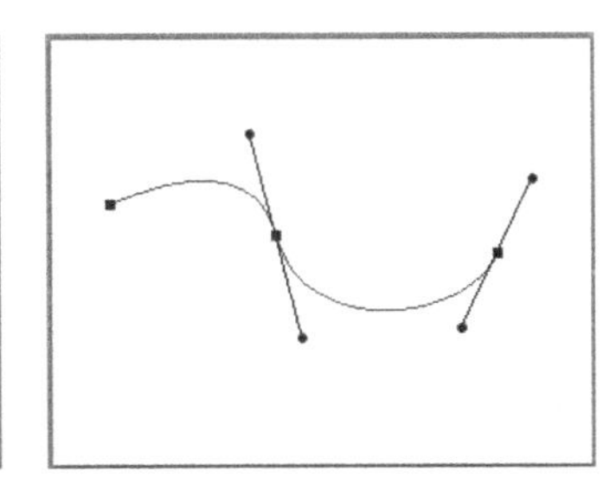

图 6-3　绘制曲线路径

一条开放路径的开始和最后的锚点叫作端点。如果填充一条开放路径，Photoshop CC 2017 将在两个端点之间绘制一条连线并填充这条路径。

二维码 6-1　制作水晶水果图标

6.1.2 【案例 6-1】制作水晶状水果图标

水晶状水果图标看上去漂亮可爱，案例的效果如图 6-4 所示。

图 6-4 “水晶状水果图标”效果

【案例设计创意】

该案例制作是水晶状水果图标，设计者利用路径工具绘制出水果图标的外形及高光部分，并利用渐变颜色填充，绘制出可爱的水晶水果图标，给人线条光滑、色彩鲜艳的感觉，能很好地吸引眼球。

【案例目标】

通过本案例的学习，读者可以掌握路径的创建与编辑，以及路径的组合方法和技巧。这里以青梨为例，其他水果的制作与此大同小异。本案例所用的图层比较多，在制作过程中要养成给图层重命名的习惯。

【案例的制作方法】

1）单击工具箱中的■按钮，将前景色、背景色分别设置为黑色和白色。

2）选择菜单"文件"→"新建"命令，在弹出的"新建"对话框中设置宽度和高度分别为 800 像素和 600 像素，分辨率为 72 像素/英寸，颜色模式为 RGB 颜色，背景内容为背景色，并单击"确定"按钮，此时创建了一个以白色为背景的图像文件。

3）单击工具箱中的"钢笔工具"按钮，打开"路径"面板，单击右下角的"创建新路径"按钮，选择新建的路径层，画出图 6-5 所示的梨身路径，并将"路径"面板上的"工作路径"重命名为"梨身"（双击"工作路径层"可执行重命名操作）。

4）按〈Ctrl+Enter〉组合键将路径转换为选区，或单击右下方的"将路径作为选区载入"按钮（如选区出现反方向，可按〈Shift+Ctrl+I〉组合键反向选择），新建图层，命名为"梨身"，单击工具栏中的"渐变工具"按钮，设置渐变颜色从（R=144、G=174 且 B=52）到（R=201、G=231 且 B=49），并从选区右上角向左下角拖动，效果如图 6-6 所示。然后按〈Ctrl+D〉组合键取消选区。

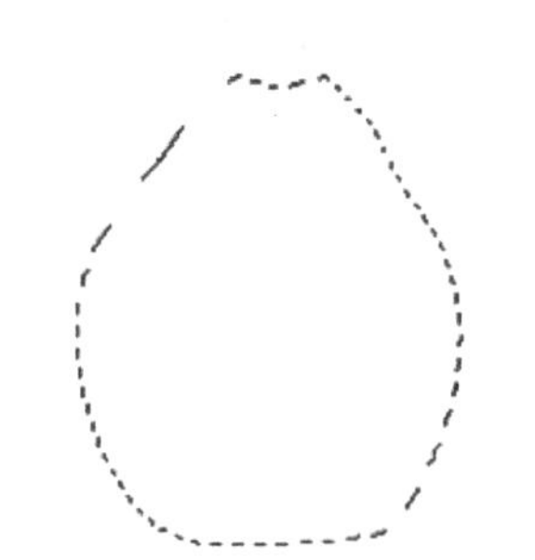

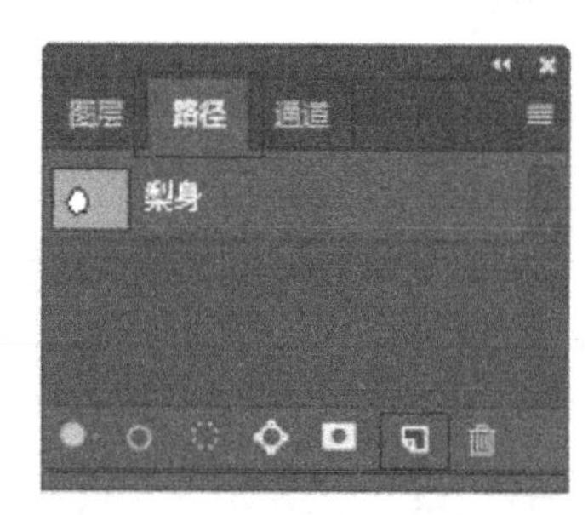

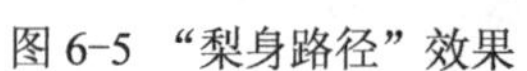

图 6-5 "梨身路径"效果

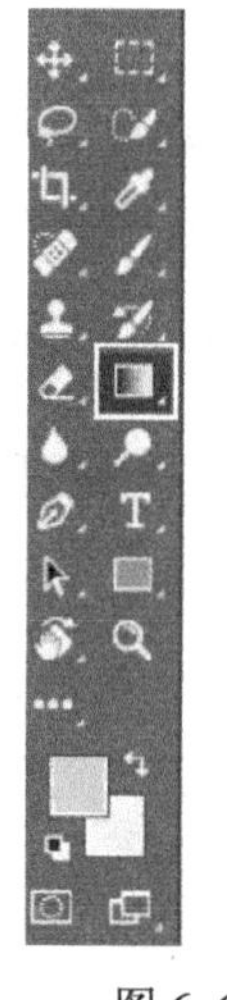

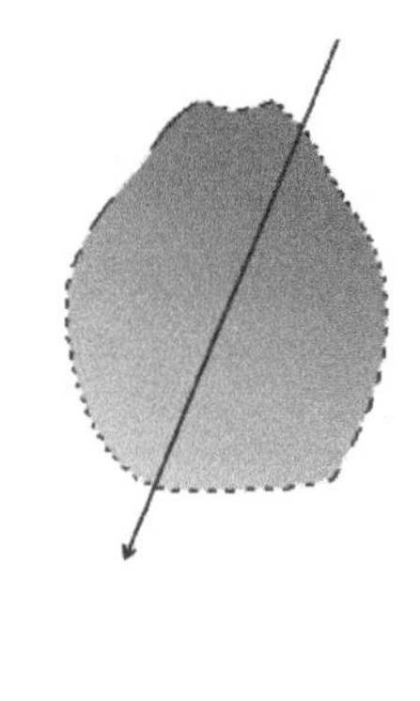

图 6-6 使用渐变工具的效果

5）新建图层"高光 1"，选择"钢笔工具"，打开"路径"面板并选中前面绘制的"梨身"路径（按住〈Alt〉键不放，选择"梨身"路径缩览图，或直接选择路径均可），并在出现的选项面板中选择"减去顶层形状"选项，如图 6-7 所示。

图 6-7 "钢笔工具"选项栏设置

6）用“钢笔工具”画出路径 2，并在出现的选项面板中选择“合并形状”选项，如图 6-8 所示。

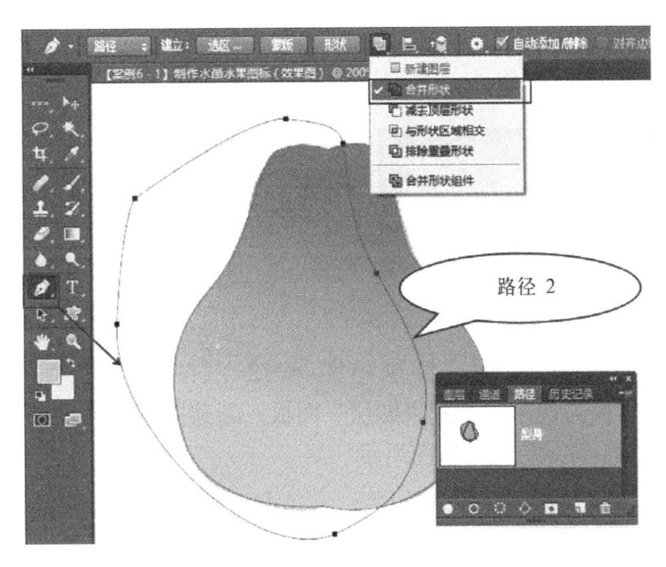

图 6-8　画出路径 2

7）单击工具箱中的“路径选择工具”按钮，对前面绘制的所有路径（路径 2 与梨身）进行框选，然后单击选项栏中的“合并形状组件”按钮进行组合。组合运算结果如图 6-9b 所示。

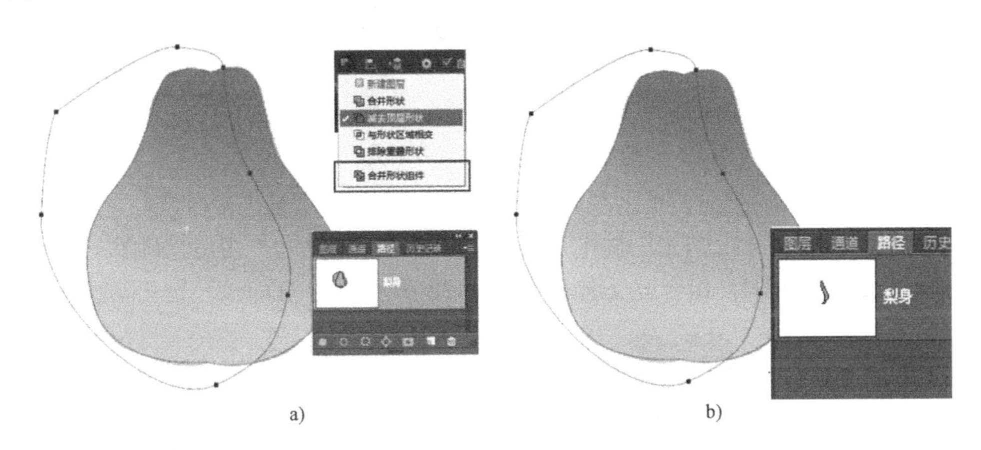

图 6-9　组合两个路径

8）单击“路径”面板右下方的“将路径作为选区载入”按钮，此时如图 6-10 所示的路径被载入到选区中，呈现如 6-11 所示的虚线选区边框。

9）在“图层”面板中设置“填充”为 20，设置图层的混合模式为“溶解”，效果如图 6-10 所示。设置渐变颜色，颜色要比梨身上的要浅，设置渐变颜色从（R=179、G=212 且 B=21）到（R=211、G=238 且 B=81），从上到下拖动使其发生渐变，效果如图 6-11 所示。

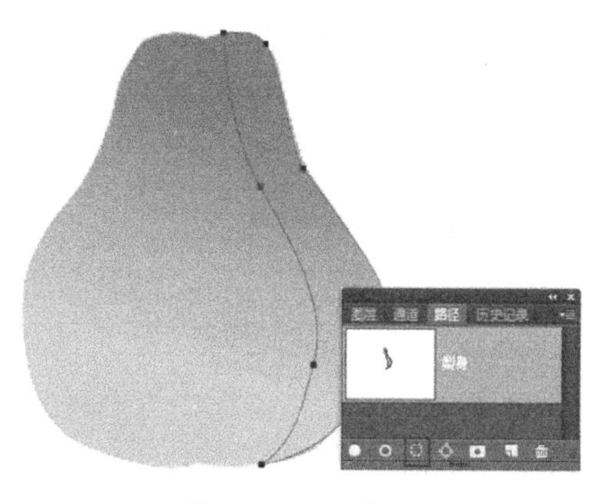

图 6-10　选区载入

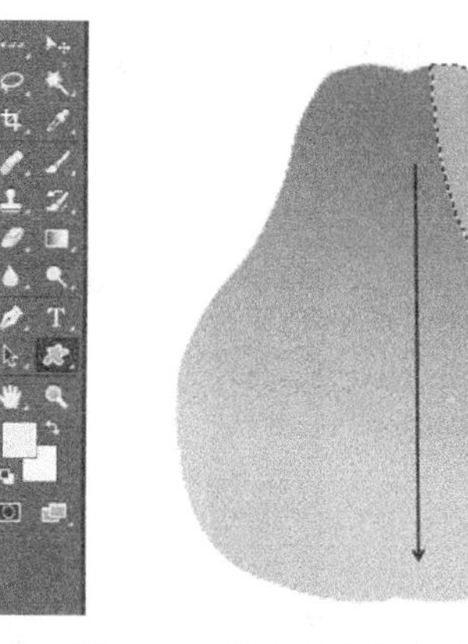

图 6-11　拖动产生渐变后的效果

10）选择“钢笔工具”，绘制出图 6-12 左图所示的“高光 2”路径。按〈Ctrl+Enter〉组合键转换为选区。回到“图层”面板，新建图层“高光 2”，拖出一个从上往下由白色到透明的渐变，如图 6-12 右图所示。

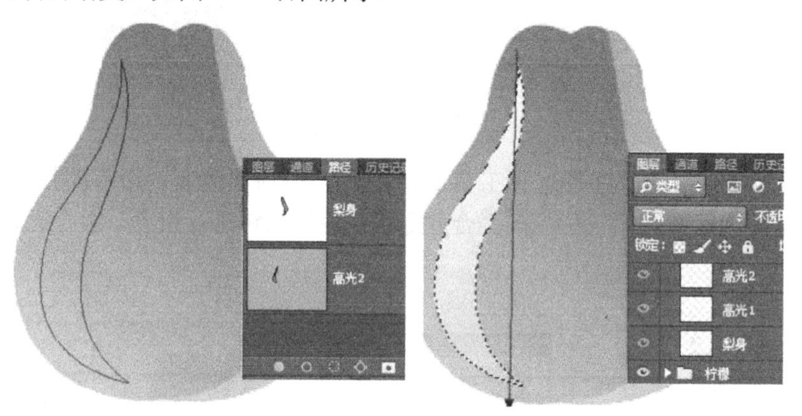

图 6-12　创建高光路径并渐变填充

11）新建图层“高光 3”，单击工具箱中的“多边形套索工具”按钮，绘制出两个白条并填充白色，如图 6-13a 所示。按住〈Ctrl〉键并单击“高光 2”图层缩略图，载入高光 2 选区，再按〈Shift+Ctrl+I〉组合键反选，如图 6-13b 所示，按〈Delete〉键删除溢出部分。

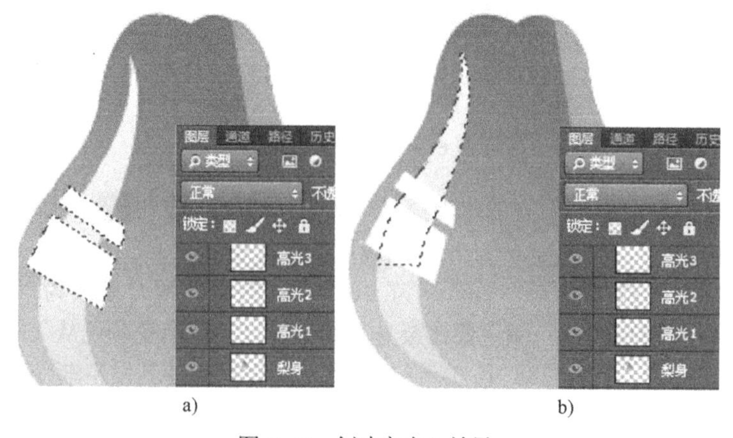

图 6-13　创建高光 3 效果

12）新建图层，命名为“梨心”，在形状里找到水滴形状（或用“钢笔工具”绘制）。为了更美观，可以再调整一下路径，画出梨心后填充颜色，效果如图 6-14a 所示。

13）新建图层，命名为“凹面”，在梨的顶部画个椭圆选区，拖出一个从前景到透明的渐变，画一个凹面。前景颜色比梨身略深一点，效果如图 6-14b 所示。

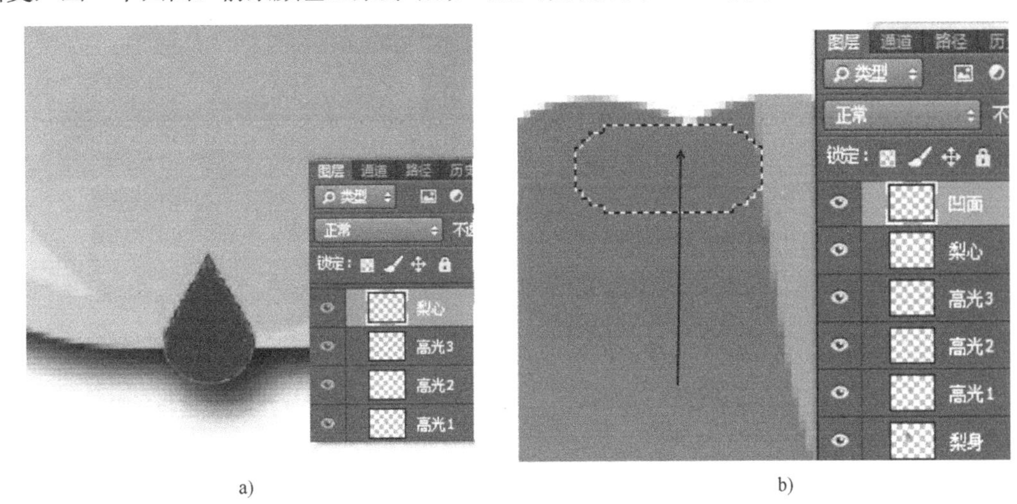

a) b)

图 6-14　画上梨心和凹面

14）再画一个梗的路径，转换为选区，如图 6-15a 所示。将新建图层命名为“梗”，拖出一个渐变，颜色分别从（R=121、G=59 且 B=22）到（R=195、G=130 且 B=72），在梗的顶部绘制-椭圆并填充颜色，效果如图 6-15b 所示。

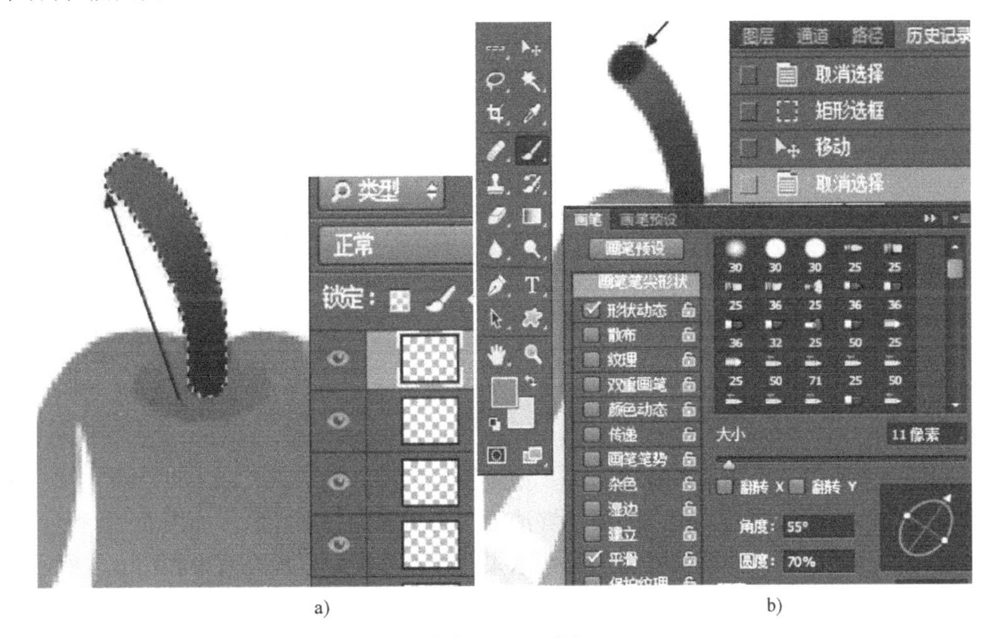

a) b)

图 6-15　画梗

15）绘制叶子的路径，并用绿色（R=49、G=152、B=45）进行填充，如图 6-16 所示。

16）创建新图层，命名为“叶高光”，稍稍调整一下叶子路径位置，如图 6-17 所示，按

〈Ctrl+Enter〉组合键将路径转换为选区，设置渐变颜色从（R=167、G=219、B=111）到透明，按图 6-18 所示拖出渐变，并处理溢出部分。

图 6-16　画叶子并填充绿色

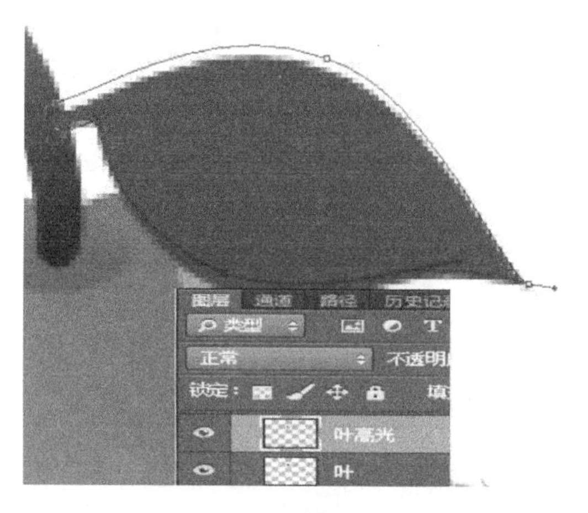

图 6-17　调整路径位置

17）画一条主叶脉，调整画笔大小，选择模拟压力，新建图层“叶脉”，设置前景为白色，描边。注意，“画笔预设”里要选择“钢笔压力”，如图 6-19 所示。

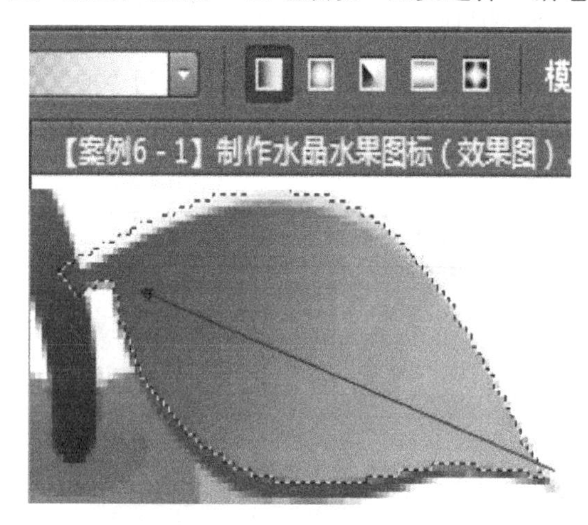

图 6-18　渐变填充叶高光部分

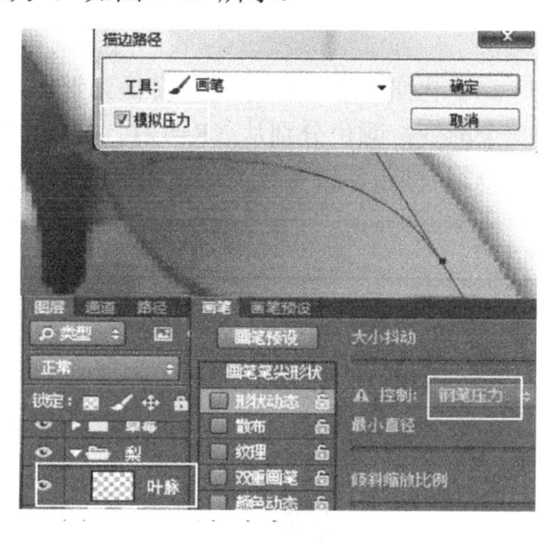

图 6-19　画主叶脉

18）其他几个小的叶脉可以用复制路径的方法一次性描边，注意画笔要调小一点，如图 6-20 所示。

19）选中叶子的 3 个图层并链接起来，拖到图层“梗”的下面。

20）把叶脉的模式改为柔光，如果不够清晰，可再复制一层叶脉，如图 6-21 所示。

21）最后合并图层，并添加投影，其他水果制作方法类似，最终效果如图 6-4 所示。

6.1.3 【相关知识】钢笔工具

“钢笔工具” 是最常见的路径绘制工具，用于创建或编辑直线、曲线或自由线条的路径。“钢笔工具”是生成路径曲线的最直接也是最通用的方法。

图 6-20　画叶脉

图 6-21　复制叶脉

当选择“钢笔工具”后，“钢笔工具”选项栏会在 Photoshop CC 2017 窗口中显示出来，如图 6-22 所示。

图 6-22　“钢笔工具”选项栏

在属性处有一个下拉按钮，其中有“形状”“路径”“像素”，如图 6-22 所示。选择不同的选项将显示不同的“钢笔工具”选项栏。下面就介绍其上选项的含义。

① 选择 形状 选项，在图中绘制路径，并且会自动填充前景色。“钢笔工具”选项栏对应的各选项的含义如下。

- 填充: 按钮：用于设置形状填充的颜色。
- 描边: 3点 按钮：用于设置形状描边的填充颜色及大小。
- 按钮：用于设置形状描边的描边样式。
- W: 0像素 H: 0像素：用于设置形状的高度及宽度。
- 按钮：单击此按钮出现下拉列表，可设置两个或多个形状之间的关系，包括“合并形状”“减去顶层形状”等。
- 按钮：单击此按钮出现下拉列表，可设置单个或多个形状的对齐方式，包括“左边”“水平居中”“右边”等。
- 按钮：单击此按钮出现下拉列表，可设置形状间的堆叠的前后排序，包括“将形状至于顶层”“将对像前移一层”等。

② 选择 路径 选项，可用“钢笔工具”生成路径。“钢笔工具”选项栏对应的各选项的含义如下。

- 选区… 按钮：单击此按钮可将绘制好的路径转换为选区，并会调出“建立选区”面板，可设置选区属性。
- 蒙版 按钮：单击此按钮可用绘制好的路径生成蒙版。

● 形状按钮：单击此按钮可将绘制好的路径转换为形状。

● 按钮：单击此按钮出现下拉列表，可设置两个或多个形状的连带、增减关系，包括“合并形状”“减去顶层形状”等。

● 按钮：单击此按钮出现下拉列表，可设置单个或多个形状的对齐方式，包括“左边”“水平居中”“右边”等。

● 按钮：单击此按钮出现下拉列表，可设置形状间的堆叠的前后排序，包括“将形状至于顶层”“将对像前移一层”等。

③ 在选择“钢笔工具”后，不能选择像素选项，这个选项只有在选择“图形工具”时才能使用，如矩形、圆角矩形等。

6.2 “路径”面板

选择菜单栏中的“窗口”→“路径”命令，可显示“路径”面板，如图 6-23 所示。

图 6-23 “路径”面板

“路径”面板和“图层”面板基本相同，可以结合“图层”面板掌握其使用方法，“路径”面板中各按钮的作用如下。

● 按钮：用前景色填充路径。

● 按钮：用前景色描边路径。

● 按钮：将路径转换为选择区域。

● 按钮：将选择区域转换为路径。

● 按钮：添加图层蒙版。

● 按钮：建立一个新路径。

● 按钮：删除当前路径。

6.2.1 【案例 6-2】篮球运动招贴广告

篮球运动招贴广告案例的效果如图 6-24 所示。

图 6-24 “篮球运动招贴广告”效果

二维码 6-2 篮球运动招贴广告

【案例设计创意】

广告创意最终是以视觉形象来传达的，是通过代表不同词义的形象组合使创意的含义得以链接，从而构成完整的视觉语言进行信息的传达。该案例在设计中利用色彩的变化，具有很强的视觉冲击力和吸引力。大面积的留白突出运动的韵律，给人以视觉审美上的前卫感。

【案例目标】

通过本案例的学习，读者不仅可以掌握使用钢笔工具绘制不规则路径的方法，还可以掌握许多操作技巧；还可了解关于篮球运动招贴广告的设计思路。

案例制作构思：

1）这张招贴广告重在突出篮球运动是充满激情和动力的特点，根据设计意图，在制作中选择了 3 张篮球赛的摄影图片，这 3 张图片经过加工组织到一起，作为招贴广告的主题画面。最后加入修饰图案和文字。

2）在制作装饰图案时，使用了“自由钢笔工具”，绘制出充满动感的不规则路径。

3）在添加文字时多次用到了渐变叠加，目的是为了使文字产生黑白反向的效果。

【案例的制作方法】

1. 拼合任务图像

1）首先选择菜单“文件”→“新建”命令，在弹出的“新建”对话框中输入各项参数，如图 6-25 所示。并单击“确定”按钮，此时创建了一个以白色为背景的图像文件。

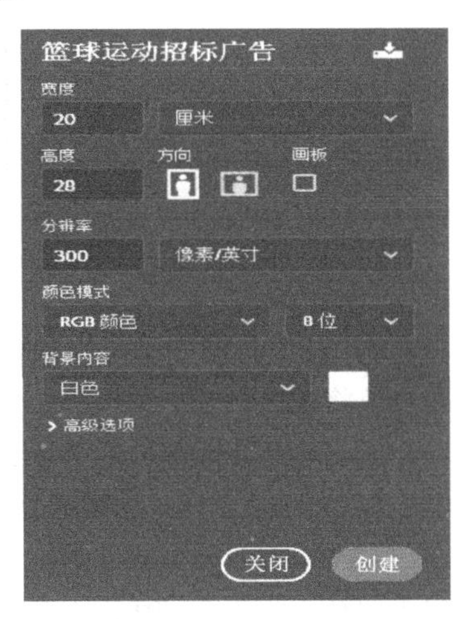

图 6-25 “新建”对话框

2）选择菜单“文件”→“打开”命令，打开素材文件“人物 1.jpg”“人物 2.jpg”“人物 3.jpg”图像文件，如图 6-26 所示。

图 6-26 打开的“人物 1.jpg”“人物 2.jpg”“人物 3.jpg”

3）首先打开“人物 1.jpg”文档，在工具栏中单击“魔棒工具”，使用该工具在“人物 1”文档中的空白区域单击，将图像中空白区域全部选择，如图 6-27 所示。

图 6-27　将图像中的空白区域全部选择

4）在工具箱中确定前景色为默认状态，按下键盘上的〈Alt+BackSpace〉组合键，使用前景色将选区填充。

5）选择工具箱中的“移动工具”，使用此工具将选区中的图像拖动到新建的文档中，创建“图层 1”，如图 6-28 所示。

6）依据以上步骤，选择“人物 2.jpg”和“人物 3.jpg”文档中的空白图像，并将其拖动到“招贴广告”文档中，分别放置在图 6-29 所示的位置。

图 6-28　将图像拖动到新文档中

图 6-29　制作的人物剪影图像

2. 制作装饰色块和装饰线

1）在“图层”面板中，单击面板底部的“创建新图层”按钮，新建“图层 4”。

2）在工具箱中，单击“矩形选框工具”按钮，参照图 6-30 所示设置其选项栏，然后使用此工具在画布的右端和下端的边缘处绘制选区。

图 6-30　绘制选区

3）确定前景色为黑色后，按下键盘上的〈Alt+BackSpace〉组合键，使用前景色填充选区；完毕后，按下键盘上的〈Ctrl+D〉组合键，取消选区。

4）在“图层”面板中单击“创建新图层”按钮，创建“图层 5”，然后将“图层 5”拖动到“图层 1”的下面。

5）单击工具箱中的“自由钢笔工具”按钮，使用此工具绘制图 6-31 所示的选区。此路径可随意绘制，只要看起来美观、简洁、富有动感即可，切忌烦琐。绘制完成后，按〈Ctrl+Enter〉组合键，将路径转换为选区。

6）然后在工具箱中单击“前景色”按钮，打开“拾色器”对话框，将颜色调整成蓝色（R=35、G=24、B=252）；按下键盘上的〈Alt+BackSpace〉组合键，使用前景色填充选区；填充完毕后，按〈Ctrl+D〉组合键，取消选区，效果如图 6-32 所示。

图 6-31　绘制路径

图 6-32　填充选区后的效果

7）在“图层”面板中，将“图层 5”拖动到面板底部的“创建新图层”按钮处两次，创建“图层 5 拷贝”和“图层 5 拷贝 2”；然后分别对复制图像的颜色、大小进行调整，再将其交错放置，效果如图 6-33 所示。

8）在“图层”面板中，单击面板底部的“创建新图层”按钮，新建“图层 6”。

9）接下来制作装饰线。在工具箱中，将前景色调整为蓝色（(R=35、G24 且 B=252)）后，选择“直线工具”，参照图 6-34 所示设置其选项栏。设置完毕后按〈Shift〉键的同时，在右侧拖出一个带有箭头的直线。

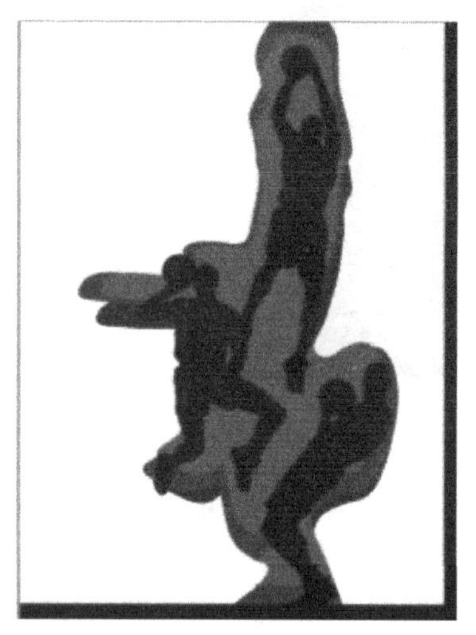

图 6-33 调整图像

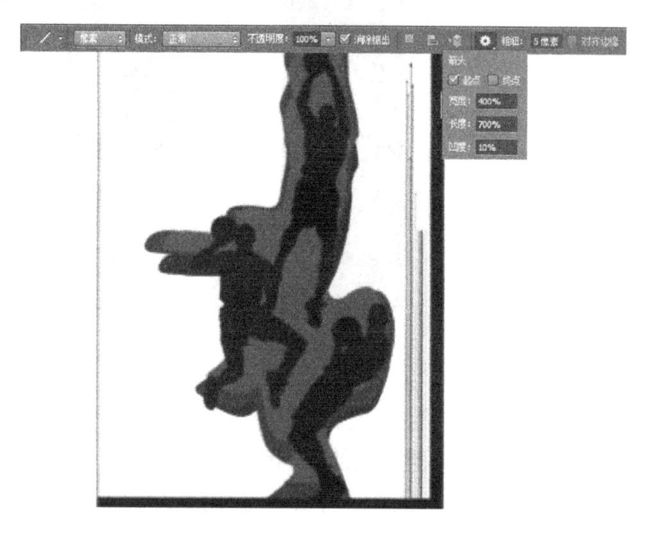

图 6-34 绘制直线

10）依据以上制作装饰线的方法，完成装饰线的制作，效果如图 6-35 所示。

图 6-35 完成装饰线的制作

3. 添加文字信息

1）使用工具箱中的“横排文字工具”，在其选项栏中单击“切换字符和段落面板”按钮，打开“字符”面板，参照图 6-36 所示设置字符参数。设置完毕后，在视图的底部输入“SPORTER”字样。

2）然后在“图层”面板底部单击图层样式按钮，在弹出的菜单中选择“渐变叠加”命令，打开“图层样式”对话框。如图 6-37 所示，对“渐变叠加”选项进行设置，图 6-38 所示为制作的黑白反向效果。

3）在“图层”面板底部单击“创建新图层”按钮，新建“图层 7”。使用工具箱中的“直排文字工具”，在其选项栏中单击“切换字符和段落面板”按钮，打开“字符”面板，参照图 6-39 所示设置字符参数。设置完毕后，在视图的右侧输入“进入 NBA，进入篮球的殿堂，运动无限，快乐无边!”字样，并将“NBA”改为红色。

4）在“图层”面板底部单击“创建新图层”按钮，新建“图层 8”。

5）在工具箱中将前景色设置为黑色，再单击“矩形选框工具”按钮，使用此工具在视图的左上角绘制一个矩形选区。把前景色设置为黑色，按〈Alt+BackSpace〉组合键，使用前景色填充选区。填充完毕后，按〈Ctrl+D〉组合键，取消选区。

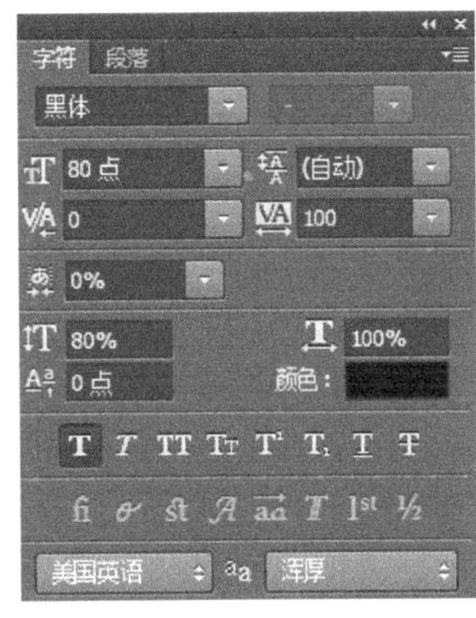

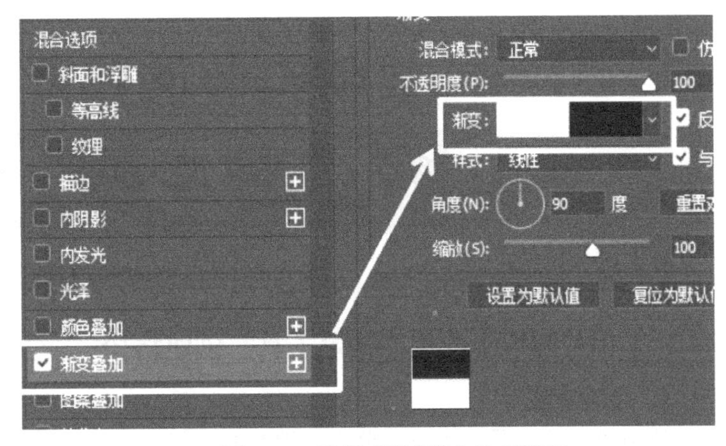

图 6-36 设置字体　　图 6-37 设置“渐变叠加”对话框

图 6-38 “渐变叠加”效果

6）在“图层”面板中，单击面板底部“添加图层样式”按钮，在弹出的菜单中分别执行“渐变叠加”“投影”“描边”命令，图 6-40 所示分别为对对话框进行的设置，为黑色色块添加“渐变叠加”“投影”“描边”效果。

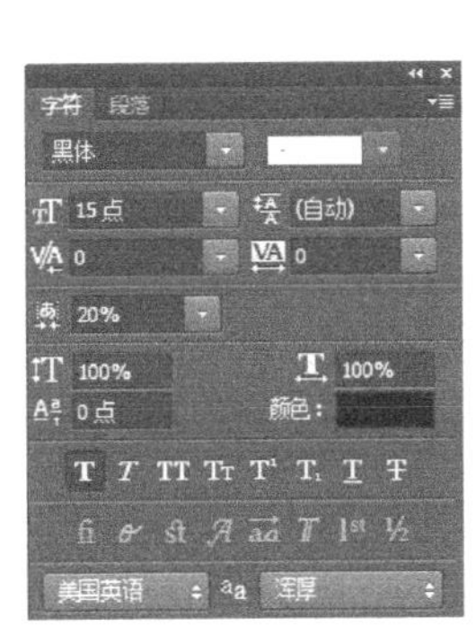

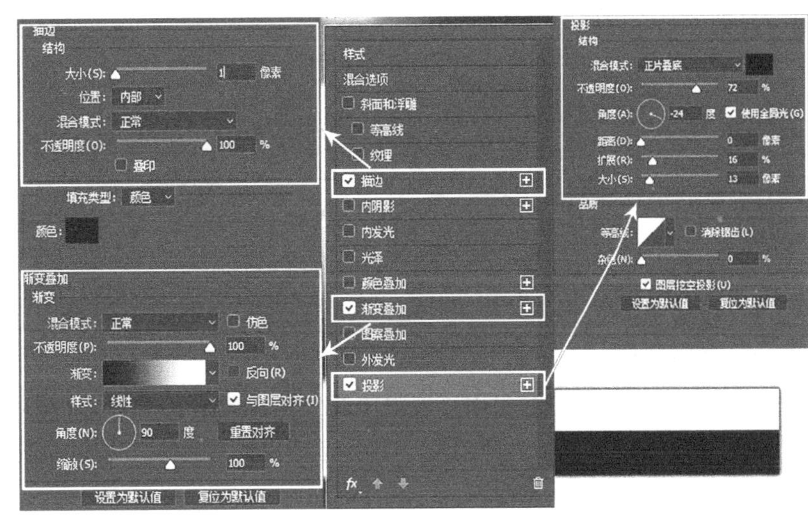

图 6-39 设置字体　　图 6-40 设置图层样式

7）根据以上学习到的设置文字的方法，创建图 6-41 所示的文字对象，并将其格式化。

8）最后在视图的左上方添加招贴广告的标语，如图 6-24 所示。现在招贴广告的制作已经完成。

图 6-41　制作的文字效果

6.2.2 【相关知识】使用“钢笔工具”创建路径

1. 绘制直线

使用“钢笔工具”可以十分方便地绘制直线，只需要在适当的位置单击即可创建锚点，从而完成直线或折线的创建。

如图 6-42 所示，将“钢笔工具”的触点移动到画布中需要绘制直线的开始点，单击确定第一个锚点。移动“钢笔工具”的触点到直线的另一个端点处，再次单击，可以看到两个锚点之间会以直线连接起来。

图 6-42　绘制直线

2. 绘制曲线

连接曲线的锚点分为平滑点和角点。平滑点是指连接平滑曲线的锚点，它位于线段中央，当移动平滑点的一条方向线时，将同时调整该点两侧的曲线段。如图 6-43 所示，角点临近的两条线段是非连续弯曲的，尖锐的曲线路径由角点连接，当移动角点的一条方向线时，只调整与方向线同侧的曲线段。

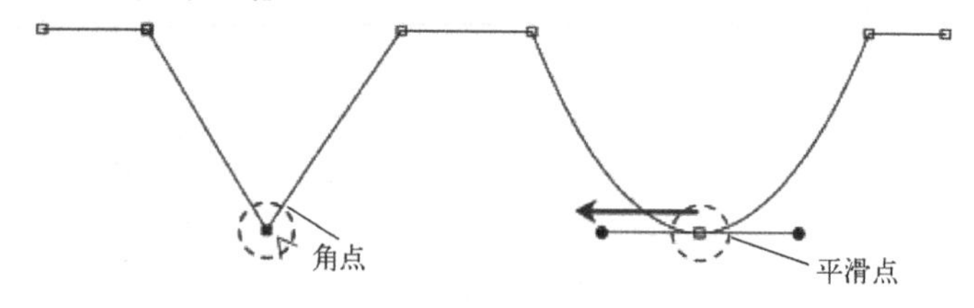

图 6-43　绘制曲线

3. 修改锚点

（1）添加锚点

如图 6-44 所示，首先用“选择工具”选中需要添加锚点的路径段，然后将“钢笔工具”移动到路径上，当“钢笔工具”处于选中的路径段时，将自动变为添加锚点工具，此时单击就可以添加一个锚点。

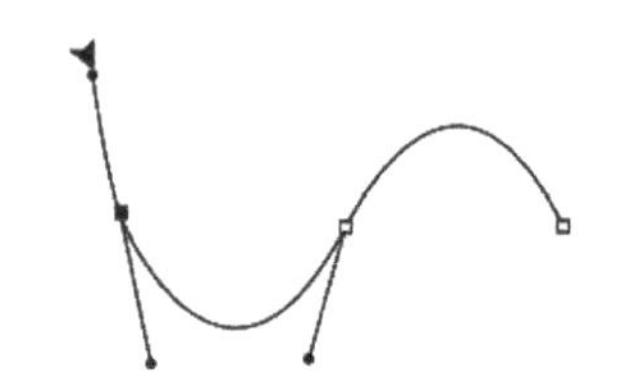
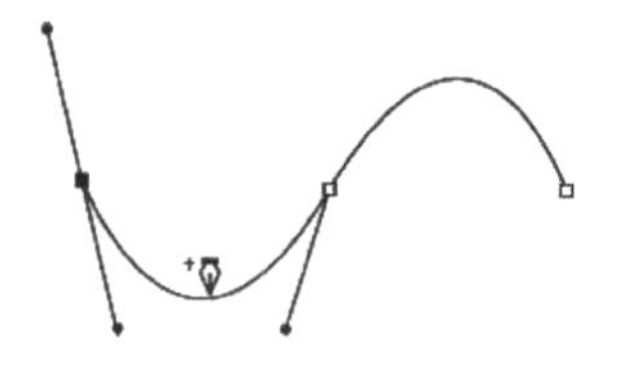

图 6-44　添加锚点

（2）删除锚点

如图 6-45 所示，首先用“选择工具”选中需要删除锚点的路径段，将“钢笔工具”移动到路径上，当“钢笔工具”处于选中的路径段的锚点上时，将自动变为“删除锚点工具”，此时单击就可以删除一个锚点。

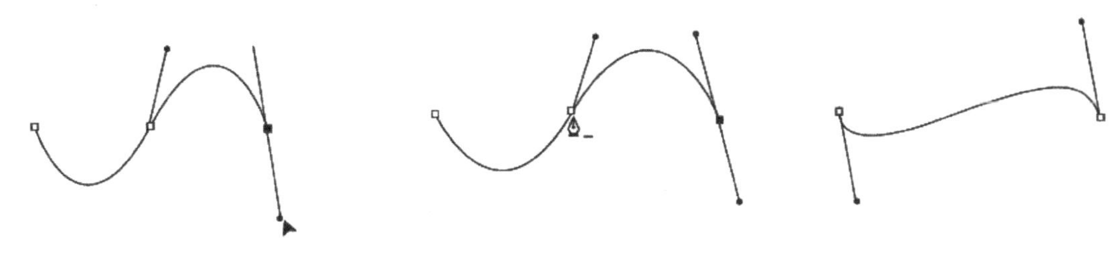

图 6-45　删除锚点

（3）转换锚点

如图 6-46 所示，选中“转换锚点工具”，单击曲线点就可以将曲线点变成直线点；如果拖动直线点，就可以拖出方向线，将它变成曲线点；如果拖动方向线的方向点，就可以改变方向线的方向，进而改变方向线所控制的弧线的形状。

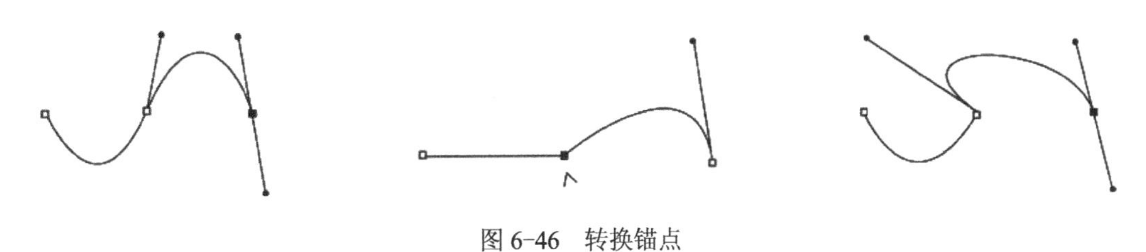

图 6-46　转换锚点

4．调整路径

如果想要移动整个曲线片断而不改变它的形状，用“直接选择工具”单击曲线片断的一端，然后按住〈Shift〉键单击曲线片断另一端的锚点处，即将曲线片断的所有锚点都选中，按住鼠标左键拖动就可以移动路径的位置而不改变它的形状。

如果想要移动一条直线段，可以使用“直接选择工具”单击直线段，然后按住鼠标左键进行拖动即可。

5．自由钢笔工具

“自由钢笔工具”可以通过记录鼠标自由滑动的轨迹来创建路径，按住鼠标左键拖动，绘制路径开始，释放鼠标，绘制路径结束。下一段路径的起点若放置到上一段路径的终点处，则两条路径自动连接起来，若将鼠标指针拖动到起点处，就可以封闭路径。

6.3　路径的创建与编辑及路径描边

6.3.1 【案例 6–3】二维卡通形象的绘制

“二维卡通形象的绘制”案例的效果如图 6-47 所示。

二维码 6-3
二维卡通形象的绘制

图 6-47 “二维卡通形象的绘制”案例效果

【案例设计创意】

该案例是绘制二维卡通形象。在现代商业活动中，吉祥物越来越广泛地被运用于各个领域，吉祥物形象大多亲切、可爱，用来塑造代言形象，达到备受瞩目的效果。

【案例目标】

通过卡通形象绘制，学生可掌握由线描稿到色彩稿的制作方法，为学生的二维动画制作打下基础。

制作构思，可分以下 3 步完成。

1）用“钢笔工具”勾勒出其外轮廓。

2）用“钢笔工具”把耳朵、脸、肚子的形状抠出来并填充颜色。

3）用“画笔工具”画出高光和放光部分。

【案例的制作方法】

1）选择菜单“文件”→“打开”命令，打开素材“线稿图”，如图 6-48 所示。

图 6-48 线稿图

2）新建图层，用“钢笔工具”勾勒出其外轮廓，设置前景色为黑色，并在“路径”面板中右击该路径，选择“描边路径”命令，描边后的效果如图 6-49 所示。

3）设置填充颜色（R=249、G=163 且 B=52），并在“路径”面板中右击该路径，选择“填充路径”命令，填充路径后的效果如图 6-50 所示。

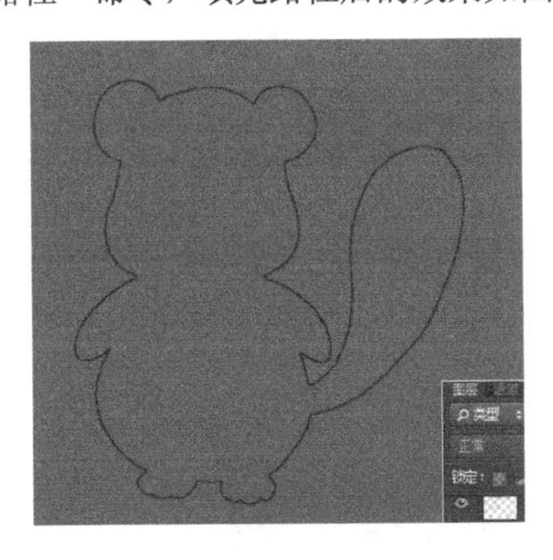

图 6-49　描边后的效果

图 6-50　完成后的效果

4）将前景色设置为（R=255、G=253 且 B=215）。打开“路径”面板，在右下角单击“创建新路径”按钮，选择新建路径图层，再用“钢笔工具”把耳朵、脸、肚子的形状抠出来。选中刚创建的新路径并右击，选中“填充路径”命令，填充前景色，如图 6-51 所示。

5）用“钢笔工具”勾勒出条纹，并填充，效果如图 6-52 所示。

图 6-51　绘制耳朵、脸、肚子的形状后填充颜色

图 6-52　制作条纹

6）用相同的方法画出眼睛、鼻子、嘴巴，用“加深工具”“减淡工具”或“画笔工具”画出其涂黑部，如图 6-53 所示。

7）用同样的方法画出中间色和亮色，并绘制出五官部分，如图 6-54 所示。

8）最后用“画笔工具”点出高光和放光部分，颜色设置如图 6-55 所示，整个作品就完成了。

图 6-53　绘制暗部

6.3.2 【相关知识】填充、描边和编辑路径

1. 填充路径

填充路径的步骤如下。

图 6-54　完成后的效果

图 6-55　颜色设置

1）用“魔棒工具”选择图像中的剪纸区域，如图 6-56 所示。

2）在“路径”面板菜单中选择“建立工作路径”命令，弹出“建立工作选区”对话框，指定容差值为 0.5。

3）在“路径”面板菜单中选择“填充路径”命令，弹出“填充路径”对话框。在此对话框中可以指定各个选项的设定值。

4）完成设置后，单击“确定”按钮。在“路径”面板的空白处单击将路径关闭，得到最终的效果图，如图 6-57 所示。

2. 描边路径

搭边路径的步骤如下。

1）用“魔棒工具”选择图像中的剪纸区域。

2）在“路径”面板菜单中选择“建立工作路径”命令，弹出“建立工作选区”对话框。

3）在“路径”面板菜单中选择“描边路径”命令，弹出“描边路径”对话框。

4）选择所需的画笔，执行“描边路径”命令，效果如图 6-58 所示。

3. 编辑路径

（1）存储路径

使用路径工具创建好路径后，单击“路径”面板右上角的“面板”按钮，选择

“存储路径”命令。在弹出的对话框中输入路径的名称后，单击“确定”按钮，路径将存储起来。

图 6-56　选择剪纸区域

图 6-57　填充路径后的效果

图 6-58　描边路径后的效果

（2）删除路径

要删除当前路径，选中路径后右击，在弹出的快捷菜单中选择“删除路径”命令或者直接将路径拖到“路径”面板下方的“删除路径”按钮上即可。

（3）复制路径

如图 6-59 所示，选中要复制的路径后右击，在弹出快捷菜单中选择“复制路径”命令，或者直接将路径拖到“路径”面板下方的“创建新路径”按钮上即可。

图 6-59　复制路径

（4）更改路径名

双击“路径”面板中的路径名称部分就会变成输入框，直接输入新的路径名即可。

（5）转换路径与选区

如图 6-60 所示，勾勒好路径后，可以将路径转换成浮动的选择线，用鼠标将“路径”面板中的路径拖到面板下方的“将路径作为选区载入”按钮上，路径包含的区域就变成了可编辑的图像选区。

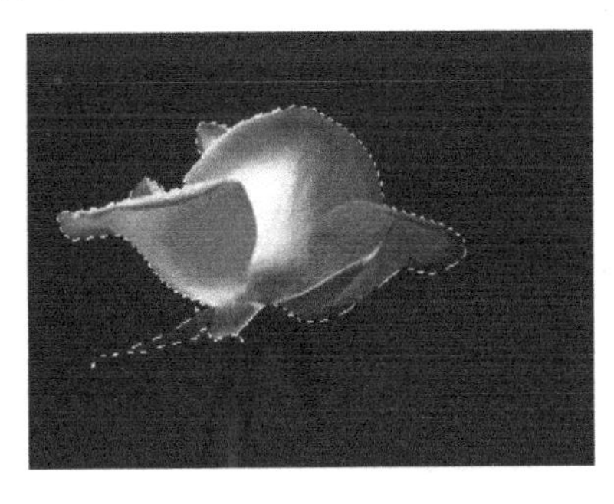

图 6-60　转换路径和选区

6.4 动作

6.4.1 【案例 6-4】批量制作邮票

二维码 6-4
批量制作邮票

批量制作邮票案例的效果如图 6-61 所示。

图 6-61 “批量制作邮票”案例的效果

【案例设计创意】

将大批量的图片进行更改，如增加水印、改变颜色、套用外框、添加公司标志等。

【案例目标】

通过本案例学习，读者可以掌握 Photoshop CC 2017 的自动批处理功能。

制作构思，可分以下 3 步完成。

1）单击“动作”面板上的“新建动作”按钮新建一动作，并命名为“邮票效果动作”。

2）单击工具箱中的“自定形状工具”按钮，选取“邮票形状”工具，设置文字。

3）运用自动批处理改变所有的图片，在“批处理”对话框中进行设置。

【案例的制作方法】

1）把需要编辑邮票效果的所有图片复制到一个新建的文件夹，在 Photoshop CC 2017 里双击灰色工作区域打开其中的一个文件。

2）打开“动作”面板（选择菜单“窗口”→“动作”命令或按〈Alt+F9〉组合键）。

3）单击“动作”面板下方文件夹状的按钮以新建动作组，如图 6-62 所示，在弹出的面板中将动作组命名为“邮票效果”。

4）单击“动作”面板上的“新建动作”按钮新建动作，并命名为“邮票效果动作”，功能键为〈F2〉，颜色为“橙色”，单击“记录”按钮开始进行“邮票效果动作”的录制。

5）按〈Ctrl+Alt+I〉组合键调整图像文档的高度为 280 像素。按〈Ctrl+A〉组合键全选选区，按〈Ctrl+C〉组合键复制图像。

6）按住〈Ctrl〉键双击灰色工作区域，新建文件名为“邮票”、大小为 220 像素×280 像素的文件。按〈Ctrl+V〉组合键粘贴图像，如图 6-63 所示。

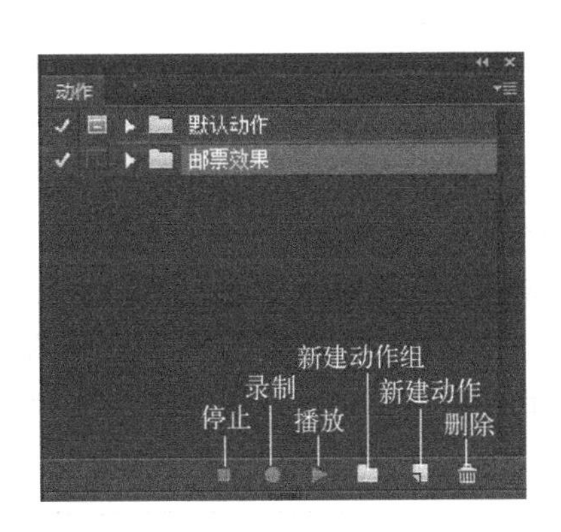

图 6-62　新建一动作组

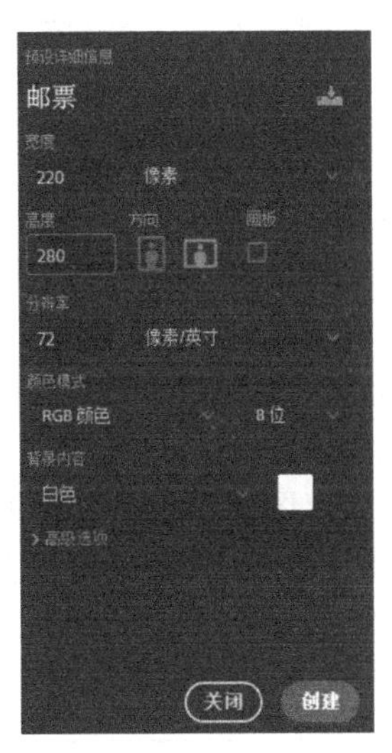

图 6-63　新建文档

7）按〈Ctrl+A〉组合键全选邮票文档选区，选择菜单“图层”→“图层与选区对齐”→“水平居中”命令，按〈Ctrl+D〉组合键取消选区。

8）选择“自定形状工具”。在工具属性栏中单击“形状”旁的下拉箭头并选取“邮票 2”。如图 6-64 所示，单击自定形状按钮旁的下拉箭头，在出现的“自定形状选项”中选择“邮票形状”。

9）在邮票文档中新建图层，按〈D〉键复位前景色及背景色，选择“交换色板”（或按〈X〉键交换前景色和背景色），让前景色为白色，背景色为黑色，使用“自定形状工具”绘制出“邮票 2”外观。选择该图层并右击该图层，选择“格式化图层”

10）在当前邮票框图层中，按〈W〉键用“魔棒工具”选取邮票框外围选区。如图 6-65 所示，选择图片图层，按〈Delete〉键删除路径，按〈Delete〉键删除选区内的图像，按〈Ctrl+D〉组合键取消选区。

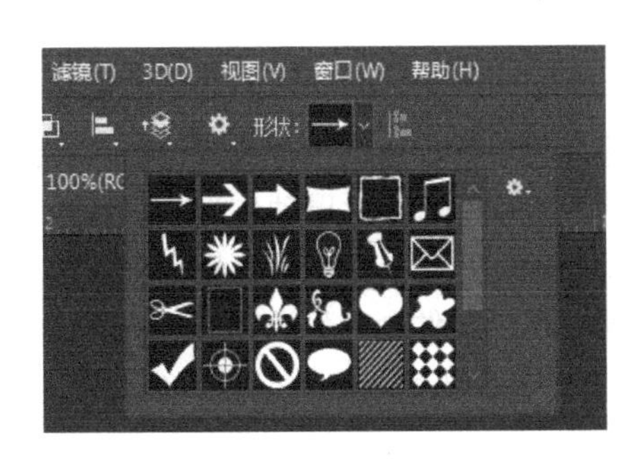

图 6-64　选取“邮票形状”

图 6-65　用“魔棒”选取邮票框外围选区

11）选择“直排文字工具”，选择“图层”面板最上方的图层，选择要插入的文字位置按〈Ctrl+T〉组合键弹出字体工具设置面板，设置字体为“黑体，18 点”，宽度缩放为“120”，“消除锯齿”为“锐利”，取消倾斜，其余选项默认。在文档的右上角位置单击鼠标左键。

12）竖排输入“中国邮政”。

13）同样，在邮票左下角输入文字“80 分”，设置字体形状及大小，效果如图 6-66 所示。

14）按〈Ctrl〉键，在“图层”面板中依次选取除“背景”图层外的所有图层，按〈Ctrl+E〉组合键合并已选图层，按〈Ctrl+A〉组合键全选图像，选择菜单“图像”→“裁切”命令裁切图像，按〈Ctrl+D〉组合键取消选区。

15）双击“图层”面板中合并图层的灰色区域或单击面板下方的“图层样式”按钮，在弹出的“图层样式”对话框中选择“投影”复选框，将投影的“不透明度”设置为“25%”，设置“角度”为“120”，其余默认。单击“好”按钮结束图层样式的编辑，效果如图 6-67 所示。

图 6-66　设置文字后的效果

图 6-67　设置投影后的效果

16）按〈Shift+Ctrl+E〉组合键合并可见图层，按〈Ctrl+Shift+S〉组合键另存储文件为“JPEG”格式到一个新建的空文件夹中。文件名不改动。

17）按〈Ctrl+W〉组合键关闭当前文档，按〈Ctrl+W〉组合键关闭图像文档，在弹出的“是否保存改动”提示对话框中单击“否”按钮。

18）按下“动作”面板下方的“停止”按钮，结束“邮票效果动作”的编辑。

19）通过自动批处理改变所有的图片。选择菜单“文件”→“自动”→“批处理”命令弹出“批处理”对话框，选择组为“邮票”，动作为“邮票效果动作”。“源”文件地址选取用户所需要改变的文件的文件夹地址，“目标”地址为用户所需要存储文件的文件夹地址，选择“覆盖动作中的“存储为”命令”复选框；在“文件命名”选项区域内为改后的文件命名。具体设置可参考图 6-68 所示，单击“确定”按钮开始动作的批量执行。

20）最后打开以查看效果，如图 6-61 所示。

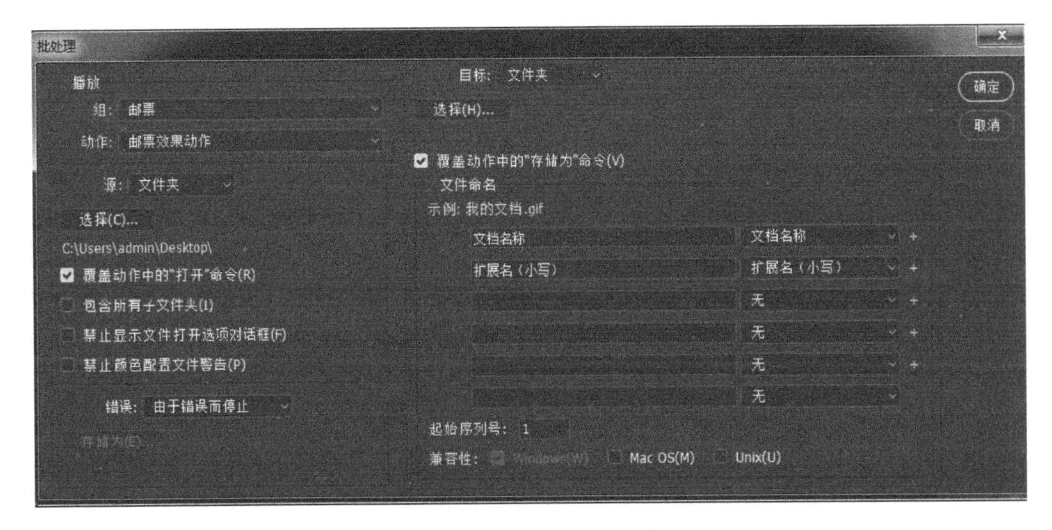

图 6-68　自动批处理对话框

6.4.2 【相关知识】“动作”面板

“动作”面板显示在 Photoshop CC 2017 主窗口右侧的面板栏中。

使用“动作”面板可以记录、播放、编辑和删除个别动作，还可以用来存储和载入动作文件，如图 6-69 所示。

1．播放动作

如果要播放整个动作，可选择该动作的名称，然后在“动作”面板中单击“播放”按钮，或从面板菜单中选取“播放”命令。如果为动作指定了组合键，则按该组合键就会自动播放动作。如果要播放动作的一部分，可选择要开始播放的命令，并单击“动作”面板中的“播放”按钮，或从面板菜单中选取“播放”命令。

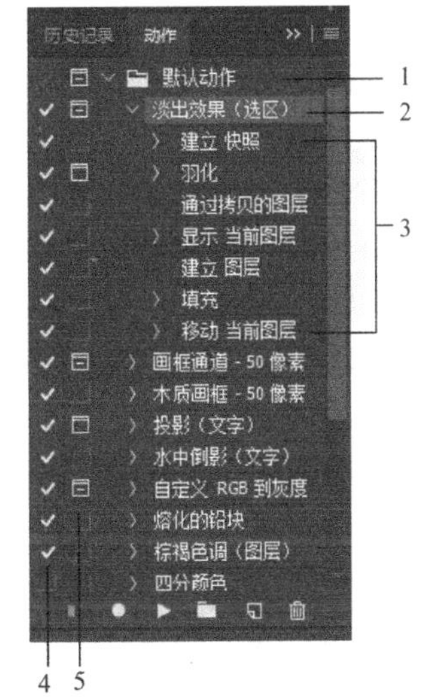

图 6-69　“动作”面板

1—动作组　2—动作　3—已记录的命令

4—包含的命令　5—模态控制（打开或关闭）

2．记录动作

记录动作时应注意以下原则。

- 可以记录大多数命令，而非所有命令。
- 可以记录用选框、移动、多边形、套索、魔棒、裁剪、切片、魔术橡皮擦、渐变、油漆桶、文字、形状、注释、吸管和颜色取样器等工具执行的操作，也可以记录在历史记录、色板、颜色、路径、通道、图层、样式和动作等面板中执行的操作。

3．记录动作方法

记录动作的具体步骤如下。

1）打开创建动作的图像文件，在“动作”面板中单击“创建新动作”按钮，在弹出的“新建动作”对话框中输入动作的名称。

2）单击“记录”按钮，“动作”面板中的“记录”按钮变成红色。

3）执行要记录的操作和命令。

4. 编辑动作

（1）插入不可记录的命令

对于无法记录的绘画和色调工具、工具选项、“视图”命令和“窗口”命令，可以使用“插入菜单项目”命令将其插入到动作中。

在记录动作时或动作记录完毕后可以插入命令。插入的命令在播放动作时才执行，因此插入命令时文件保持不变。命令的任何值都不记录在动作中。如果命令打开一个对话框，在播放期间将显示该对话框，并且暂停动作，直到单击“确定”或“取消”按钮为止。

（2）插入路径

可以使用“插入路径”命令将复杂的路径作为动作的一部分包含在内。播放动作时，工作路径被设置为所记录的路径。在记录动作时或动作记录完毕后可以插入路径，步骤如下。

1）开始记录动作。选择一个动作的名称，在该动作的最后记录路径，或选择一个命令，在该命令之后记录路径。

2）从“路径”面板中选择现有的路径。

3）从“动作”面板菜单中选取“插入路径”。

（3）插入停止

可以在动作中包含停止，以便执行无法记录的任务，如使用绘画工具等。

完成任务后，可单击“动作”面板中的“播放”按钮完成动作。在记录动作时或动作记录完毕后可以插入停止。也可以在动作停止时显示一条短信息。例如，可以提醒自己在动作继续前需要做的操作，可以选择将“继续”按钮包含在消息框中。这样用户就可以检查文件中的某个条件是否满足要求，如果不需要执行任何操作则继续。

（4）在动作中添加命令

可以将命令添加到动作中，步骤如下。

1）选择动作的名称，在该动作的最后插入新命令，或者选择动作中的命令，在该命令之后插入命令。

2）单击“记录”按钮，或从“动作”面板菜单中选取“开始记录”命令，记录其他命令。

3）单击“停止”按钮停止记录。

（5）排除或包含命令

在列表模式下排除命令的步骤如下。

1）单击要处理的动作左侧的三角形来展开动作中的命令列表。

2）单击要排除的特定命令左侧的选中标记，再次单击可以包括该命令。要排除或包括一个动作中的所有命令，单击该动作名称左侧的选中标记即可。

（6）设置模态控制

模态控制可使动作暂停以便在对话框中指定值或使用模态工具。只能为启动对话框或模态工具的动作设置模态控制。如果不设置模态控制，则播放动作时不出现对话框，并且不能更改已记录的值。

（7）再次记录动作

再次记录动作的步骤如下。

1）选择动作，然后从“动作”面板中选取“再次记录”命令。

2）对于模态工具，可使用工具创建更理想的效果，然后单击“确定”按钮。

3）对于对话框，可更改设置，然后单击“确定”按钮记录设置。

（8）存储和载入动作

默认情况下，“动作”面板显示预定义的动作和用户创建的所有动作，也可以将其他动作载入“动作”面板。

动作自动存储在安装文件夹的预置动作子文件夹中。如果此文件丢失或被删除，创建的动作也将丢失或删除。可以将创建的动作存储在一个单独的动作文件中，以便在必要时可恢复它们。在 Photoshop CC 2017 中，也可以载入与该程序一起提供的多个动作组。

6.5 本章小结

本章系统介绍了路径的绘制与编辑操作，以及动作的应用。用户可以使用 Photoshop CC 2017 提供的“路径工具”绘制并编辑各种矢量图形。

6.6 练习题

1. 调出的文件如图 6-70 所示，使用“路径工具”沿树袋鼠的外轮廓绘制一个封闭的图形。将上方轮廓填充为纯黄色，绘制纯黑色圆点来作为眼睛，绘制纯红色圆点来作为鼻子，在下方轮廓四周添加纯黑色带白色羽状边效果，最终效果如图 6-71 所示。

图 6-70　练习 1 素材

图 6-71　最终效果

2. 调出的文件如图 6-72 所示，使用“路径工具”沿雉的外轮廓绘制一个封闭的图形。将左侧轮廓填充为纯黑色，绘制纯白色圆点作为眼睛，将右侧轮廓填充为纯黄色，绘制纯黑色圆点作为眼睛，最终效果如图 6-73 所示。

3. 调出的文件如图 6-74 所示，使用“路径工具”沿鸟的外轮廓绘制一个封闭的图形。将上侧轮廓填充为黄绿渐变，绘制黑色圆点作为眼睛，在下侧制作简易阴影效果，最终效果如图 6-75 所示。

图 6-72　练习 2 素材

图 6-73　最终效果

图 6-74　练习 3 素材

图 6-75　最终效果

4．制作出图 6-76 所示的刀面的效果。

5．制作出图 6-77 所示的明信片的效果。

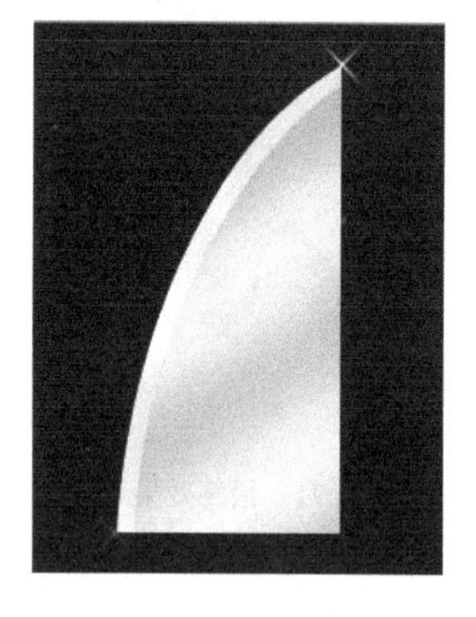

图 6-76　刀面效果

图 6-77　明信片

第 7 章　滤镜的应用

【教学目标】

本章中将介绍 Photoshop 中的各种滤镜参数的含义和使用方法，重点介绍常用的几个滤镜组，如模糊滤镜、扭曲滤镜，风格化像素化和锐化、滤镜，纹理、素描、杂色和自定义滤镜，渲染艺术效果和视频滤镜等。另外还介绍液化滤镜。本章知识要点、能力要求及相关知识如表 7-1 所示。

【教学要求】

表 7-1　本章知识要点、能力要求及相关知识

知 识 要 点	能 力 要 求	相 关 知 识
滤镜的通用特点、滤镜库的使用技巧	理解	滤镜的通用特点、滤镜的使用技巧
模糊、扭曲、风格化、像素化、锐化	掌握	模糊、扭曲、风格化、像素化、锐化滤镜的参数和使用
纹理、素描、杂色、自定、渲染、艺术效果	掌握	纹理、素描、杂色、自定、渲染、艺术效果参数和使用
视频、液化滤镜	理解	视频、液化滤镜的参数和使用
液化滤镜	掌握	液化滤镜的参数设置

【设计案例】

（1）木纹相框

（2）雨中别墅

（3）制作瀑布

（4）“生命在于运动”宣传海报

（5）蓝天白云

（6）节约用水公益广告

7.1　滤镜的通用特点、模糊与扭曲滤镜

7.1.1 【案例 7-1】木纹相框

木纹相框案例的效果如图 7-1 所示。

【案例设计创意】

本例制作的是一个木制的相框。制作相框的关键在于制作出较逼真的木纹材质效果，在此基础上可以扩展制作出竹子表面纹理等。

【案例目标】

通过本案例的学习，读者可掌握模糊滤镜和扭曲滤镜的使用。

二维码 7-1
木纹相框

图 7-1 “木纹相框”最终效果

【案例的制作方法】

1）选择菜单“文件”→“新建”命令（〈Ctrl+N〉组合键），在打开的对话框中设置文档的“宽度”为 15 厘米，“高度”为 10cm，“分辨率”为 72 像素/英寸，颜色模式为“RGB 颜色”，“背景内容”为白色，命名为“木纹相框”。

2）按〈D〉键，让前景色和背景色恢复默认（前黑/背白），按〈Ctrl+Shift+N〉组合键打开“新建图层”对话框，在“名称”文本框中输入“木纹”，按〈Enter〉键确认，选择菜单“滤镜”→“渲染”→“云彩”命令，单击“确定”按钮，效果如图 7-2 所示。

3）选择菜单“滤镜”→“杂色”→“添加杂色”命令，在“添加杂色”对话框中，设置“数量”为 400，将“分布”设置为“高斯分布”，并选中“单色”复选框，单击“确定”按钮，如图 7-3 所示。

图 7-2 应用“云彩”的图像

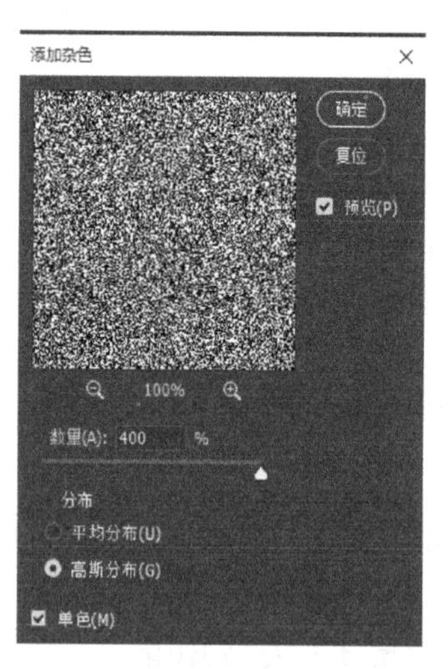

图 7-3 “添加杂色”对话框

4）选择菜单“滤镜”→“模糊”→“动感模糊”命令，在“动感模糊”对话框中将“角度”设为 0°，将“距离”设置为 999 像素，如图 7-4 所示。如果达不到想要的效果，可以多次按〈Ctrl+F〉组合键执行“动感模糊”滤镜。

5）选择菜单“滤镜”→“模糊”→“高斯模糊”命令，在“高斯模糊”对话框中将“半径”设为 1 像素，如图 7-5 所示。

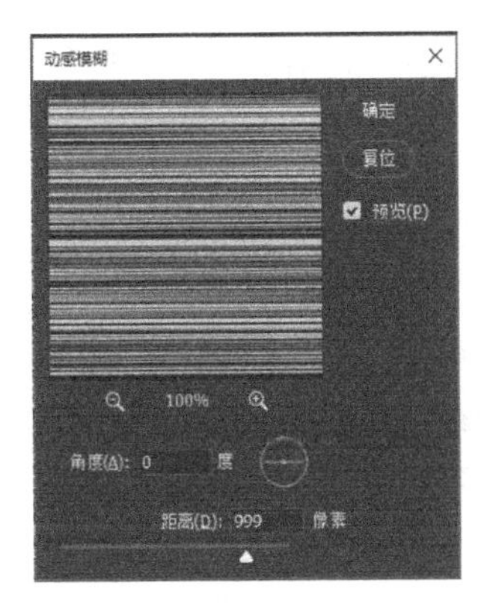

图 7-4 “动感模糊”对话框

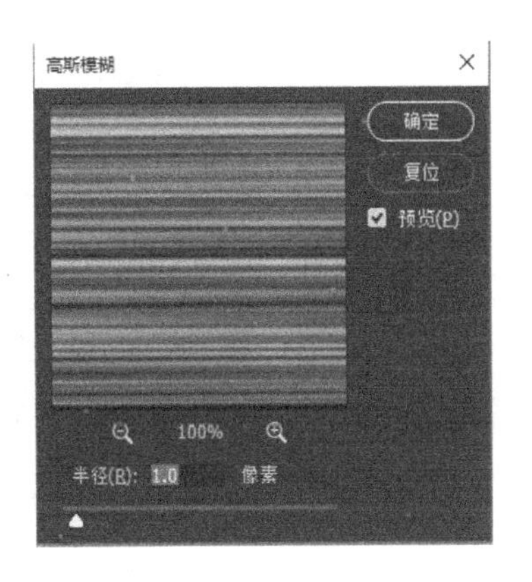

图 7-5 “高斯模糊”对话框

6）选择工具箱中的“矩形选框工具”，在任意处选择“横长形的选区”，如图 7-6 所示。选择菜单“滤镜”→“扭曲”→“旋转扭曲”命令，在“旋转扭曲”对话框中将“角度”设置为-126°，如图 7-7 所示。

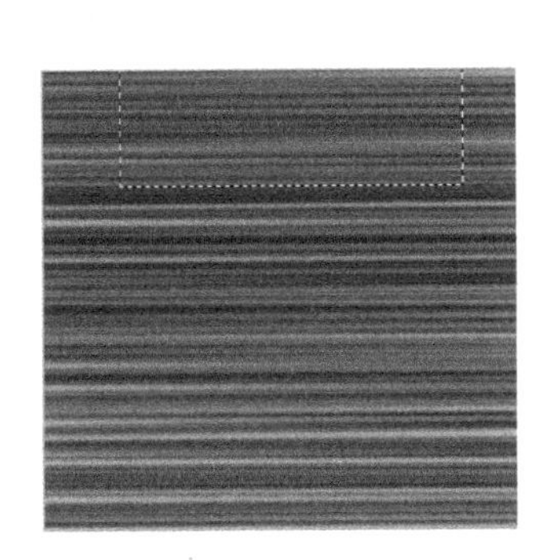

图 7-6 用“矩形选框工具”选取的选框

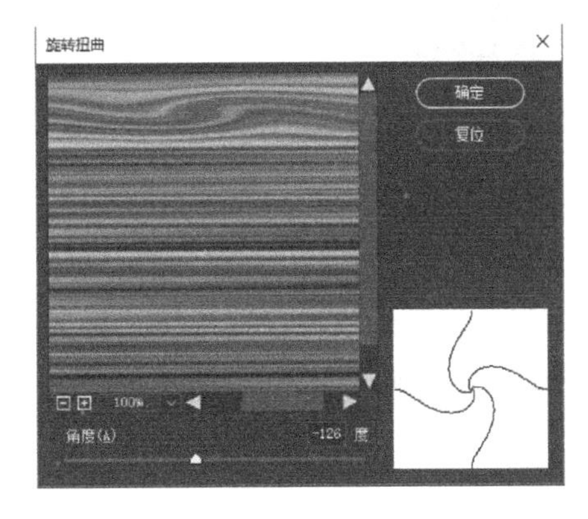

图 7-7 “旋转扭曲”对话框

7）使用与步骤 6）同样的方法，接下来多次重复使用刚才框选的选区（也可以重新建立选区），将选区每移动到一个不同的区域，使用“旋转扭曲”滤镜以不同的旋转角度制作出木纹效果，如图 7-8 所示，按〈Ctrl+D〉组合键取消选区。注意：用鼠标（或键盘上的方向键）移动选区时，要保证工具箱中的当前所选的工具是“矩形选框工具”，否则移不动。

8）为木纹材质着色。选择菜单“图像”→“调整”→“色相/饱和度”命令，在弹出的对话框中选中“着色”复选框，将“色相”设置为 29，将“饱和度”设置为 39，将“明度”设置为 28，如图 7-9 所示，单击“确定”按钮，效果如图 7-10 所示。

9）打开一幅名为“宝宝.jpg”图像文件，如图 7-11 所示，按〈Ctrl+A〉组合键全选，按〈Ctrl+C〉组合键复制。回到“木纹相框”文档，选择“木纹”图层，按〈Ctrl+A〉组合键全选，按〈Ctrl+Shift+V〉组合键原位贴入。“图层”面板上多出一个名为“图层 1”的图层，将该图层重命名为“宝宝”，按〈Ctrl+T〉组合键激活变形选区，将宝宝图像调整到适当的大小。

10）将“宝宝”图层移到“木纹”图层的下方并选中“木纹”图层，单击工具箱中的“矩形选框工具”按钮，建立矩形选区，如图 7-12 所示。按〈Delete〉键清除选区内容，但不能取消选区，如图 7-13 所示。注意：为了更好地框选，可以拖出几条辅助线（青绿色）。

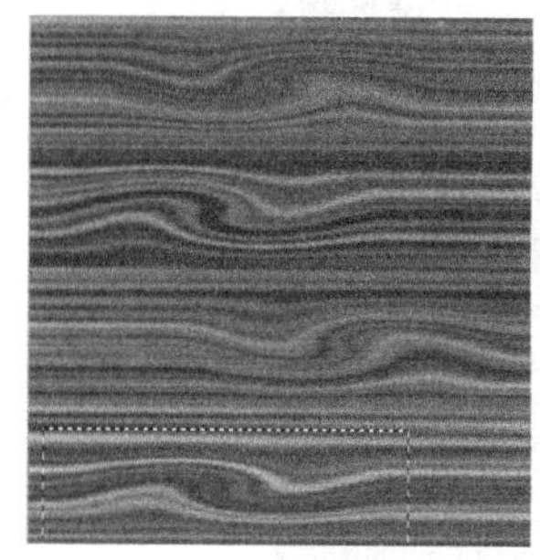

图 7-8　木纹效果

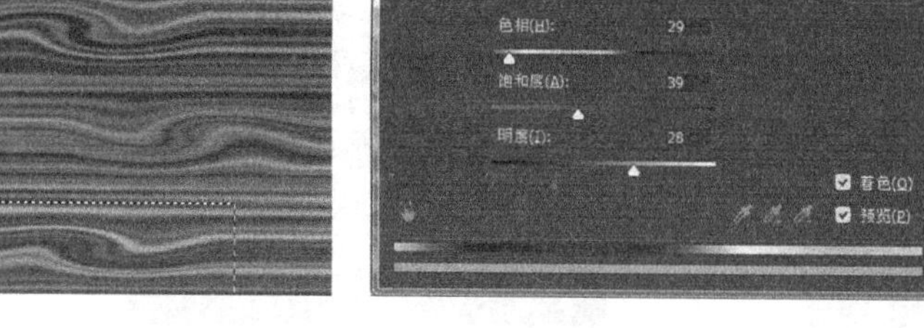

图 7-9 “色相/饱和度”对话框

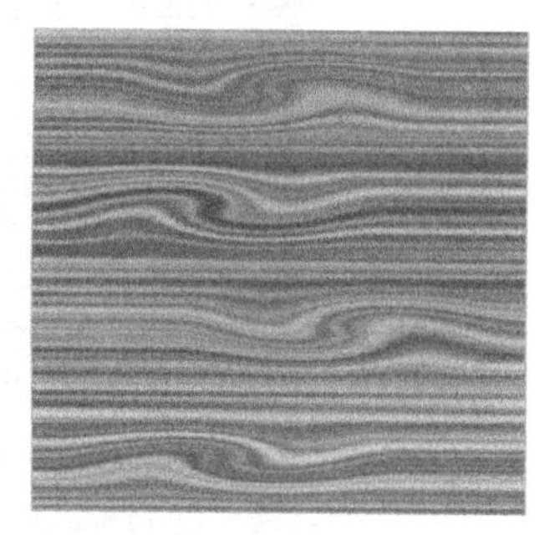

图 7-10 “着色”后的效果

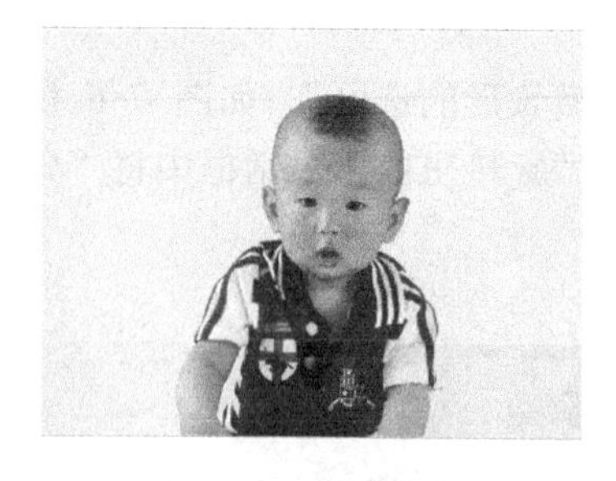

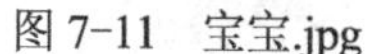

图 7-11　宝宝.jpg

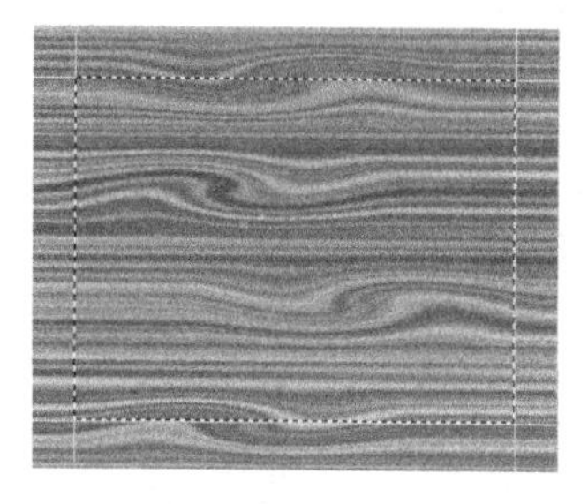

图 7-12　矩形选区

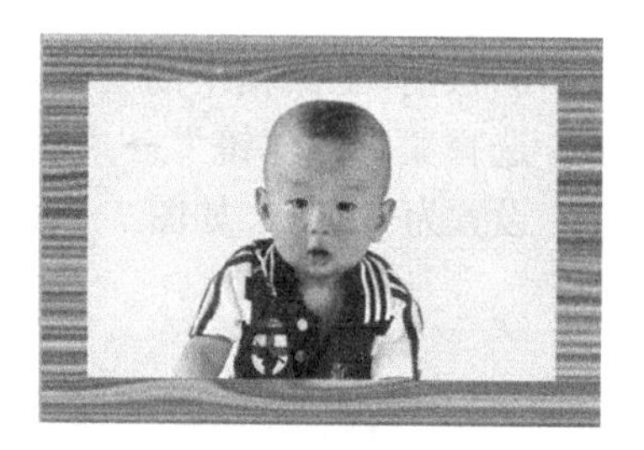

图 7-13　按 Delete 键后效果

11）双击“木纹”图层，打开“图层样式”对话框。在“图层样式”对话框中，选择左边的“斜面和浮雕”选项，在右边将“样式”设置为“内斜面”，其他参数使用默认值即可，单击“确定”按钮，如图 7-14 所示。

12）按〈Ctrl+D〉组合键取消选区，使用与步骤 6）同样的方法，为“木纹”图层加内阴影，参数默认即可。

13）单击“图层”面板下的“创建新图层”按钮，将前景色设置为粉红色（R=239，G=145，B=139），单击工具箱中的“直排文字蒙版工具”按钮，输入文字“快乐成长”，设置字体为华文彩云，设置大小为 28，按〈Alt+Delete〉组合键用前景色填充，按〈Ctrl+D〉组合键取消选区，效果如图 7-15 所示。

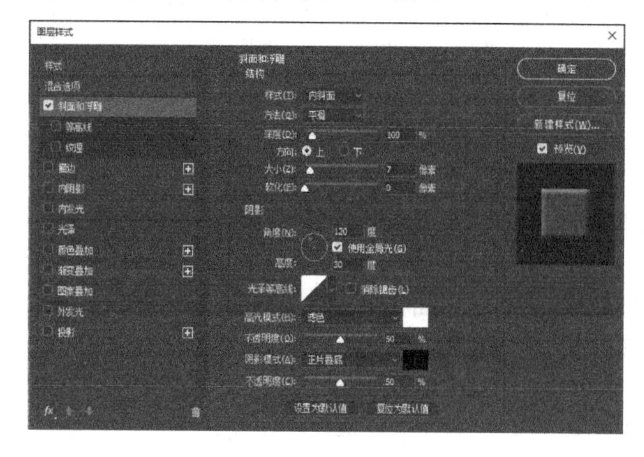

图 7-14　设置“斜面和浮雕”参数

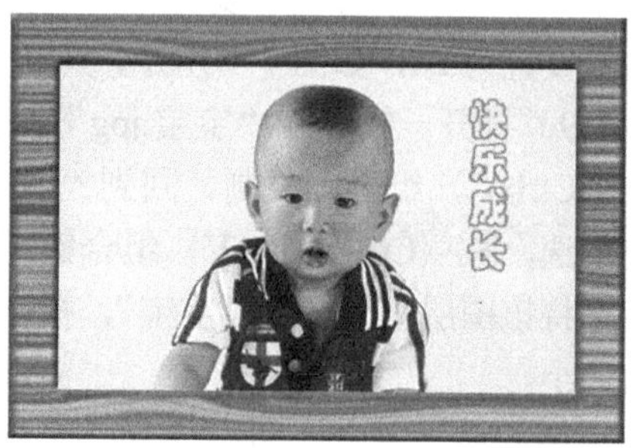

图 7-15　添加图层样式和文字后的图像

7.1.2 【相关知识】滤镜的通用特点、模糊与扭曲滤镜

1．滤镜的通用特点

滤镜是 Photoshop 中具有吸引力的功能之一，它就像一个魔术师，可以把普通的图像变为视觉非凡的艺术作品。

使用滤镜的实质是将整幅图像或选区中的图像进行特殊处理，将各个像素的色度和位置数值进行随机或预定义的计算，从而改变图像的形状。

从 Photoshop CS2 开始，在滤镜方面有了较大的改进，对“风格化”“画笔描边”“扭曲”“素描”“纹理”“艺术效果”几个滤镜的对话框进行了合成，生成了“滤镜库”，被单独列在“滤镜”菜单（“滤镜”→“滤镜库”），使操作更加方便了，同时可以非常方便地在各滤镜之间进行切换。

（1）滤镜的作用范围和滤镜对话框中的预览

1）滤镜的作用范围：如果图像中创建了选区，则滤镜的作用范围是当前可见图层选区中的图像，否则是整个当前可见图层的图像。

2）滤镜对话框中的预览：选择滤镜的菜单命令后，会弹出一个相应的对话框。例如，选择菜单“滤镜”→“模糊”→“高斯模糊”命令，弹出“高斯模糊”对话框，如图 7-16 所示。对话框中均有预览框，选中它后，可以在画布中看到图像经过滤镜处理后的预览效果。单击预览窗口下的放大和缩小按钮可将预览图像放大或缩小。将光标移至预览框内，拖动鼠标，可移动预览内的图像。如果要查看某一区域内的图像，可以将光标放到文档中，光标会变为方框状，如图 7-17 所示。单击鼠标，滤镜预览框内显示单击处的图像，如图 7-18 所示。

图 7-16 “高斯模糊”对话框

图 7-17 光标变为“方框”状

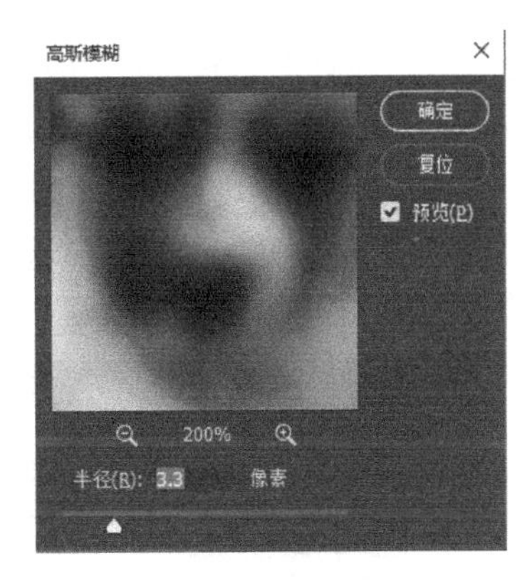

图 7-18 显示单击处的图像

（2）重复使用刚刚用过的滤镜

当刚刚使用过一次滤镜后，“滤镜”菜单中的第一个子菜单命令是刚刚使用过的滤镜名称，其组合键是〈Ctrl+F〉。

1）按〈Ctrl+F〉组合键，可以再次执行刚刚使用过的滤镜，对滤镜效果进行叠加。

2）按〈Ctrl+Alt+F〉组合键，可以重新打开刚刚执行的滤镜对话框。

3）按〈Shift+Ctrl+F〉组合键，可以弹出“渐隐”对话框，利用它可以调整图像的不透明度和图像混合模式。

4）按〈Ctrl+Z〉组合键，可以在使用滤镜后的图像与使用滤镜前的图像之间切换。

（3）滤镜使用规则和技巧

Photoshop 中的滤镜具有以下几个相同的特点，我们在操作时需要遵守这些规则，才能更准确、有效地处理图像。

1）首先，使用滤镜处理图层中的图像时，该图层必须是可见的。

2）滤镜可以处理图层蒙版、快速蒙版和通道。

3）滤镜的处理效果是以像素为单位进行计算的，因此，使用相同的滤镜参数处理不同分辨率的图像，其效果不同。

4）只有“云彩”滤镜可以应用在没有像素的区域，其他滤镜都必须应用在包含像素的区域，否则不能使用滤镜。在透明的图层上应用“动感模糊”滤镜时会弹出的警告。

5）RGB 模式的图像可以使用全部滤镜，部分滤镜不能用于 CMYK 模式的图像，索引模式和位图模式的图像则不能使用滤镜。如果要对位图模式、索引模式或 CMYK 模式的图像应用一些特殊的滤镜，可以先将它们转换为 RGB 模式，再进行处理。

使用滤镜处理图像时常采用如下一些技巧。

1）对于较大的或分辨度较高的图像，在进行滤镜处理时会占用较大的内存，速度会较慢。为了减小内存的使用量，加快处理速度，可以分别对单个通道进行处理，然后合并对象。也可以在低分辨率情况下进行滤镜处理，记下滤镜对话框的处理数据，再对高分辨率图像进行一次性滤镜处理。

2）可以对图像进行不同滤镜的叠加处理，还可以将多个使用过程录制成动作（Action），然后可以一次使用多个滤镜对图像进行加工处理。

3）在 Photoshop 里面，实现对齐是很容易的，关键在于掌握好各元素在空间上的位置。当然在处理元素之前，应该先归纳好信息的类别。

4）输入完设计元素后（每个项目应建立单独图层，这样才能进行对齐操作，同时也利于编辑），选择要进行对齐的图层，如图 7-19 所示。在对齐选项中选择右对齐，如图 7-20 所示（如果只选一个图层，如图 7-21 所示，对齐的选项显示为灰色，此时对齐命令不可操作，如图 7-22 所示）。当然，字体的选择对作品的视觉效果也影响很大。

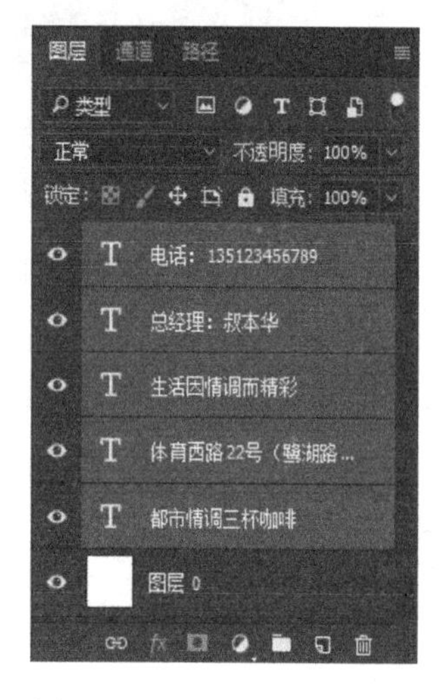

图 7-19　选择要对齐的图层

图 7-20　可选的对齐选项

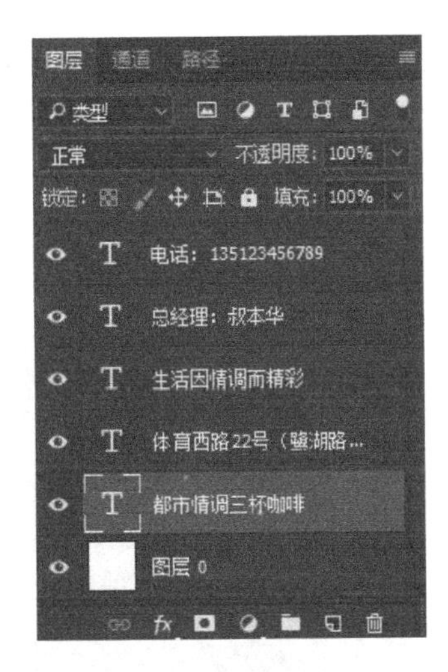

图 7-21　单选图层面板

图 7-22　不可选的对齐选项

5）图像经过滤镜处理后，会在图像边缘处出现一些毛边，这时可以对图像边缘进行适当的羽化处理，使图像的边缘平滑。

6）在任意一个滤镜对话框中按住〈Alt〉键，对话框中的“取消”按钮都会变成“复位”按钮，单击它可以将滤镜的参数复位到初始状态。

7）使用滤镜处理图像后，可以使用菜单“编辑”→“渐隐”命令（或按〈Shift+Ctrl+F〉组合键）修改滤镜效果的混合模式和不透明度，图 7-23 所示为使用“添加杂色”滤镜处理的图像，图 7-24 和图 7-25 所示为使用“渐隐”命令编辑后的效果。

图 7-23　“添加杂色”滤镜效果

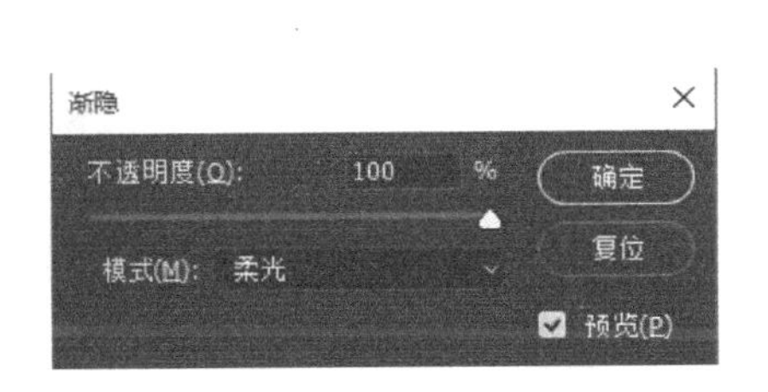

图 7-24　“渐隐”对话框

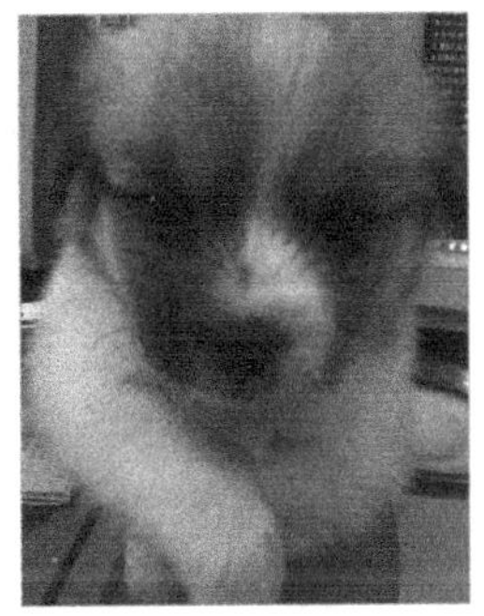

图 7-25　“渐隐”滤镜效果

8）如果在执行滤镜的过程中要终止滤镜，可以按〈ESC〉键。

注意：“渐隐”命令是在进行编辑操作后立即执行，如果这中间又进行了其他操作，则无法执行该命令。对于文字图层必须先经过栅格化后，才能加滤镜。

2．模糊滤镜和扭曲滤镜

（1）模糊滤镜

选择菜单“滤镜”→“模糊”命令，即可看到子菜单命令，如图 7-26 所示。由图中可以看出，模糊滤镜组有 11 个滤镜（比旧版本增加了 3 个滤镜）。它们的作用主要是减小图像相邻像素间的对比度，将颜色变化较大的区域平均化，以达到柔化图像和模糊图像的目的。

1）动感模糊滤镜：它可以使图像模糊且有动态的效果。例如，打开一幅玫瑰花图像，创建玫瑰花的选区，可以用工具箱中的“快速选择工具”，如图 7-27 所示。选择菜单“滤镜”→“模糊”→“动感模糊”命令，弹出“动感模糊”对话框，如图 7-28 所示。进行设置后，单击“确定”按钮，即可将图像模糊。

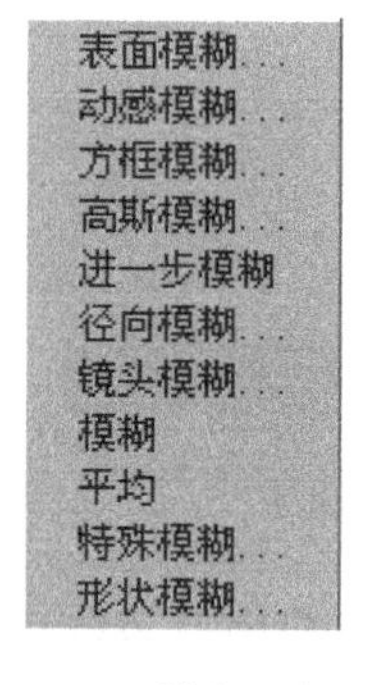

图 7-26 “模糊”菜单

图 7-27 选取出的玫瑰花（原图）

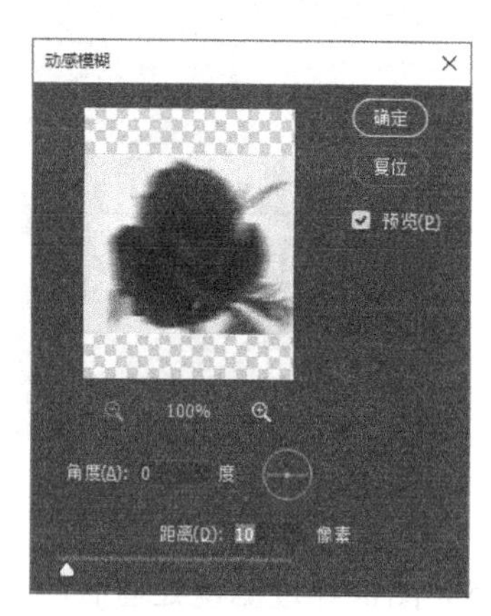

图 7-28 “动感模糊”对话框

2）径向模糊滤镜：它可以产生旋转或缩放模糊的效果。选择菜单“滤镜”→“模糊”→“径向模糊”命令，弹出“径向模糊”对话框。如图 7-29 所示进行设置，再单击“确定”按钮，即可将图 7-27 所示的图像（按〈Ctrl+D〉组合键可取消选区）加工成图 7-30 所示的图像。可以用鼠标在该对话框内的“中心模糊”显示框内拖动来调整模糊的中心点。

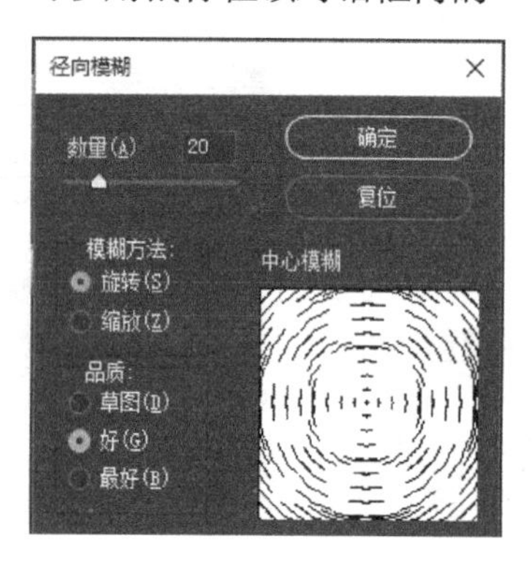

图 7-29 “径向模糊”对话框

图 7-30 径向模糊后的图像

（2）扭曲滤镜

选择菜单“滤镜”→“扭曲”命令，即可看到其子菜单命令，如图 7-31 所示。由图中可以看出，扭曲滤镜组有 13 个滤镜（比旧版本增加一个滤镜）。它们的作用主要是按照某种几何方式将图像扭曲，产生三维或变形的效果。

1）波浪滤镜：它可将图像呈现波浪式效果。选择菜单“滤镜”→“扭曲”→“波浪”命令，弹出“波浪”对话框，按照图 7-32 所示进行设置，单击“确定”按钮，即可将图 7-33 所示的图像加工成图 7-34a 所示的图像。如果选择了“三角形”单选按钮，则滤镜处理后的效果如图 7-34b 所示。

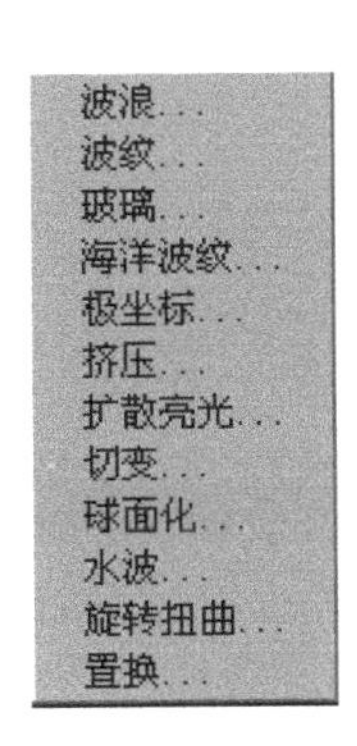

图 7-31 “扭曲”菜单

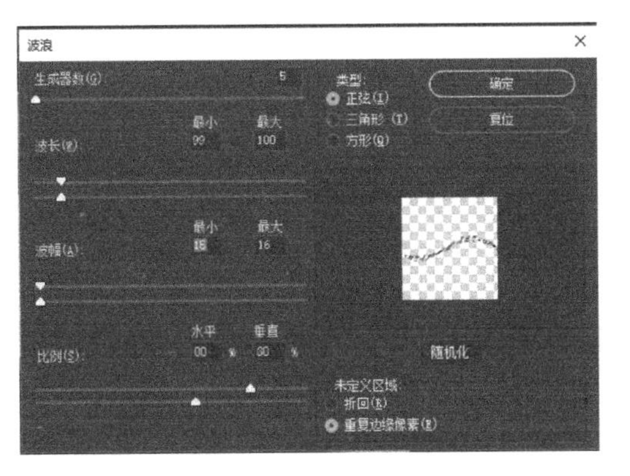

图 7-32 “波浪”对话框

父母是我的全部我也是父母的全部
父母是我的全部我也是父母的全部
父母是我的全部我也是父母的全部
父母是我的全部我也是父母的全部
父母是我的全部我也是父母的全部

图 7-33 输入 5 行文字

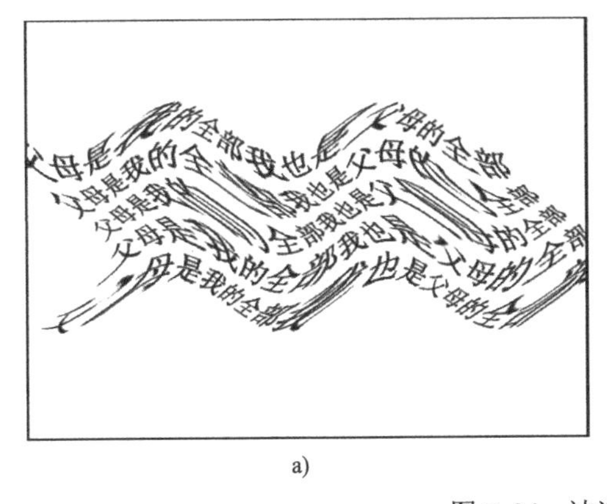

a)

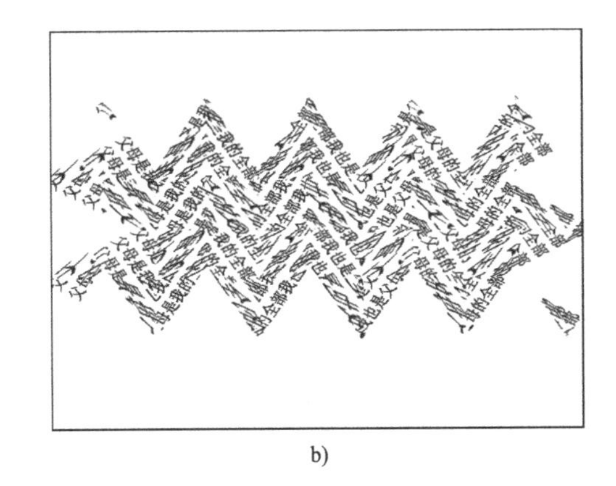

b)

图 7-34 波浪滤镜处理后的效果

a)“波浪”对话框中选择的是“正弦” b)“波浪”对话框中选择的是“三角形”

2）球面化滤镜：它可以使图像产生向外凸的效果。选择菜单“滤镜”→“扭曲”→“球面化”命令，弹出“球面化”对话框，在图中间创建一个圆形区域，选中文字所在的图层，按照图 7-35 所示进行设置，单击“确定”按钮，即可获得图 7-36 所示的效果。

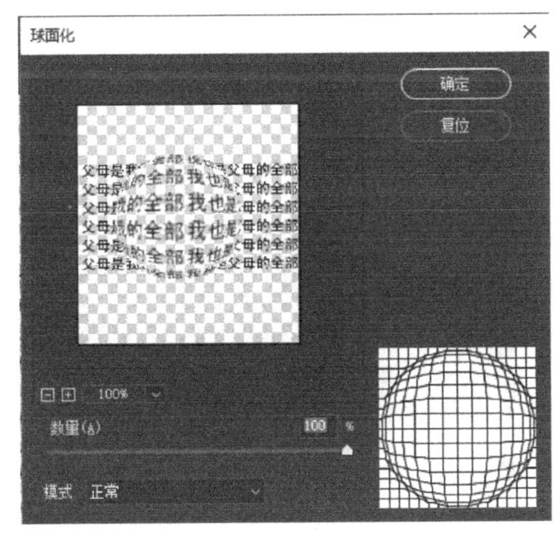

图 7-35 “球面化”对话框

图 7-36 将选区内的图像球面化处理

7.2 风格化、像素化和锐化滤镜

7.2.1 【案例 7-2】雨中别墅

雨中别墅案例的效果如图 7-37 所示。

图 7-37 雨中别墅最终效果

二维码 7-2
雨中别墅

【案例设计创意】

本案例将别墅的照片进行处理，制作出倒影和下雨的效果。

【案例目标】

通过本案例的学习，读者可以掌握“水池波纹”“点状化”“动感模糊”“锐化”等滤镜的使用。

【案例的制作方法】

1）打开一幅名为“别墅.jpg”图像，单击“矩形选框工具”按钮，将别墅的上半部图像选中，如图 7-38 所示，按〈Ctrl+C〉组合键复制，按〈Ctrl＋V〉组合键粘贴，将自动生成的“图层 1”，命名为“倒影”。

2）选择菜单“编辑”→“变换”→“垂直翻转”命令，并用“移动工具”移动到图 7-39 所示的位置，并适当调整“图层 1”的不透明度为 80%，这样，别墅倒影就制作好了。

图 7-38 “别墅.jpg”图像

图 7-39 “别墅”倒影

3）单击工具箱中的“椭圆选框工具”按钮，将选项栏中的“羽化”设置为 8，在中下部圈选一块区域，然后选择菜单“滤镜”→“扭曲”→“水波”命令，在“水波”对话框中设置“数量”为26，“起伏”为10，“样式”为“水池波纹”，如图7-40所示。

4）单击“图层”面板中的“创建新图层”按钮，新建一个图层，取名为“雨”。选中该图层，将前景色设置为黑色，设置背景色为白色，按〈Alt+Delete〉组合键，将“雨”图层填充为黑色。

5）选择菜单“滤镜”→“像素化”→“点状化”命令，打开“点状化”对话框，在“单元格大小”文本框中输入3，单击“确定”按钮，效果如图7-41所示。

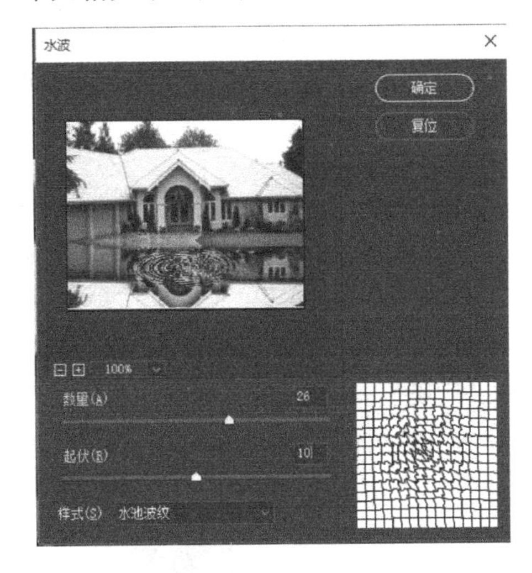

图7-40 “水波”滤镜

图7-41 “点状化”后的效果

6）选择菜单“图像”→“调整”→“阈值”命令，打开图7-42所示的“阈值”对话框，将“阈值色阶”调整到最大，单击“确定”按钮，使画面中的白点减少。

7）在“图层”面板中的“设置图层混合模式”下拉列表框中选择“滤色”选项，将“雨”图层的混合模式改为“滤色”。

8）选择菜单“滤镜”→“模糊”→“动感模糊”命令，打开“动感模糊”对话框，将角度设置为60°，设置距离为15像素，如图7-43所示，设置后单击“确定”按钮。

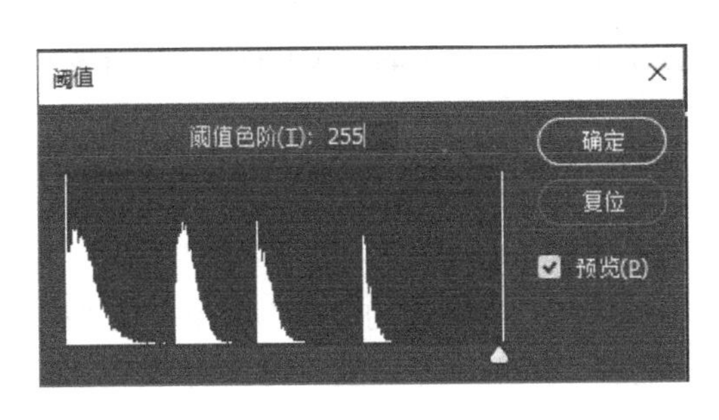

图7-42 “阈值”对话框

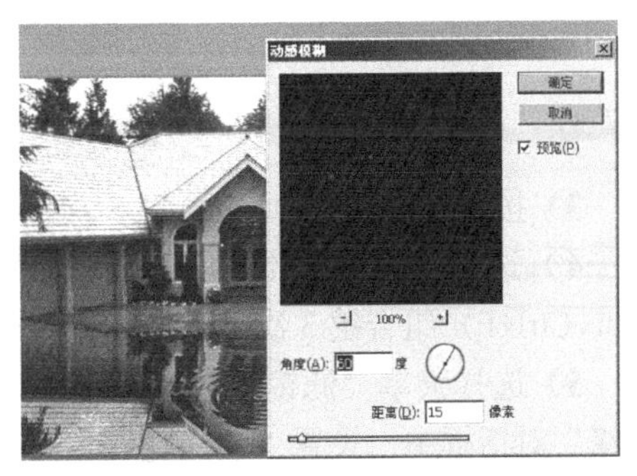

图7-43 “动感模糊”对话框及效果

9）选择菜单“滤镜”→“锐化”→“USM锐化”命令，打开“USM锐化”对话框，将“数量”设置为300，将半径设置为10像素，将阈值设置为0色阶，单击“确定”按钮，如图 7-37 所示。如果觉得雨点过于突出，可适当调整“雨”图层的不透明度。

至此，完成了“雨中别墅”全部效果的制作。最终效果如图 7-37 所示。

7.2.2 【案例 7-3】制作瀑布

二维码 7-3
制作瀑布

制作瀑布案例的效果如图 7-44 所示。

【案例设计创意】

不利用任何素材，利用 Photoshop 制作出瀑布的效果。

【案例目标】

通过本案例的学习，读者可掌握“云彩”“彩块化”“锐化”“强化边缘”“极坐标”等滤镜的使用。

【案例的制作方法】

1）选择菜单“文件”→“新建”命令（〈Ctrl+N〉组合键），设置文档的“宽度”为 10cm，“高度”为 15cm，“分辨率”为 100 像素/英寸 ，“背景内容”为白色，名称为“制作瀑布”，“颜色模式”为 RGB 颜色。

2）按〈D〉键恢复前景色和背景色的默认色（前黑背白），按〈Ctrl+Shift+N〉组合键新建一个名为“瀑布”的图层，并选择菜单“滤镜”→“渲染”→“云彩”命令，单击“确定”按钮，效果如图 7-45 所示，再选择菜单“滤镜”→“像素化”→“彩块化”命令，单击“确定”按钮，效果如图 7-46 所示。

图 7-44 “制作瀑布”最终效果

图 7-45 “云彩”滤镜效果

图 7-46 “彩块化”滤镜（1 次）

3）按〈Alt+Ctrl+F〉组合键 8 次，重复执行“彩块化”滤镜，效果如图 7-47 所示。

4）选择菜单“滤镜”→“锐化”→“锐化”命令，效果如图 7-48 所示，接着按〈Alt+Ctrl+F〉组合键 3 次，重复执行锐化命令，效果如图 7-49 所示。

5）选择菜单“滤镜”→“滤镜库”→“画笔描边”→“强化的边缘”命令，在“强化边缘”对话框中，设置“强光宽度”为 1，“边缘亮度”为 50，“平滑度”为 7，如图 7-50 所示，单击“确定”按钮，效果如图 7-51 所示。

6）选择菜单“滤镜”→“扭曲”→“极坐标”命令，在“极坐标“对话框中选择“极坐标到平面坐标”单选按钮，如图 7-52 所示，单击“确定”按钮，效果如图 7-53 所示。按〈Ctrl+T〉组合键激活变形选框，在选框上右击，选择“垂直翻转”命令，效果如

图 7-54 所示。

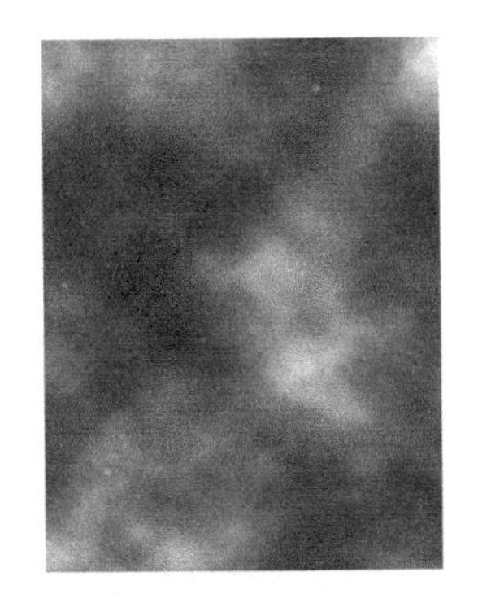

图 7-47 “彩块化”滤镜效果（1+8）

图 7-48 “锐化”滤镜效果（1 次）

图 7-49 “锐化”滤镜效果（1+3）

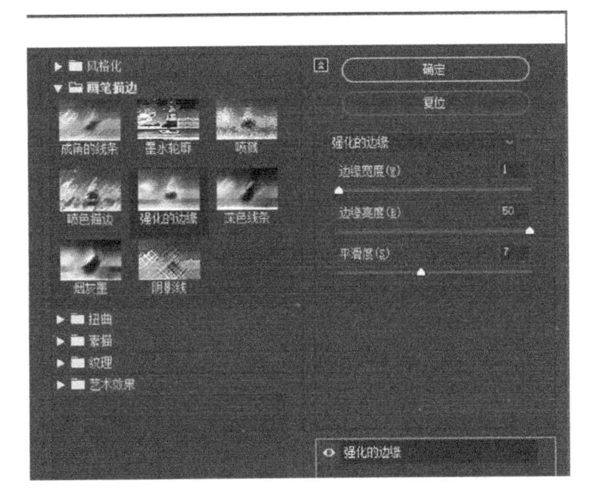

图 7-50 “强化的边缘”对话框

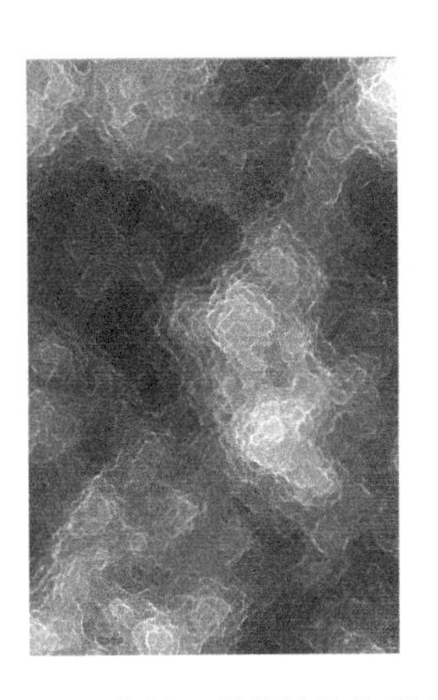

图 7-51 应用“强化边缘”效果

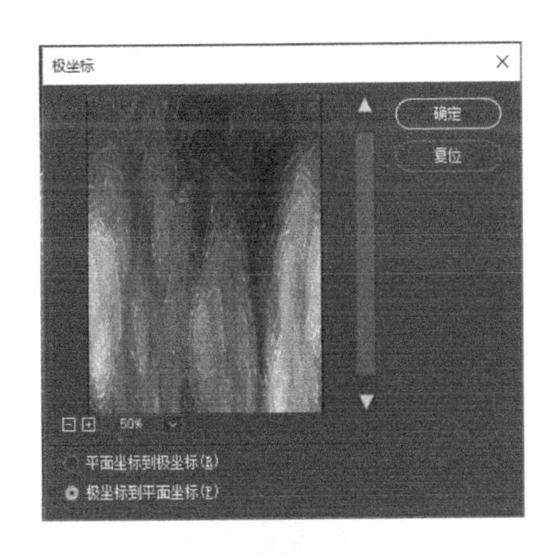

图 7-52 “极坐标”对话框

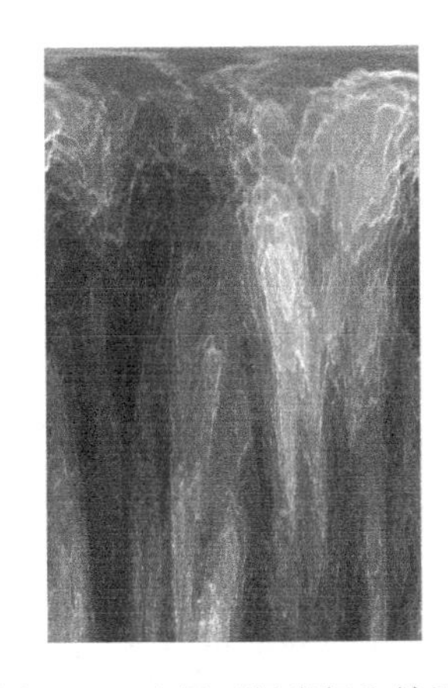

图 7-53 应用“极坐标”效果

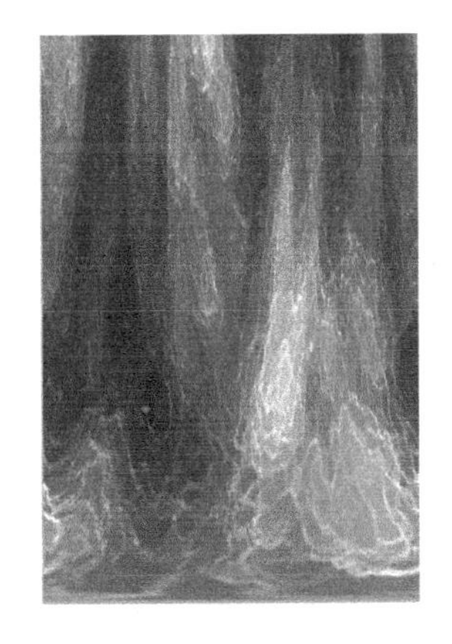

图 7-54 垂直翻转后的效果

7）按〈Ctrl+U〉组合键，弹出“色相/饱和度”对话框，选中“着色”复选框，将“色相”设置为 212，将“饱和度”设置为 46，将“明度”设置为 0，如图 7-55 所示，单击“确定”按钮。

8）选择菜单“图像”→“调整”→“亮度/对比度”命令，在“亮度/对比度”对话框中，设置“亮度”为 27，设置“对比度”为 8，如图 7-56 所示，单击“确定”按钮。

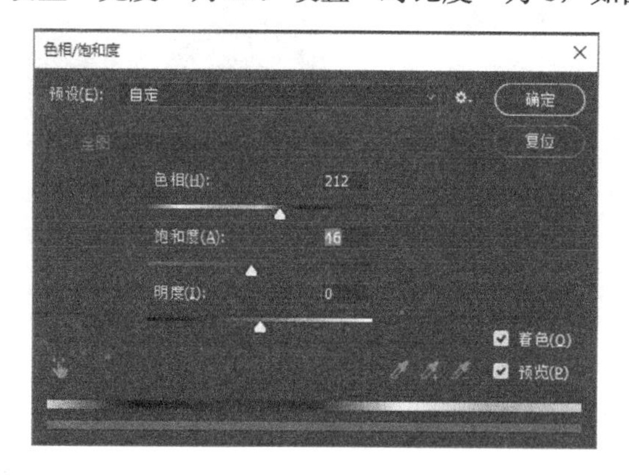

图 7-55 “色相/饱和度”对话框

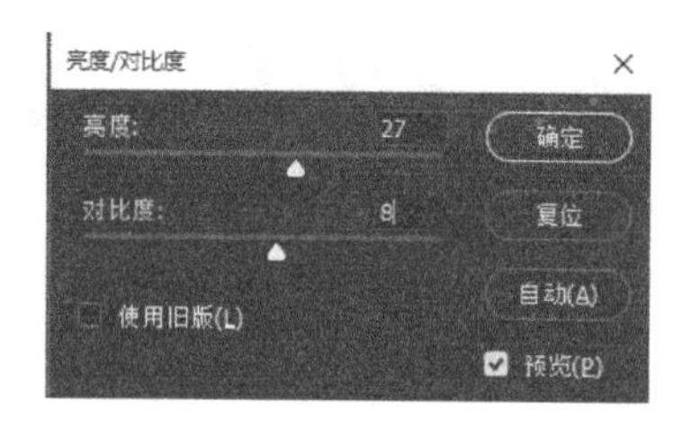

图 7-56 “亮度/对比度”对话框

至此，完成了“瀑布”全部效果的制作。最终效果如图 7-44 所示。

7.2.3 【相关知识】风格化、像素化、锐化和作品保护滤镜

1. 风格化滤镜

选择菜单“滤镜”→“风格化”命令，即可看到其子菜单命令（风格化滤镜组中有 9 种滤镜），如图 7-57 所示。它们的作用主要是通过移动和置换图像的像素，来提高图像像素的对比度，使图像产生刮风和其他风格的效果。

（1）浮雕效果滤镜

它可以勾画各区域的边界，降低边界周围的颜色值，产生浮雕效果。选择菜单“滤镜”→“风格化”→“浮雕效果”命令，弹出“浮雕效果”对话框。按照图 7-58 所示进行设置，单击“确定”按钮，即可将图 7-59 所示的图像转换成图 7-60 所示的图像。

查找边缘
等高线...
风...
浮雕效果...
扩散...
拼贴...
曝光过度
凸出...
照亮边缘...

图 7-57 “风格化”菜单

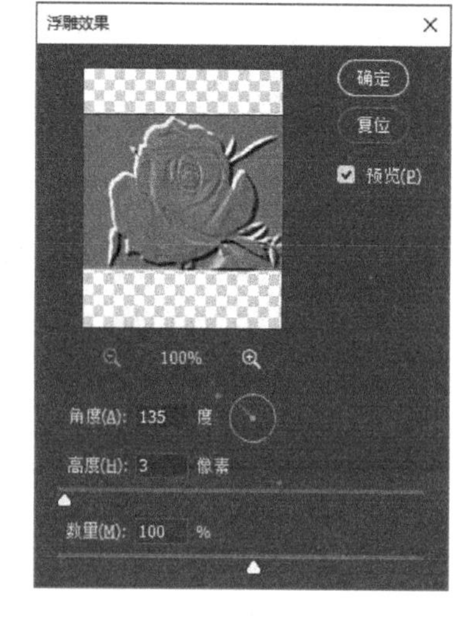

图 7-58 “浮雕效果”对话框

图 7-59 原图像

（2）凸出滤镜

它可以将图像分为一系列大小相同的三维立体块或立方体，并叠放在一起，产生凸出的三维效果。选择菜单“滤镜”→“风格化”命令，弹出“凸出”对话框，按照图 7-61 所示进行设置，再单击“确定”按钮，即可将图 7-59 所示的图像转换成图 7-62 所示的图像。

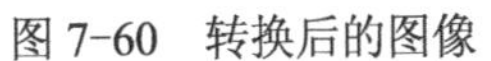
图 7-60　转换后的图像

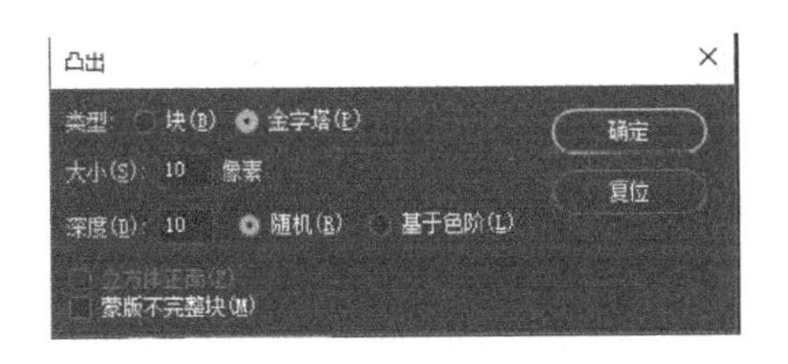

图 7-61 “凸出”对话框

图 7-62　转换后的图像

2．像素化滤镜

选择菜单“滤镜”→“像素化”命令，即可看到其子菜单命令（像素化滤镜组中有 7 个滤镜），如图 7-63 所示。它们的作用主要是将图像分块或将图像平面化。

（1）晶格化滤镜

它可以使图像产生晶格效果。选择菜单“滤镜”→“像素化”→“晶格化”命令，弹出“晶格化”对话框，按照图 7-64 所示进行设置，再单击“确定”按钮，即可将图 7-59 所示的原图像转换成晶格化图像。

（2）铜版雕刻滤镜

它可以在图像上随机分布各种不规则的线条和斑点，产生铜版雕刻的效果。选择菜单“滤镜”→“像素化”→“铜版雕刻”命令，弹出“铜版雕刻”对话框，按照图 7-65 所示进行设置，单击“确定”按钮，即可将图 7-59 所示的原图像转换成铜版雕刻图像。

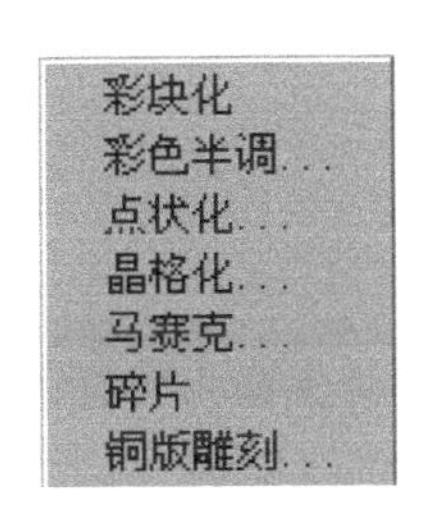

图 7-63 “像素化”菜单

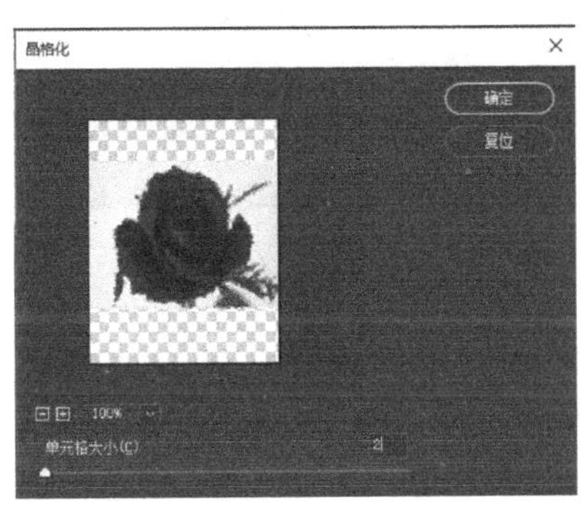

图 7-64 “晶格化”对话

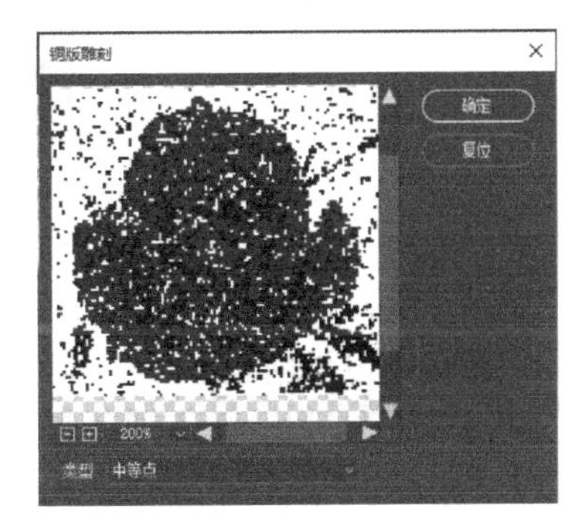

图 7-65 “铜版雕刻”对话框

3．锐化滤镜

选择菜单“滤镜”→“锐化”命令，即可看到其子菜单命令（锐化滤镜组中有 4 个滤镜）。该滤镜组的作用主要是增加图像相邻像素间的对比度，减少甚至消除图像的模糊程度，以达到使图像轮廓分明和更清晰的效果。

4．作品保护（Digimarc）滤镜

选择菜单“滤镜”→“Digimarc”命令，即可看到其子菜单命令（Digimarc 滤镜组中有两个滤镜）。它们的主要作用是给图像添加或读取著作权信息。

（1）嵌入水印滤镜

它主要用来给图像加入含有著作信息的数字水印。这种水印以杂纹形式加入到图像中，不会影响图像的特征，但将在计算机图像或印刷物中保留。要在图像中嵌入水印，必须先到Digimarc 公司网站注册，并获得一个 Creator ID，然后将该 ID 号和著作权信息插入到图像中，即可完成嵌入水印的任务。

（2）读取水印滤镜

它主要用来读取图像中的数字水印。当图像嵌入数字水印时，系统会在图像的标题栏或状态栏显示一个“C”标记。执行该滤镜后，系统会自动查找图像的数字水印。如果找到水印 ID，则会根据 ID 号，通过网络链接到 Digimarc 公司的网站，查找图像的相关信息。

7.3 素描、纹理、杂色和自定滤镜

7.3.1 【案例 7-4】“生命在于运动”宣传海报

“生命在于运动”宣传海报案例的效果如图 7-66 所示。

二维码 7-4
“生命在于运动”宣传海报

图 7-66 “生命在于运动”宣传海报效果

【案例设计创意】

该案例是以一幅卡通风景图像为背景的，绿色草地、向日葵和蓝天都是生命与青春的象征，制作的跳跃式足球提醒人们一定要多运动，从而起到广告宣传作用。

【案例目标】

通过本案例的学习，读者可以掌握图案的填充、“添加杂色”“球面化”滤镜和图层效果的应用等技术，并且能够制作出足球的效果。

【案例的制作方法】

1）新建一个名为“生命在于运动”的文件，宽为 800 像素、高为 600 像素、分辨率为 72 像素/英寸、背景为白色、颜色模式为 RGB 颜色的画布窗口。

2）新建一个图层“图层 1”，单击工具箱中的“多边形工具”按钮，在其选项栏中单击“路径”按钮，在“边”文本框中输入数值 6，在画布中绘制一个六边形路径，然后按

〈Ctrl+Enter〉组合键，将路径转换为选区，然后选择菜单“编辑”→“描边”命令，在描边对话框中设置“宽度”为 2 像素，“颜色”为黑色，“位置”为居中，则在“图层 1”中画出一个黑色边框的六边形。

3）在“图层”面板中将“图层 1”拖动到底下的“创建新图层”按钮处，即复制出“图层 1 副本”图层。使用同样的方法，再将“图层 1”复制出两个，自动命名为“图层 1 副本 2”“图层 1 副本 3”，用“移动工具”将这 4 个六边形边框进行调整，如图 7-67 所示。

4）单击“矩形选框工具”按钮，在图中创建选区，如图 7-68 所示，选中 4 个六边形中的区域，选择菜单“编辑”→“定义图案”命令，将图案存储为“自定图案”。

5）新建一个名为“球面”的图层，单击工具箱中的“椭圆选框工具”按钮，按住〈Shift〉键创建一个正圆形选区（正圆形选区的大小比摆下 7 个完整六边形的区域再稍大一些）。选择菜单“编辑”→“填充”命令，打开“填充”对话框，在“使用”下拉列表框中选择“图案”选项，在“自定图案”面板中选择刚定义的图案，单击“确定”按钮，为选区填充图案效果。

6）选择菜单“编辑”→“描边”命令，打开“描边”对话框，在“宽度”文本框中输入 1，设置“位置”为居外、不透明度为 70，单击“确定”按钮，按〈Ctrl+D〉组合键取消选区，效果如图 7-69 所示。

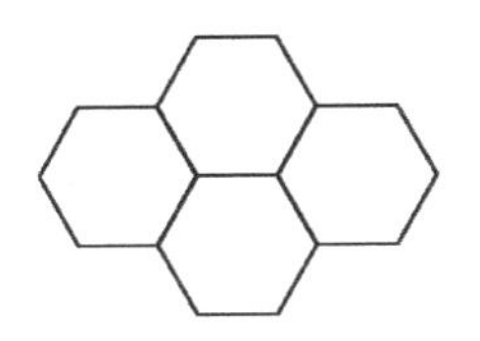

图 7-67　绘制图形

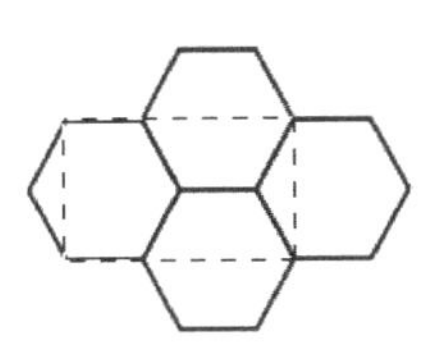

图 7-68　创建选区

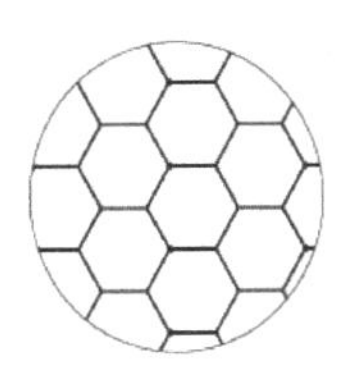

图 7-69　描边效果

7）设置前景色为黑色，使用工具箱中的“魔棒工具”选取“球”图像中的小方块，按〈Ctrl+Delete〉组合键填充前景色。按住〈Ctrl〉键并单击“图层”面板中的“球面”缩略图，选中整个球面，如图 7-70 所示。选择菜单“滤镜”→“扭曲”→“球面化”命令，打开“球面化”对话框，在“数量”文本框中输入 70，单击“确定”按钮。按〈Ctrl+D〉组合键取消选区，效果如图 7-71 所示。

8）使用工具箱中的“魔棒工具” 选取“球”图像中的白色部分，按〈Delete〉键删除，如图 7-72 所示。

9）单击“图层”面板下方的“添加图层样式”按钮，选择弹出菜单中的“斜面和浮雕”命令，打开“图层样式”对话框。选择“样式”下拉列表中的“枕状浮雕”选项，单击“确定”按钮，效果如图 7-73 所示。

图 7-70　选中球面

图 7-71　球面化效果

图 7-72　删除白色部分

图 7-73　图层效果

10）新建一个名为“球”的图层，单击工具箱中的“椭圆选框工具”按钮，按住〈Shift〉键创建一个正圆形选区。单击工具箱中的“渐变工具”按钮 ，在其选项栏中设置渐变类型为白色到灰色（R=62、G=62、B=62）的径向渐变。在选区内从左上方到右下方拖动进行渐变填充，按〈Ctrl+D〉组合键取消选区。

11）选择菜单“滤镜”→“杂色”→“添加杂色”命令，打开“添加杂色”对话框，设置数量为 5，勾选“单色”复选框，再单击“确定”按钮，效果如图 7-74 所示。

12）单击“图层”面板下方的“添加图层样式”按钮，选择弹出菜单中的“投影”命令，打开“图层样式”对话框，按图 7-75 所示设置有关选项，单击“确定”按钮，效果如图 7-76 所示。

图 7-74　杂色效果

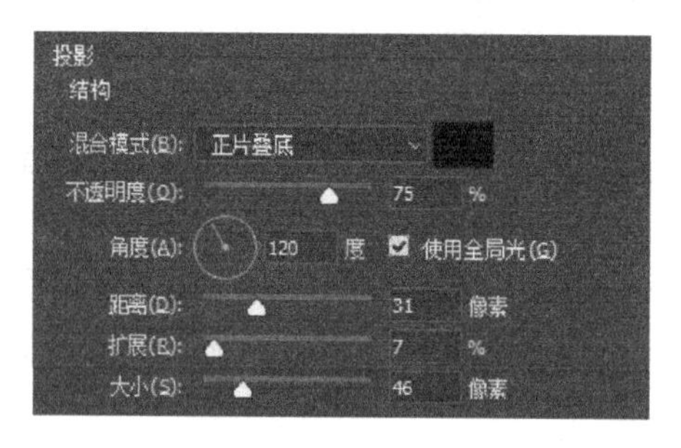

图 7-75　设置“投影”样式选项

图 7-76　投影效果

13）将“球”图层放至“球面”图层之下，合并“球”和“球面”图层，命名为“球”，效果如图 7-77 所示。

14）打开“向日葵背景”的图像文件，如图 7-78 所示，将其拖动至画布中。

15）复制 3 份“球”图像，将复制的“球”图像由大到小放置，并设置“球”的模糊度。

16）单击工具箱中的“横排文字工具”按钮，在其选项栏中设置文字字体为“方正姚体”，字体大小为 100 点，颜色为白色，在画布的上方输入文字“生命在于运动!”。

17）选择菜单“窗口”→“样式”命令，打开“样式”面板。单击“蓝色渐变描边”按钮，为文字添加样式效果。

图 7-77　合并“球”和“球面”图层后的效果

图 7-78　“向日葵背景”图像

至此，完成了“生命在于运动”宣传海报全部效果的制作，最终效果如图 7-66 所示。

7.3.2 【相关知识】素描、纹理、杂色和自定滤镜

1．素描滤镜

选择菜单“滤镜”→“素描”命令，即可看到其子菜单命令（素描滤镜组中有 14 种滤

镜），如图 7-79 所示。它们主要用来模拟素描和速写等艺术效果。它们一般需要与前景色和背景色配合使用，注意在使用滤镜前，应设置好前景色和背景色。

（1）铬黄滤镜

该滤镜可以用来模拟铬黄渐变绘画效果。选择菜单“滤镜”→“素描”→“铬黄”命令，弹出“铬黄渐变”对话框，如图 7-80 所示，进行设置后，单击“确定”按钮，即可完成图像的加工。

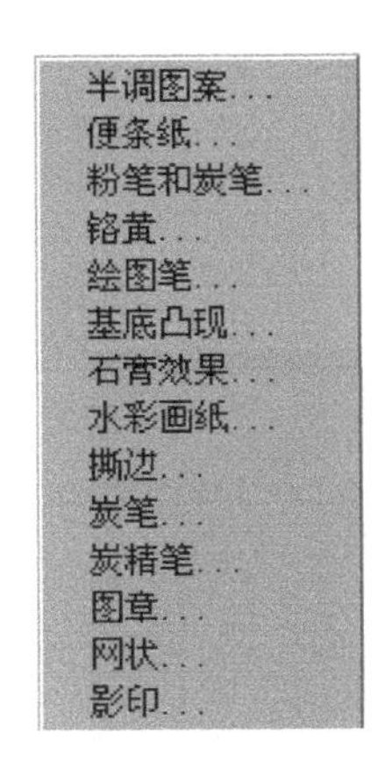

图 7-79 “素描”菜单

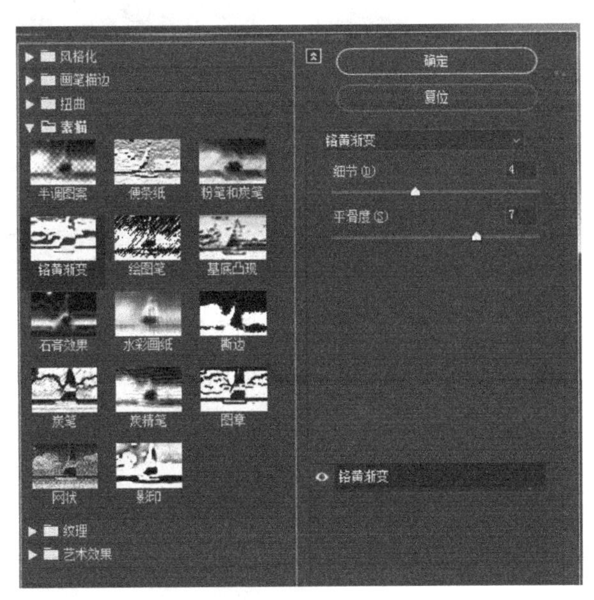

图 7-80 “铬黄渐变”对话框

从图 7-80 可以看出，在该对话框内，单击中间一栏内的不同小图像或者在右边的下拉列表框中选择不同的选项，可以在许多滤镜之间进行切换（也就是菜单“滤镜”→“滤镜库”命令），非常方便。

（2）影印滤镜

它可以产生模拟影印的效果。其前景色用来填充高亮度区，背景色用来填充低亮度区。选择菜单“滤镜”→“素描”→“影印”命令，可以弹出“影印”对话框，如图 7-81 所示，进行设置后，单击“确定”按钮，即可完成图像的加工。

2. 纹理滤镜

选择菜单“滤镜”→“纹理”命令，即可看到其子菜单命令（纹理滤镜组中有 6 种滤镜），如图 7-82 所示。它们主要是给图像加上指定的纹理。

（1）马赛克拼贴滤镜

它可以将图像处理成马赛克拼贴图的效果。选择菜单“滤镜”→“纹理”→“马赛克拼贴”命令，弹出“马赛克拼贴”对话框。按照图 7-83 所示进行设置，再单击“确定”按钮，即可完成图像的加工。

（2）龟裂缝滤镜

它可以在图像中产生不规则的龟裂缝效果。选择菜单“滤镜”→“龟裂缝”命令，弹出“龟裂缝”对话框。按照图 7-84 所示进行设置，再单击“确定”按钮，即可完成图像的加工。

图 7-81 “影印”对话框

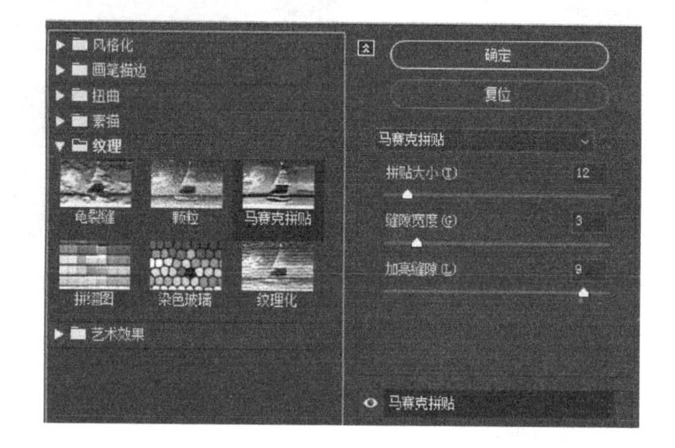

龟裂缝...
颗粒...
马赛克拼贴...
拼缀图...
染色玻璃...
纹理化...

图 7-82 “纹理”菜单

图 7-83 “马赛克拼贴”对话框

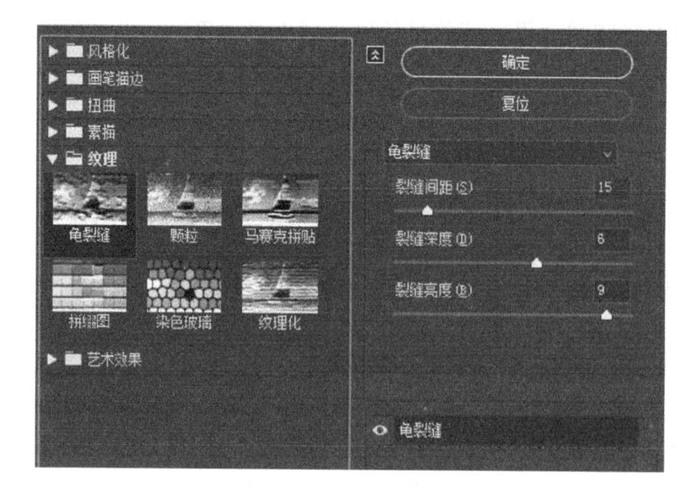

图 7-84 “龟裂缝”对话框

3．杂色滤镜

选择菜单“滤镜”→“杂色”命令，即可看到其子菜单命令（杂色滤镜组中有 5 种滤镜），如图 7-85 所示。它们的作用主要是给图像添加或除去杂点。

（1）添加杂色滤镜

它可以给图像随机地加一些细小的混合色杂点，选择菜单“滤镜”→“杂色”→“添加杂色”命令，弹出“添加杂色”对话框，如图 7-86 所示。进行设置后单击“确定”按钮，即可完成图像的加工处理。

（2）中间值滤镜

它可将图像中中间值附近的像素用附近的像素替代。选择菜单“滤镜”→“杂色”→“中间值”命令，弹出“中间值”对话框，如图 7-87 所示。进行设置后，单击“确定”按钮，即可完成图像的加工处理。

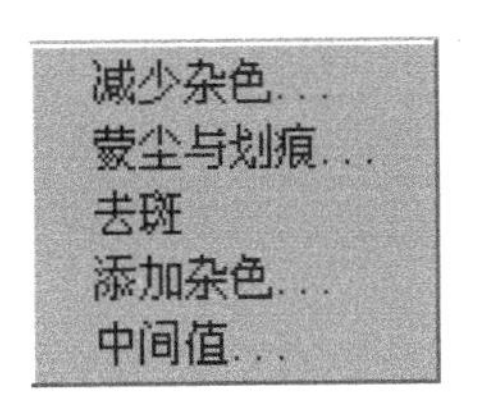

图 7-85 “杂色”菜单

图 7-86 “添加杂色”对话框

图 7-87 “中间值”对话框

4．其他滤镜

选择菜单“滤镜”→“其他”命令，即可看到其子菜单命令（其他滤镜组中有 5 种滤镜），如图 7-88 所示。它们的作用主要是用来修饰图像的一些细节部分，用户也可以创建自己的滤镜。

（1）高反差保留滤镜

它可以删除图像中色调变化平缓的部分，保留色调高反差部分，使图像的阴影消失，使亮点突出。选择菜单“滤镜”→“其他”→“高反差保留”命令，弹出“高反差保留”对话框。设置半径后，单击“确定”按钮，即可完成图像的加工处理。

（2）自定滤镜

可以用该滤镜创建锐化、模糊或浮雕等效果。选择菜单“滤镜”→“其他”→“自定”命令，弹出“自定”对话框，如图 7-89 所示。进行设置后单击“确定”按钮，即可完成图像的加工处理。

“自定”对话框中各选项的作用如下。

1）5×5 的文本框：中间的文本框代表目标像素，四周的文本框代表目标像素周围对应位置的像素。通过改变文本框中的数值（-999～999）来改变图像的整体色调。文本框中的数值表示了该位置像素亮度增加的倍数。系统会将图像各像素亮度值（*Y*）与对应位置文本框中的数值（*S*）相乘，再将其值与像素原来的亮度值相加，然后除以缩放量（*SF*），最后与位移量（*WY*）相加，即$(Y\times S+Y)/SF+WY$。计算出来的数值作为相应像素的亮度值，用于改变图像的亮度。

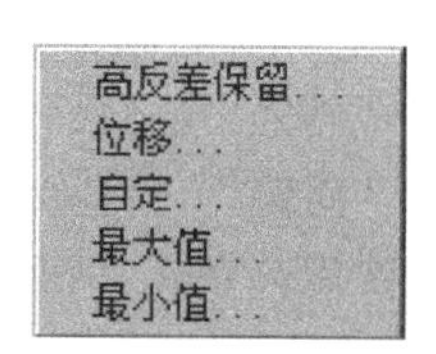

图 7-88 “其他”菜单

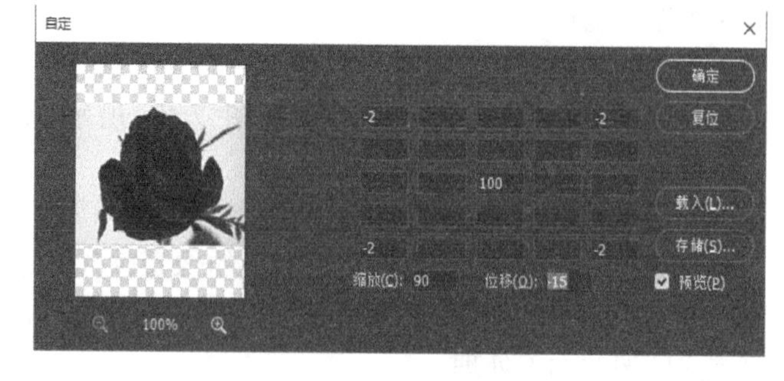

图 7-89 “自定”对话框

2）“缩放”文本框：用来输入缩放量，其取值范围是 1～9999。
3）“位移”文本框：用来输入位移量，其取值范围是-9999～9999。
4）“载入”按钮：可以载入外部用户自定义的滤镜。
5）“存储”按钮：可以将设置好的自定义滤镜存储起来。

7.4 渲染、艺术效果和视频滤镜

7.4.1 【案例 7-5】蓝天白云效果图片

蓝天白云效果图片案例如图 7-90 所示。

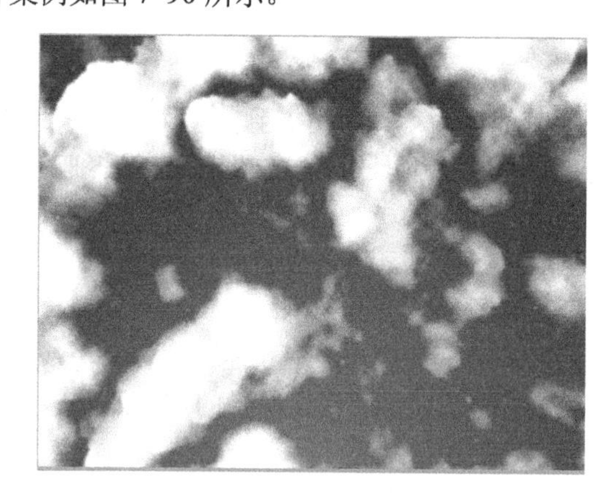

二维码 7-5
蓝天白云

图 7-90 “蓝天白云图云的最终效果

【案例设计创意】

通过 Photoshop CC 2017 滤镜制作出蓝天和白云的效果，可应用于多种场合。尤其是在没有现成的蓝天及白云图片时，可以用此方法快速制作出蓝天和白云的效果。

【案例目标】

通过本案例的学习，读者可以掌握“分层云彩”“凸出”“高斯模糊”滤镜的使用。

【案例的制作方法】

1）选择菜单“文件”→“新建”命令（〈Ctrl+N〉组合键），设置文档的“宽度”为20cm、“高度”为15cm，“分辨率”为72像素/英寸，“颜色模式”为RGB颜色，“背景内容”为白色，名称为“蓝天白云”。

2）在工具箱中设前景色为（R=118、G=182、B=244），背景色为（R=62、G=108、B=170），在工具箱中选择“渐变工具”，并在属性栏中单击“径向渐变”按钮，在“渐变”拾色器中选择“前景到背景”渐变色块，如图7-91所示，然后在画布中从下方向上方拖动以对画布进行渐变填充，如图7-92所示。

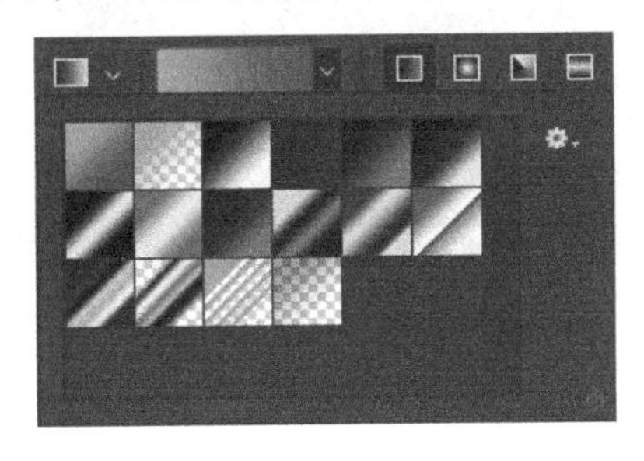

图7-91 “渐变”拾色器

图7-92 从下向上填充

3）按〈D〉键设置默认前景色和背景色（即前景色为黑色，背景色为白色），在“图层”面板中单击“创建新图层”按钮，新建“图层1”，如图7-93所示，选择菜单“滤镜”→“渲染”→“云彩”命令，效果如图7-94所示。

4）选择菜单“滤镜”→“渲染”→“分层云彩”命令，效果如图7-95所示。

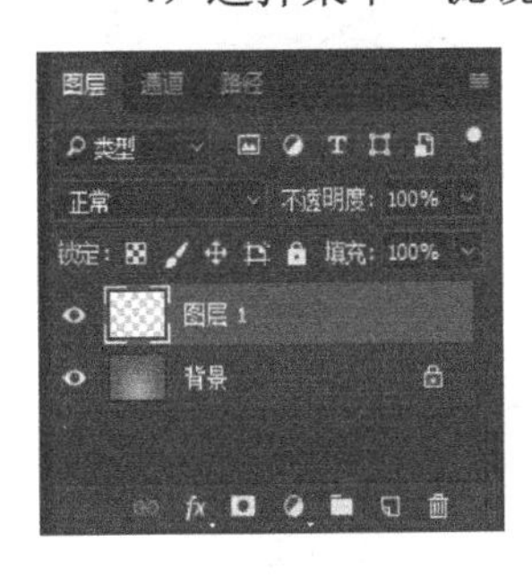

图7-93 “图层”面板

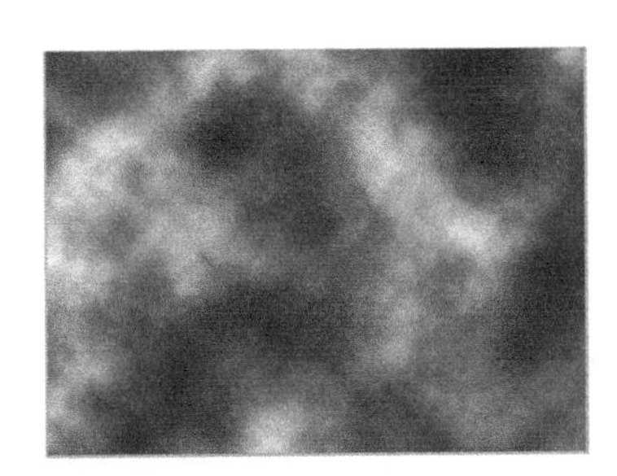

图7-94 “云彩”滤镜的效果

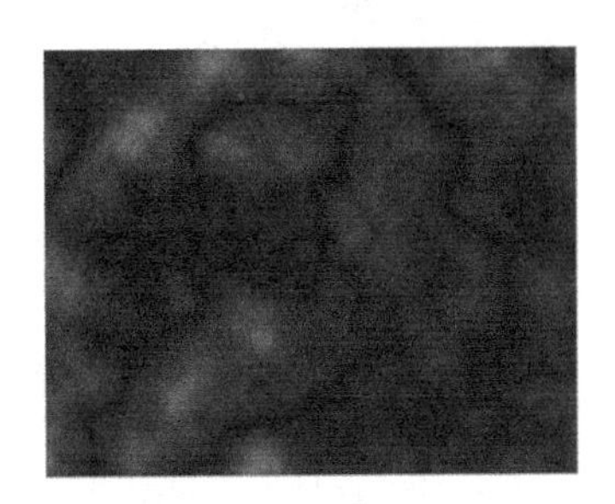

图7-95 添加“分层云彩”滤镜后的效果

5）选择菜单“图像”→“调整”→“色阶”命令（或按〈Ctrl+L〉组合键），在“色阶”对话框中设置参数，输入色阶为30、1.00、255，如图7-96所示，单击“确定”按钮，效果如图7-97所示。

6）确定当前图层为“图层1”，按〈Ctrl+J〉组合键，“图层”面板上就会多出一个名为“图层1拷贝”的图层，如图7-98所示。选择菜单“滤镜”→“风格化”→“凸出”命令，在“凸出”对话框中进行设置，设置“类型”为块，“大小”为2像素，选中“基于色阶”单选按钮，选中“立方体正面”复选框，如图7-99所示，单击“确定”按钮，效果如图7-100所示。

7）在“图层”面板中设定“图层1”和“图层1拷贝”的混合模式都为“滤色”，如

图 7-101 所示，效果如图 7-102 所示。

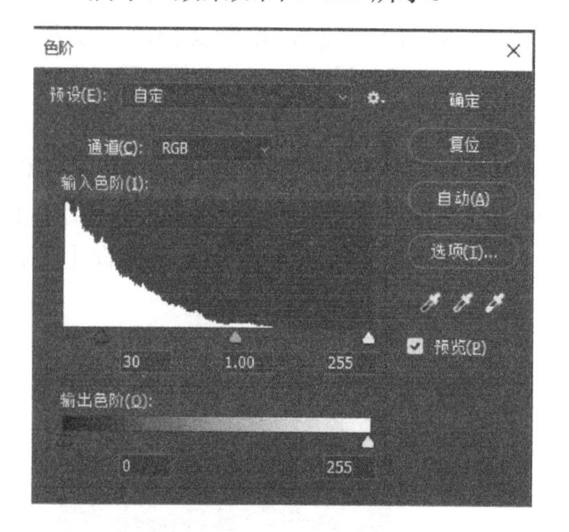

图 7-96 “色阶”对话框

图 7-97 调整“色阶”后的图像

图 7-98 “图层”面板

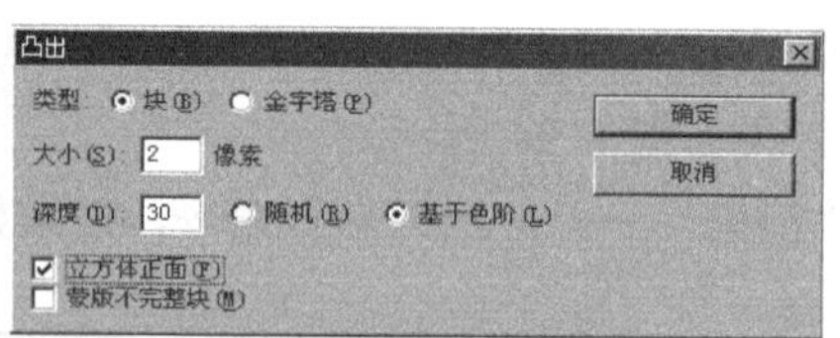

图 7-99 “凸出”对话框

图 7-100 添加“凸出”滤镜后的图像

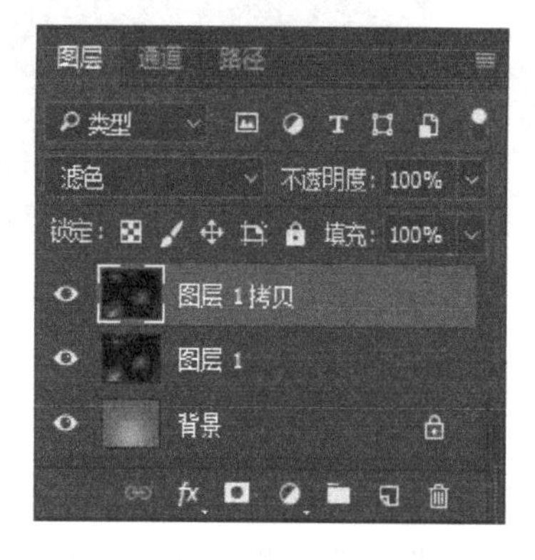

图 7-101 设图层模式为“滤色”

图 7-102 图层模式为“滤色”的图像

8）确定当前图层为“图层 1 拷贝”，选择菜单“滤镜”→“模糊”→“高斯模糊”命令，在弹出的对话框中设置“半径”为 1.8 像素，如图 7-103 所示，单击“确定”按钮，效果如图 7-104 所示。

至此，完成了“蓝天白云”全部效果的制作。最终效果如图 7-90 所示。

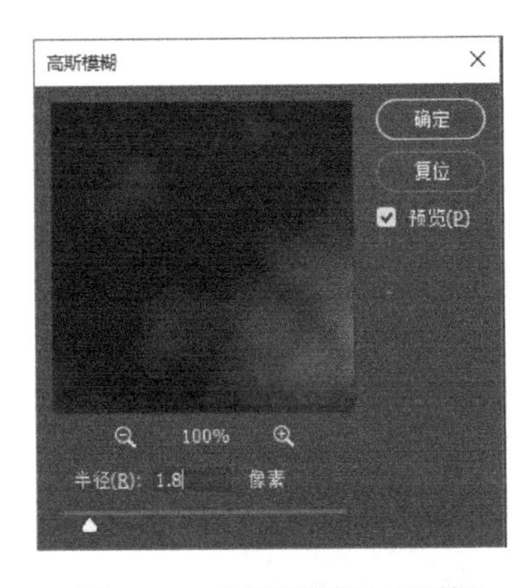

图 7-103 “高斯模糊”对话框

图 7-104 添加“高斯模糊”滤镜后的图像

7.4.2 【相关知识】渲染、艺术效果和视频滤镜

1．渲染滤镜

选择菜单“滤镜”→“渲染”命令，即可看到其子菜单命令（渲染滤镜组中有 5 种滤镜），如图 7-105 所示。它们的作用主要是给图像加入不同的光源，模拟产生不同光照的效果。另外，还可创建三维造型，如球体、柱体和立方体等。

（1）分层云彩滤镜

它可以通过随机地抽取前景色和背景色，替换图像中一些像素的颜色，使图像产生柔和云彩的效果。选择菜单“滤镜”→“渲染”→“分层云彩”命令，即可将图 7-106 所示加工成图 7-107 所示的图像。

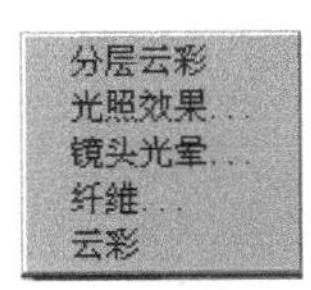

图 7-105 “渲染”菜单

图 7-106 玫瑰花原图

图 7-107 添加“分层云彩”滤镜后的图像

（2）光照效果滤镜

该滤镜的功能很强大，运用恰当可以产生极佳的效果。选择菜单“滤镜”→“渲染”→“光照效果”命令，弹出“光照效果”对话框，按照图 7-108 所示进行设置，再单击“确定”按钮，即可将图 7-106 所示图像加工成图 7-109 所示的图像。

2．艺术效果滤镜

选择菜单“滤镜”→“艺术效果”命令，即可看到其子菜单命令（艺术效果滤镜组中有 15 个滤镜），如图 7-110 所示。它们主要被用来处理计算机绘制的图像，除去计算机绘图的痕迹，使图像看起来更像人工绘制的。

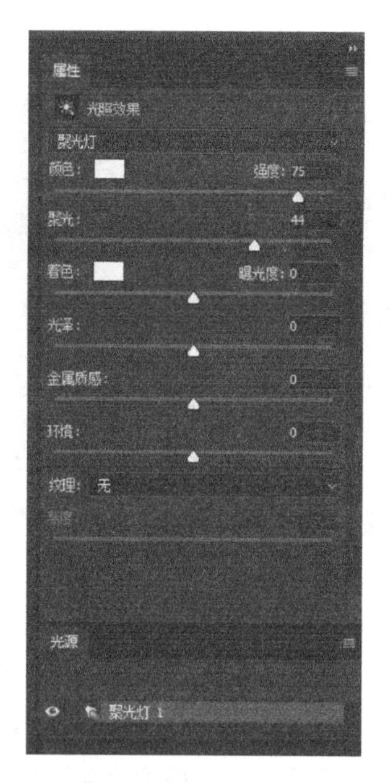

图 7-108 “光照效果”对话框　　图 7-109 添加“光照效果”滤镜后的图像

（1）塑料包装滤镜

选择“菜单滤镜”→“艺术效果”→“塑料包装”命令，弹出“塑料包装”对话框，如图 7-111 所示。进行设置后单击“确定”按钮，即可完成图像的加工处理。

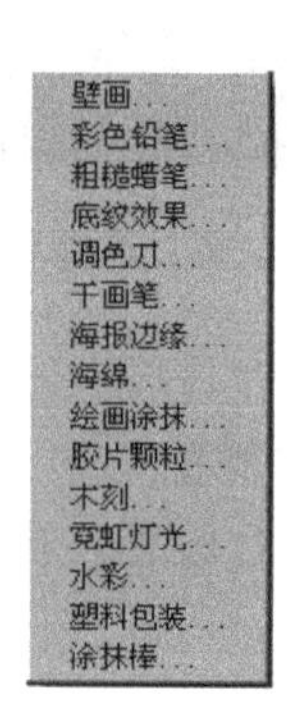

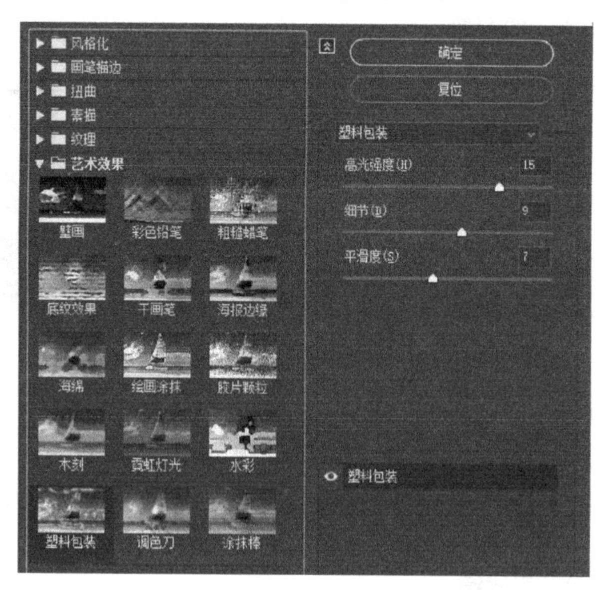

图 7-110 “艺术效果”菜单　　图 7-111 “塑料包装”对话框

（2）绘画涂抹滤镜

它可以模拟绘声绘色画笔，在图像上绘图，产生指定画笔的涂抹效果。选择菜单“滤镜”→“艺术效果”→“绘画涂抹”命令，弹出“绘画涂抹”对话框，如图 7-112 所示。进行设置后单击“确定”按钮，即可完成图像的加工处理。也可以单击图 7-111 所示的“塑料包装”对话框内的“绘画涂抹”小图像，或者在右边的下拉列表框中选择“绘画涂抹”选项，都可以弹出“绘画涂抹”对话框。

3．画笔描边滤镜

选择菜单“滤镜”→“画笔描边”命令，即可看到其子菜单命令（画笔描边滤镜组中有 8 种滤镜），如图 7-113 所示。它们的作用主要是对图像边缘进行强化处理，产生喷溅等效果。

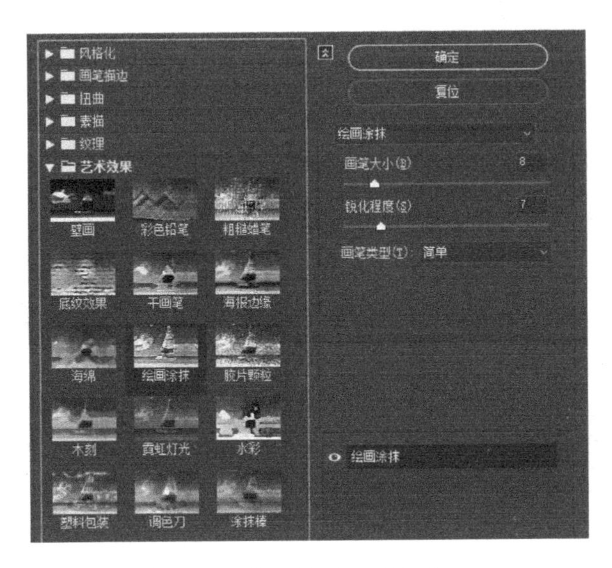

图 7-112 “绘画涂抹”对话框

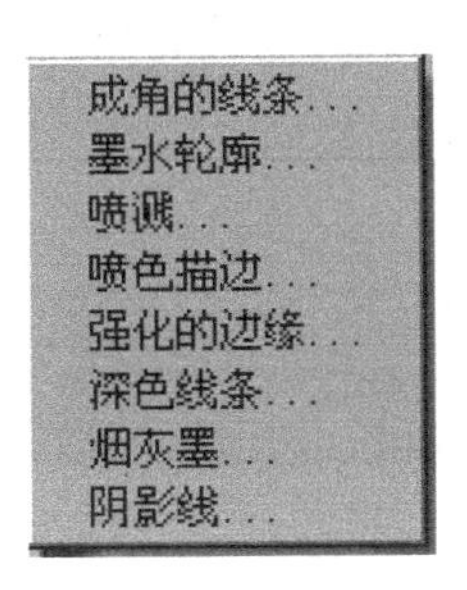

图 7-113 “画笔描边”菜单

（1）喷溅滤镜

它可以产生图像边缘笔墨飞溅的效果，有点像人们用喷枪在图像的边缘上喷涂一些彩色笔墨的效果。选择菜单“滤镜”→“画笔描边”→“喷贱”命令，弹出“喷贱”对话框，按照图 7-114 所示进行设置，即可将图 7-106 加工成图 7-115 所示的喷溅加工。

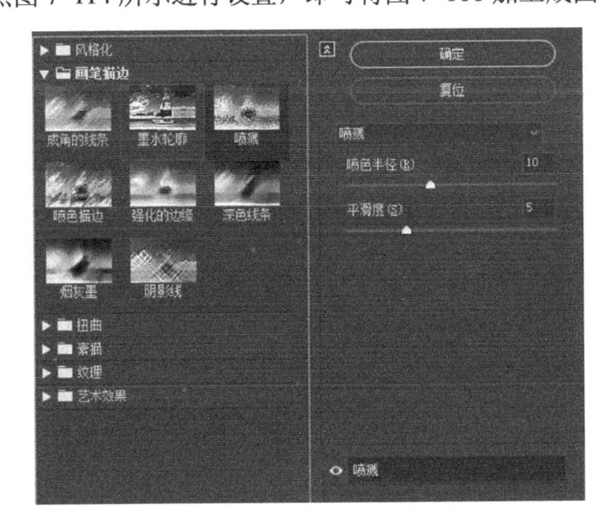

图 7-114 “喷溅”对话框

图 7-115 添加“喷溅”滤镜后的图像

（2）喷色描边滤镜

它可以在图像的边缘产生喷色的效果。选择菜单“滤镜”→“画笔描边”→“喷色描边”命令，弹出“喷色描边”对话框。按照图 7-116 所示进行设置，即可将图 7-106 加工成图 7-117 所示的喷溅描边效果。也可以单击图 7-114 所示对话框内的“喷色描边”图标，或者从下拉列表框中选择“喷色描边”选项，切换到“喷色描边”对话框。对于其他的相关滤镜，也可以采用这种方法来切换到相应的对话框。

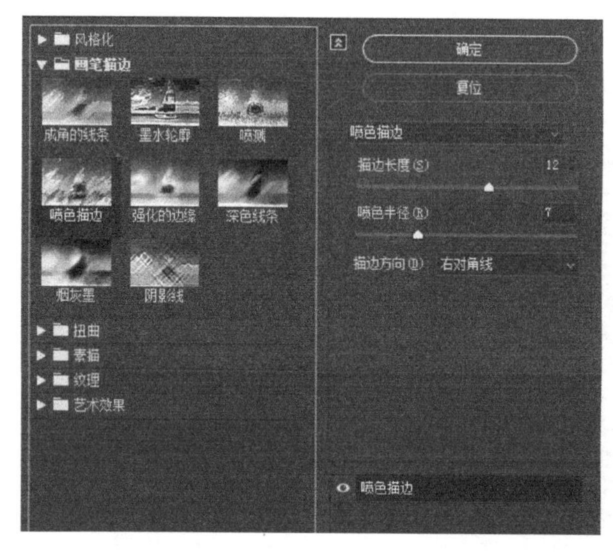

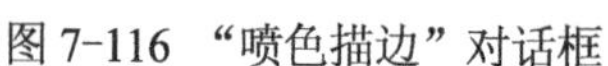
图 7-116 “喷色描边”对话框

图 7-117 “喷色描边”后的图像

4．视频滤镜

选择菜单“滤镜”→“视频”命令，即可看到其子菜单命令（视频滤镜组中有两种滤镜）。它们主要被用来解决视频图像输入与输出系统的差异问题。

（1）NTSC 颜色滤镜

常用的彩色视频信号的制式有 NTSC 制和 PAL 制。该滤镜可以减少彩色视频图像中的色阶，使彩色视频图像的色彩更符合 NTSC 制的要求，使不正常的颜色转换为接近正常的颜色。

（2）逐行滤镜

视频图像是隔行扫描的，即先扫描图像的奇数行，再扫描图像的偶数行。使用该滤镜，可以消除图像中的错位扫描线，使视频图像扫描正确，图像平滑。

7.5 液化图像

7.5.1 【案例 7-6】节约用水公益广告

节约用水公益广告案例的效果如图 7-118 所示。

【案例的制作方法】

1）选择菜单“文件”→“新建”命令（〈Ctrl+N〉组合键），设置文档的“宽度”为

50cm、“高度”为 30cm，“分辨率”为 100 像素/英寸，颜色模式为“CMYK 颜色”，“背景内容”为白色，名称为“节约用水”。

二维码 7-6
节约用水公益广告

图 7-118 “节约用水公益广告”效果

2）打开一幅名为“沙漠”的图像文件，如图 7-119 所示，按〈Ctrl+A〉组合键（全选），再按〈Ctrl+C〉组合键，将整幅图像复制到剪贴板中。关闭该文件，回到“节约用水公益广告”文档，按〈Ctrl+V〉组合键，即可将剪贴板中的沙漠图像粘贴到画布中，并用〈Ctrl+T〉组合键，使沙漠图像与画布大小适合，“图层”面板中将自动生成一个名为“图层 1”的图层，“图层”面板如图 7-120 所示。

图 7-119 沙漠.jpg

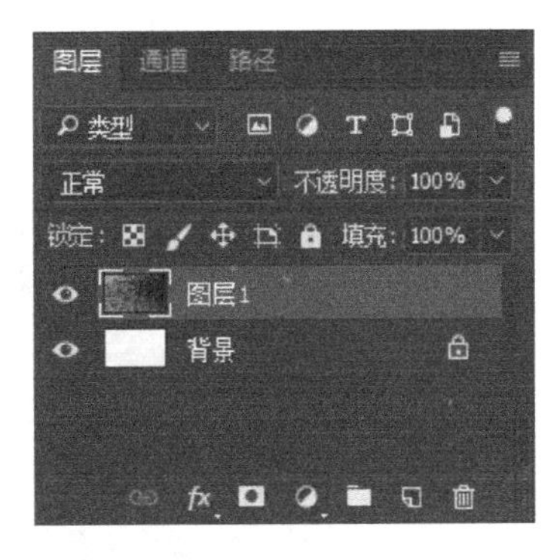

图 7-120 “图层”面板

3）确定当前图层为“图层 1”图层，选择菜单“滤镜”→“Xenofex 1.0”→“龟裂土地”命令，在“龟裂土地”对话框中，设置“调节裂片长度（像素）”为 68，“调节裂片宽度（像素）”为 9，“调节裂片边沿的撕裂效果”为 70，“随机分布效果”为 72，“调节高光亮度”为 50，“调节高光聚集度”为 23，“方向”为 44，“倾斜度”为 53，如图 7-121 所示。单击对勾按钮，即可为图像添加龟裂土地效果，如图 7-122 所示。

4）按〈Ctrl+〉组合键，将图像的显示比例缩小，选择菜单“编辑”→“变换”→“透视”命令，进入透视变换状态，调整图像为远小近大的效果，如图 7-123 所示，按〈Enter〉键确认，如图 7-124 所示。

5）打开一幅名为“晚霞”的图像文件，如图 7-125 所示，按〈Ctrl+A〉组合键进行全选，再按〈Ctrl+C〉组合键，将整幅图像复制到剪贴板中，关闭该文件。

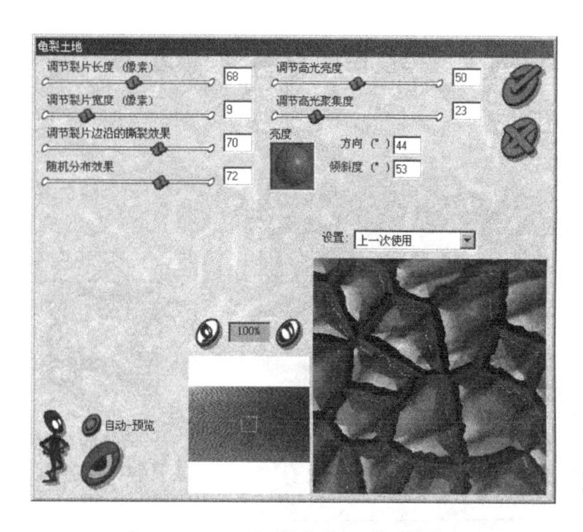

图 7-121 “龟裂土地”对话框

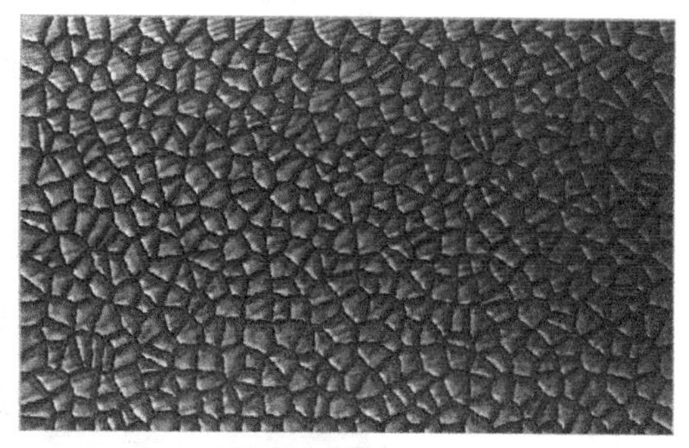

图 7-122 添加“龟裂土地”滤镜后的效果

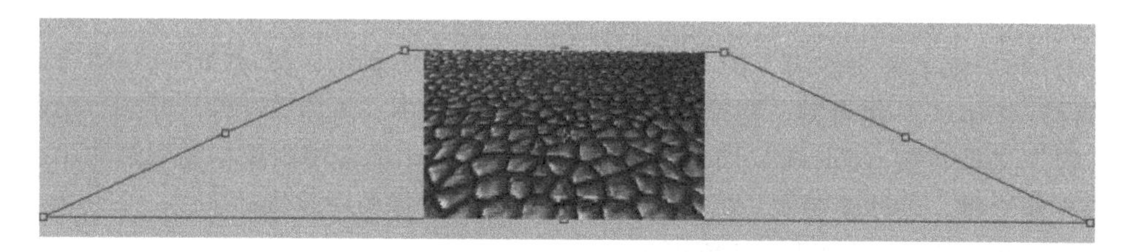

图 7-123 调整图像为远小近大的透视效果

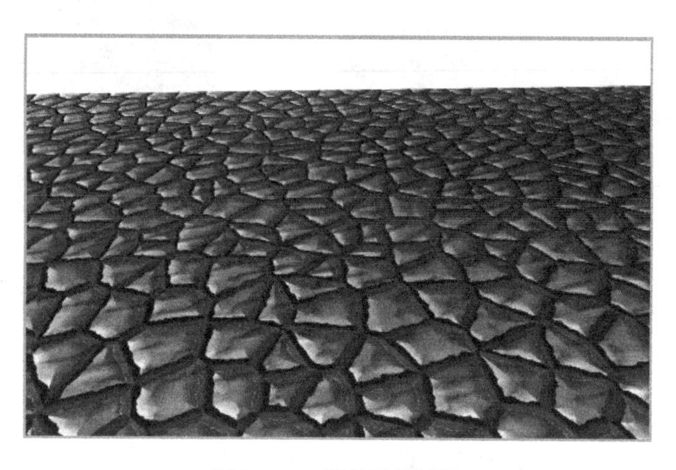

图 7-124 调整后的图像

6）回到“节约用水公益广告”文档，按〈Ctrl+V〉组合键，即可将剪贴板中的晚霞图像粘贴到画布中，此时，“图层”面板中将自动生成一个名为“图层 2”的图层，选择菜单“编辑”→“自由变换”命令，调整好晚霞图像在画布上的大小和位置，按〈Enter〉键确认，如图 7-126 所示。

7）确定当前图层为“图层 2”，按〈D〉键，将前景色和背景色恢复到默认，单击“图层”面板下的“添加图层蒙版”按钮，为“图层 2”图层添加蒙版，如图 7-127 所示。

8）选择工具箱中的“渐变工具”，在其选项栏内单击“线性渐变”按钮，弹出“渐变编辑”对话框，在对话框里选择“前景到背景”渐变色，再把黑色滑块向右移动，单击“确定”按钮，对“图层 2”的图层蒙版从下到上绘制一个渐变，效果如图 7-128 所示，此时的图层蒙版如图 7-129 所示。

图 7-125　晚霞.jpg

图 7-126　调整图像的大小和位置

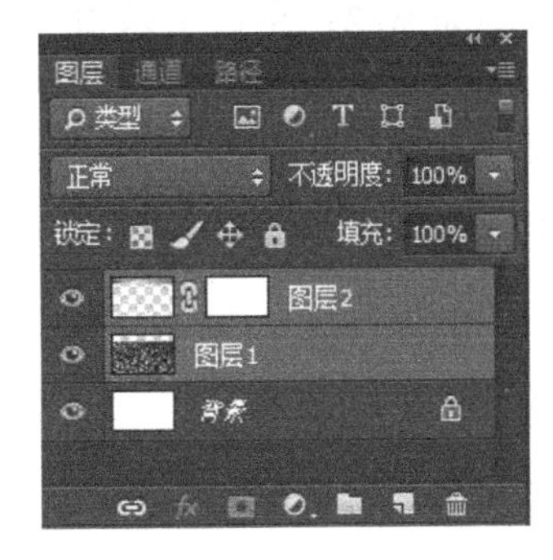

图 7-127　添加蒙版

图 7-128　渐变效果

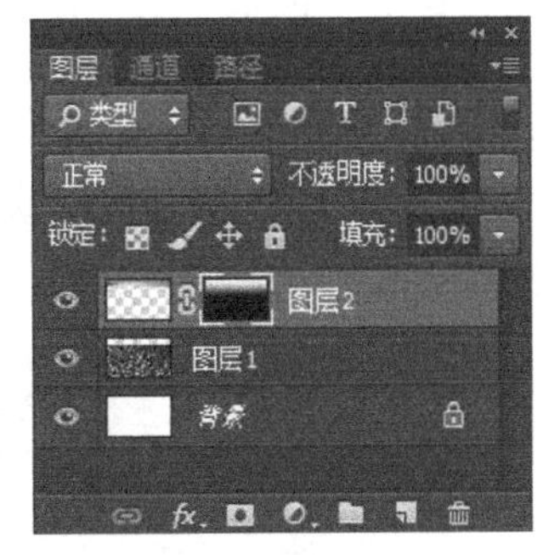

图 7-129　图层蒙版状态

9）确定当前图层为“图层 2”，按〈Ctrl+Shift+N〉组合键，新建一个名为“图层 3”的图层，设置前景色为黄色（C=9，M=22，Y=67，K=0），背景色为橙色（C=0，M=75，Y=100，K=0），选择菜单“滤镜”→“渲染”→“云彩”命令，单击“确定”按钮，如图 7-130 所示，并设“图层 3”的混合模式为“叠加”，不透明度为 50%，“图层”面板如图 7-131 所示，效果如图 7-132 所示。

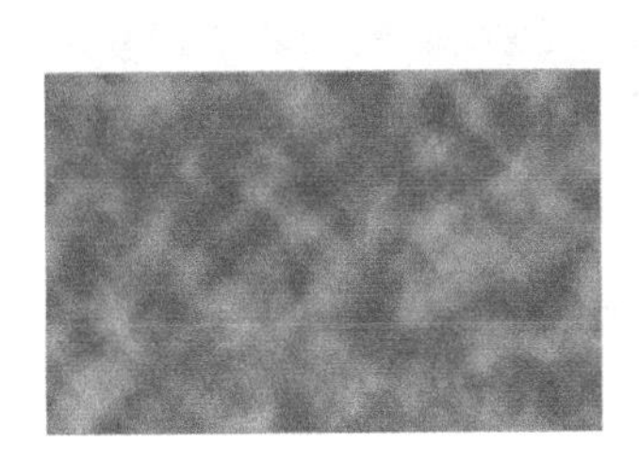

图 7-130　添加“云彩”滤镜后的效果

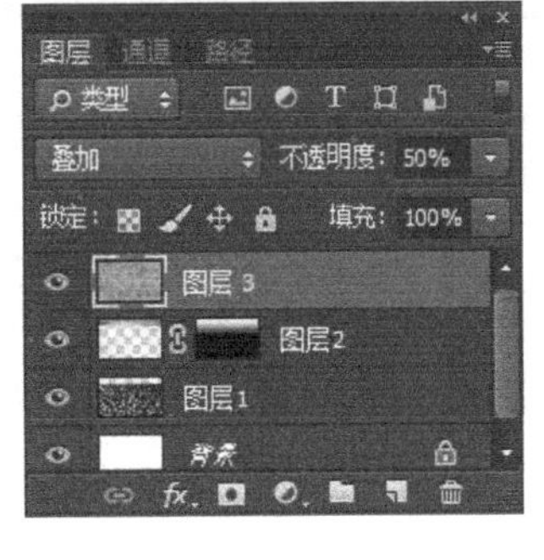

图 7-131　“图层”面板

图 7-132　叠加效果

10）打开一幅名为“海水”图像文件，如图 7-133 所示，按〈Ctrl+A〉组合键进行全选，然后按〈Ctrl+C〉组合键，将整个海水图像复制到剪贴板中，将文件关闭。回到“节约用水公益广告”文档，按〈Ctrl+V〉键，将整幅图粘贴到画布中，在“图层”面板上自动生成一个名为“图层 4”的图层，选择菜单“编辑”→“变换”→“透视”命令，调整图像为透视效果，如图 7-134 所示。

图 7-133　海水.jpg

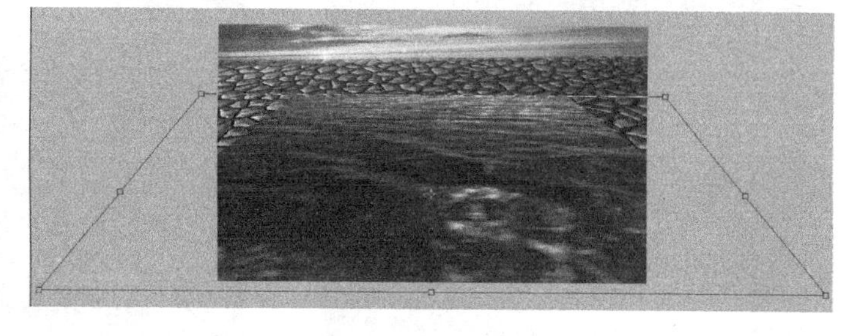

图 7-134　透视效果

11）确定当前图层为“图层 4”，按〈D〉键，将前景色和背景色恢复到默认颜色，单击“图层”面板下的“添加图层蒙版”按钮，为“图层 4”图层添加蒙版，单击工具箱中的“画笔工具”按钮，按〈F5〉键打开“画笔”面板，如图 7-135 所示，设置“大小”为 100，硬度为 0%，“间距”为 25%，不透明度为“40”，单击“画笔面板”上的按钮，将“画笔”面板隐藏（或直接按〈F5〉键隐藏），然后在画布上沿着海水进行涂抹，效果如图 7-136 所示。

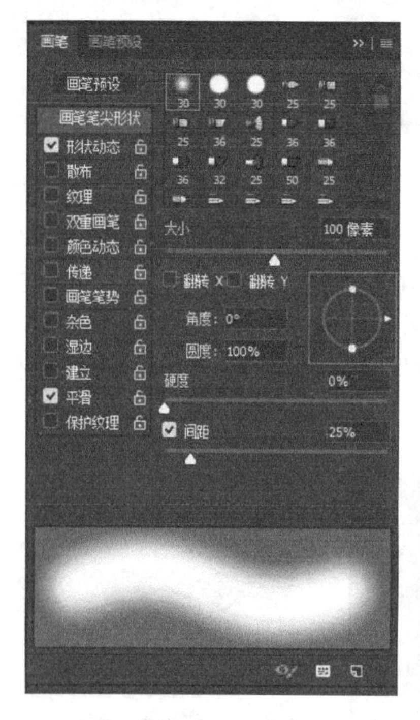

图 7-135　“画笔”面板

图 7-136　涂抹后的效果

12）在“图层”面板上，设置图层 4 的混合模式为“滤色”（将“图层 4”图层中的图像和其下面的图层中的图像进行融合，产生将要干涸的效果），如图 7-137 所示。拖动“图层 4”到“图层”面板下部“创建新图层”按钮的上一行，复制一个相同的图层，该图层的名称为“图层 4 副本”，设置该图层的混合模式为“强光”，不透明度为 40%（加强水纹效果），如图 7-138 所示，此时的效果如图 7-139 所示。

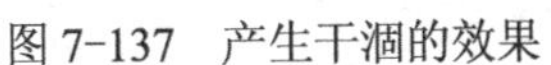
图 7-137　产生干涸的效果

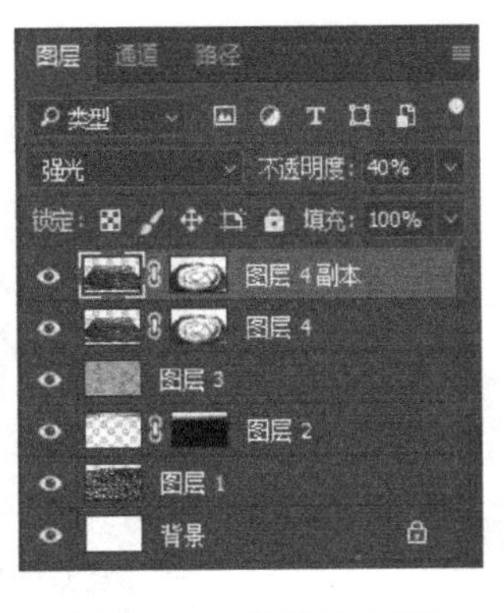

图 7-138　“图层”面板

图 7-139　加强水纹效果

13）打开一幅名为“海鱼.psd”的文件，如图 7-140 所示，按〈Ctrl〉键同时，单击“图层”面板下的“图层 1”，调出选区，使用工具箱中的“移动工具”拖动选区到“节约用水公益广告”的文档画布上，这时“节约用水公益广告”文档的“图层”面板下就会多出一个名为“图层 5”的图层，选择菜单“编辑”→“自由变换”命令，调整图像的大小和位置，按〈Enter〉键确认，如图 7-141 所示。

图 7-140　海鱼.psd

图 7-141　调整海鱼图像的大小和位置

14）按〈Ctrl+M〉组合键，打开“曲线”对话框，参数设置如图 7-142 所示，单击“确定”按钮，将海鱼图像调亮，增强图像的感染力，如图 7-143 所示。

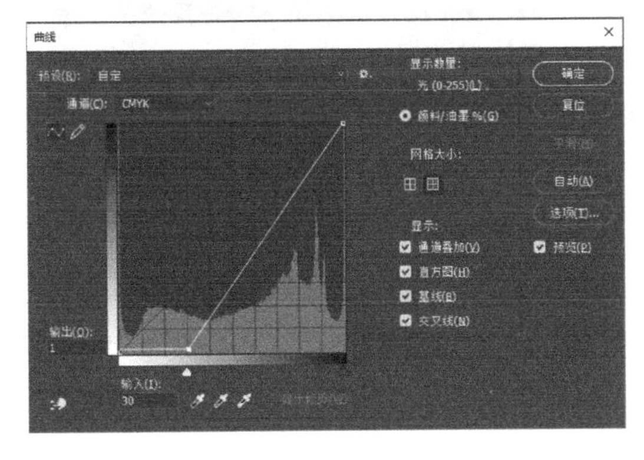

图 7-142　“曲线”对话

图 7-143　将海鱼图像照亮

15）确定当前图层为“图层 5”，选择菜单“滤镜”→“液化”命令，弹出“液化”对话框，用“向前变形工具”对海鱼的嘴巴进行液化，如图 7-144 所示，效果如图 7-145 所示。

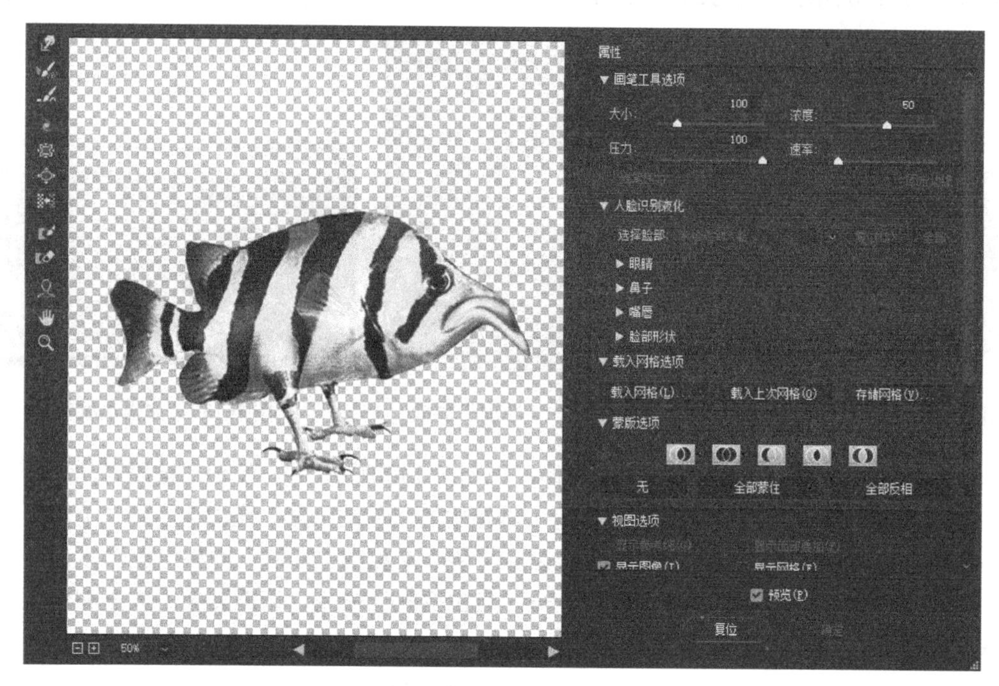

图 7-144 “液化”对话框

16）按〈Ctrl+Shift+N〉组合键新建一个“图层 6”的图层，按〈D〉键，恢复前景色和背景色为默认颜色，再按一下〈X〉键，使前景和背景互换，用“钢笔工具”画两滴眼泪的形状，单击“路径”面板下的“工作路径”按钮，再单击面板下的图标，以前景色填充，并把“工作路径”删除，如图 7-146 所示。

图 7-145 “液化”后的图像

图 7-146 海鱼的眼泪

17）单击工具箱上的“文字工具”按钮，将字体设置为“方正细等线简体”，设置字体颜色为白色，大小为 200，字形加粗，在龟裂土地的左上角输入“水”，选择菜单“滤镜”→“液化”命令，对“水”字进行一定的液化，参数设置如图 7-147 所示，单击“确定”按钮，效果如图 7-148 所示。

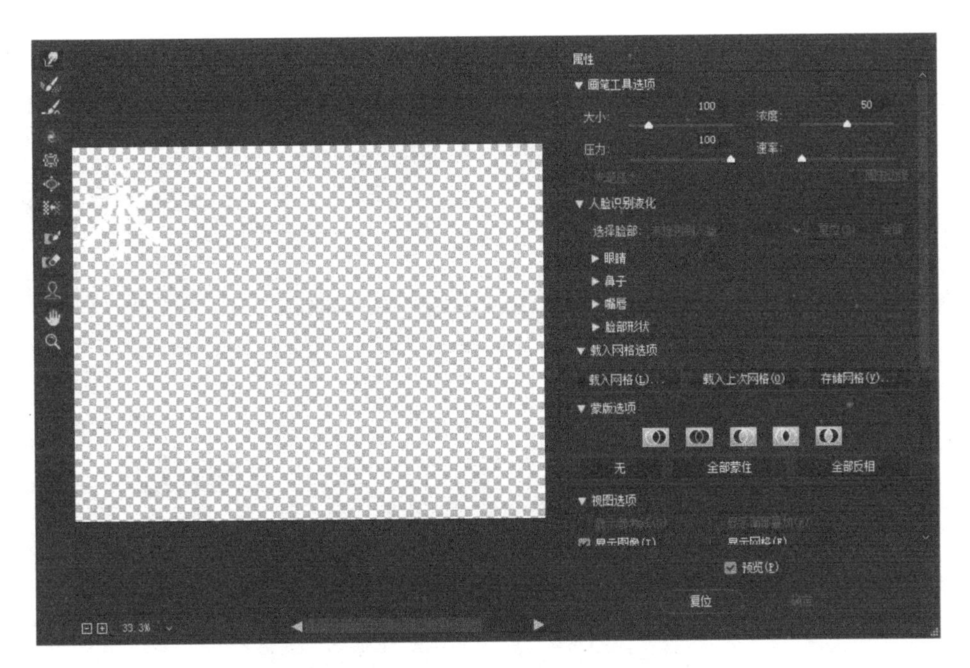

图 7-147 “液化”对话框

图 7-148 “液化”后的图像

18）同理，在海鱼的嘴巴旁边加上文字“被迫的进化……”，设置字体颜色为黑色，字体为“方正大黑简体”，大小为 35，双击该图层，设置描边为 5 像素。在海鱼的上面输入文字“生命之源泉”，设置字体为“方正大黑简体”，字号为 80，颜色为白色。在海鱼右下角输入“请节约用水”，设置字体为“方正等细线简体”，字体颜色为深蓝色（C=92，M=75，Y=0，K=0），大小为 80。双击该图层，设置描边为 5 像素，读者可以根据自己的喜好设置。

至此，完成了“节约用水公益广告”全部效果的制作，最终效果如图 7-118 所示。

注意：在对文字图层进行液化时，一定要对文字图层栅格化。另外，读者也可以用“液化”滤镜让海鱼在眨眼睛的同时让眼泪流下来，这样更生动。

7.5.2 【相关知识】液化图像

液化图像是一种非常直观和方便的图像调整方式。它可以将图像或蒙版图像调整为液化状态。选择菜单“滤镜”→“液化”命令，弹出“液化”对话框，如图 7-149 所示。

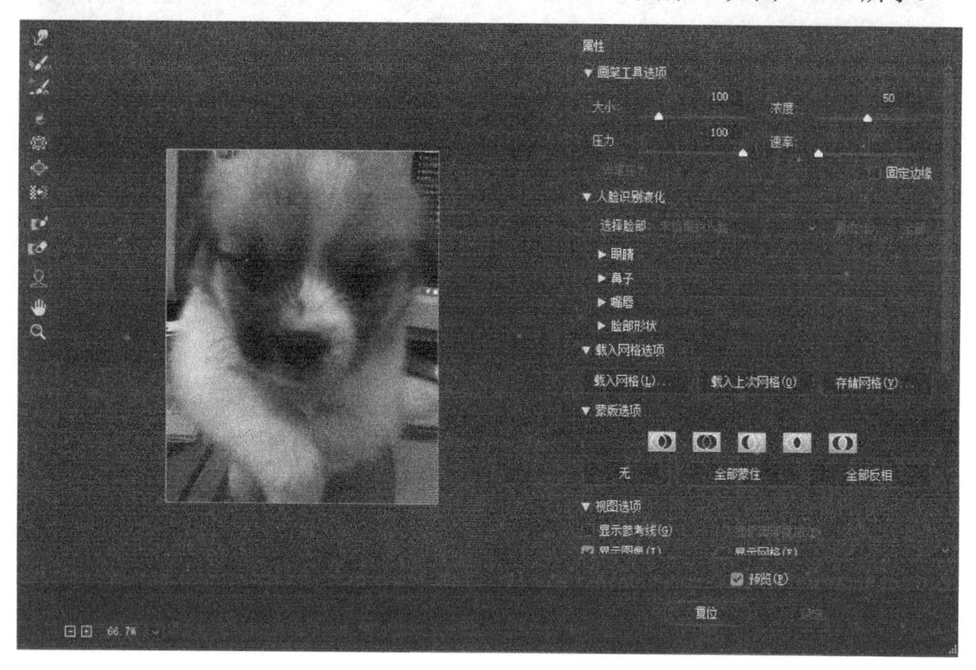

图 7-149 “液化”对话框

该对话框中间显示的是要加工的当前整个图像（图像中没有创建选区）或选区中的图像，左边是加工使用的液化工具，右边是对话框的选项栏。将光标移到中间的画面，光标呈圆形状。用鼠标在图像上拖动或单击图像，即可获得液化图像的效果。在图像上拖动鼠标的速度会影响加工效果。“液化”对话框中的各工具和部分选项的作用及操作方法如下。

- “向前变形工具”：单击该按钮，可设置画笔大小和画笔压力等，再用鼠标在图像上拖动，即可获得涂抹图像的效果，如图 7-150 所示。
- “重建工具”：单击该按钮，可设置画笔大小和压力等，再用鼠标在加工后的图像上拖动，即可将拖动处的图像恢复原状，如图 7-151 所示。
- “顺时外旋转扭曲工具”：单击该按钮，可设置画笔大小和压力等，使画笔的笔触正好圈住要加工的那部分图像。然后单击鼠标左键，即可看到正圆内的图像在顺时针旋转扭曲，当获得满意的效果时，松开鼠标左键即可，效果如图 7-152 所示。
- “褶皱工具”：单击该按钮，可设置画笔大小和压力等，使画笔的笔触正好圈住要加工的那部分图像。然后单击鼠标左键，即可看到正圆内的图像褶皱逐渐缩小，当获得满意的效果时，松开鼠标左键即可，效果如图 7-153 所示。

图 7-150 向前变形效果

图 7-151 重建的效果

图 7-152 顺时外旋转效果

图 7-153 褶皱效果

- “膨胀工具”：单击该按钮，可设置画笔大小和压力等，使画笔的笔触正好圈住要加工的那部分图像。然后单击鼠标左键，即可看到正圆内的图像逐渐膨胀扩大，当获得满意的效果时，松开鼠标左键即可，如图 7-154 所示。
- “转换像素工具”：单击该按钮，可设置画笔大小和压力等，再用鼠标在图像上拖动，即可获得用邻近图像像素替换涂抹处图像像素和挤压图像效果，如图 7-155 所示。
- “对称工具”：单击该按钮，可设置画笔大小和压力等，再用鼠标在图像上拖动，即可获得用对称方向图像像素替换图像像素和挤压图像效果，如图 7-156 所示。
- “紊流工具”：单击该按钮，可设置画笔大小和压力等，使画笔的笔触正好圈住要加工的那部分图像。然后单击鼠标左键，即可看到正圆内的图像在顺时针旋转，如图 7-157 所示。

图 7-154 膨胀效果

图 7-155 转换像素效果

图 7-156 对称效果

图 7-157 紊流效果

- “冻结工具”：单击该按钮，可设置画笔大小和压力等，再用鼠标在不要加工的图像上拖动，即可在拖动过的地方覆盖一层半透明的颜色，建立保护的冻结区域，这时再用其他液化工具（不含解冻工具）在冻结区域拖动鼠标，则不能改变区域内的图像，如图 7-158 所示。
- “解冻工具”：单击该按钮，可设置画笔大小和压力等，再用鼠标在冻结区域拖动，则可以擦除半透明颜色，使冻结区域变小，达到解冻的目的，如图 7-159 所示。

图 7-158 冻结效果

图 7-159 解冻效果

- “缩放工具”：单击该按钮，再单击画面，则可放大图像，按〈Alt〉键的同时单击画面，则可缩小图像。
- “抓手工具”：当图像较大，不能全部显示时，单击该按钮，再用鼠标在画面中拖动，即可移动图像的显示范围。

7.6 本章小结

本章以案例结合相关知识点的方式介绍了 Photoshop CC 2017 中部分内置滤镜的使用方法，通过本章的具体案例不仅能让读者掌握 Photoshop CC 2017 中滤镜的使用方法，还能感受 Photoshop CC 2017 中滤镜的精彩，同时还能掌握外挂滤镜的使用，为使用 Photoshop CC 2017 软件进行图形图像处理和设计、制作奠定了基础。

7.7 练习题

1．分别运用“分层云彩”“铜版雕刻”“径向模糊”“旋转扭曲”“USM 锐化”等滤镜，制作出图 7-160 所示的“交织线”效果。

2．分别运用“添加杂色”“动感模糊”“极坐标”“径向模糊”“云彩”“分层云彩”等滤镜，制作出图 7-161 所示的“爆炸”效果。

图 7-160 “交织线”效果

图 7-161 “爆炸”效果

3．分别运用“添加杂色”“自定”“动感模糊”等滤镜，制作出图 7-162 所示的“圣诞贺卡”的效果。

4．分别运用“照亮边缘”“高斯模糊”滤镜，制作出图 7-163 所示的“黄昏变夜景”效果。

图 7-162 “圣诞贺卡”的效果

图 7-163 “黄昏变夜景”效果

5．分别运用“云彩”“分层云彩”等滤镜，制作出图 7-164 所示的“玉佩”效果。

6．分别运用“添加杂色”“高斯模糊”“染色玻璃”“浮雕效果”等滤镜，制作出图 7-165 所示的“瓷器加纹理”的效果。

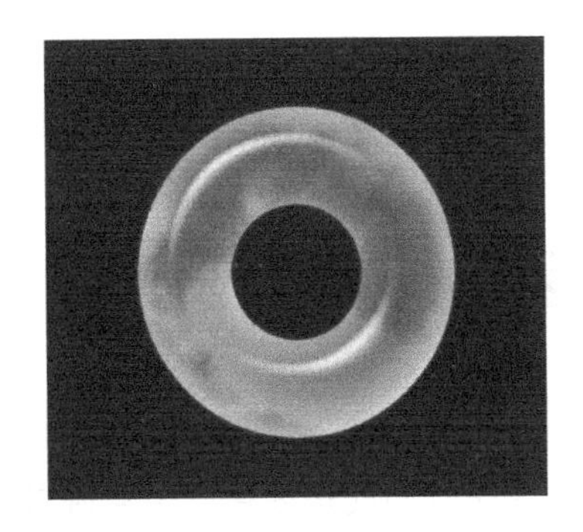

图 7-164 “玉佩”效果

图 7-165 “瓷器加纹理”效果

第8章　文字的创建与效果设计

【教学目标】

本章将介绍 Photoshop CC 2017 中关于文字的设计与处理方法，主要内容包括文字工具的使用方法，将文字转换路径或选区，给文字添加样式的方法和特效文字的制作方法。本章知识要点、能力要求及相关知识，如表 8-1 所示。

【教学要求】

表 8-1　本章知识要点、能力要求及相关知识

知识要点	能力要求	相关知识
文字工具	掌握	文字工具的使用
文字选区	掌握	学会如何制作文字选区
对文字图层添加样式	了解	给文字图层添加样式的方法
制作特效文字	掌握	特效文字的制作方法

【设计案例】

（1）火焰字

（2）玻璃字

（3）钻石字

（4）冰凌字

8.1 【案例 8-1】火焰字

二维码 8-1
火焰字

火焰字案例的效果如图 8-1 所示。

【案例设计创意】

火焰字是常见的字体效果，在平面设计中应用较多，给人一种热烈、炫丽的视觉效果。利用 Photoshop CC 2017 可以做出不同色彩和形态的火焰字。

本节主要运用 Photoshop CC 2017 中的滤镜、涂抹、渐变等工具来制作火焰字。在制作火焰字之前，需要分析火焰字的组成。从图 8-1 看出，火焰字的主要元素为字形、火焰光晕及火焰色彩。在制作火焰字时，就是制作这 3 个主要元素并将它们融合为一体，从而得到火焰字的效果。

【案例目标】

通过本案例的学习，读者可以掌握文字栅格化、载入文字选区的方法及如何使用图层样式编辑文字效果。在完成本案例之后，大家可以在此方法基础上根据实际需要制作出不同颜色、不同字形的火焰字。

图 8-1 “火焰字”效果

【案例的制作方法】

1）新建一个 800 像素×600 像素的画布，分辨率为 100 像素/英寸，填充为黑色，并使用文字工具输入颜色为白色的文字，如图 8-2 所示。在“图层”面板中右击文字图层，选择“栅格化文字”命令，将文字图层栅格化。再复制一个图层并将其隐藏起来，为下面第 4）步做准备。

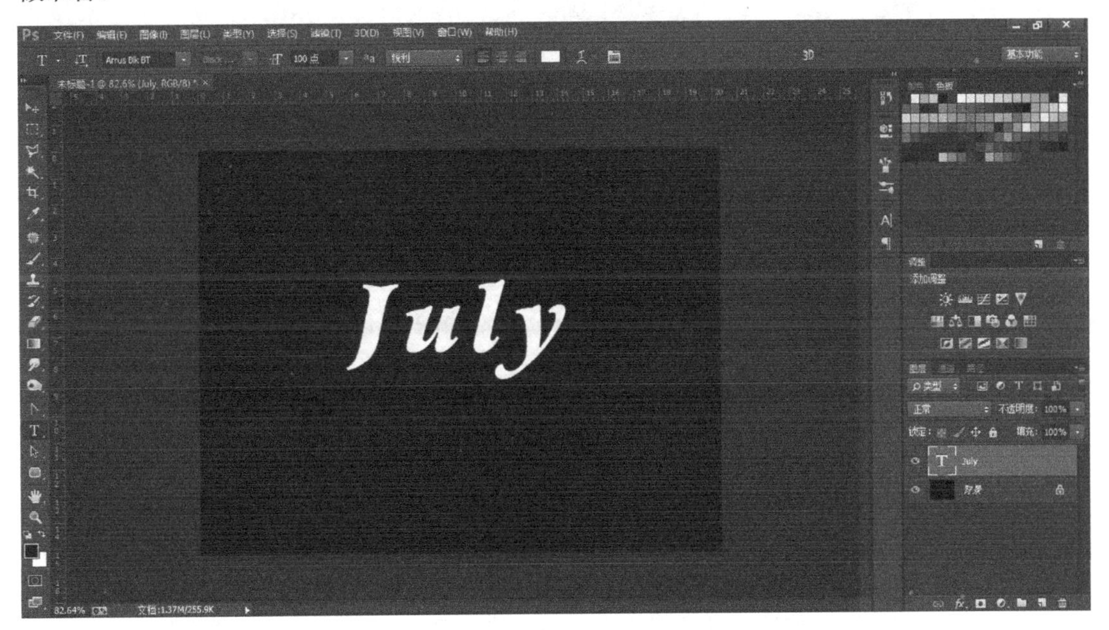

图 8-2 输入颜色为白色的文字

2）对栅格化的文字使用“高斯模糊”滤镜效果，选择菜单“滤镜”→“模糊”→“高斯模糊”命令，参数设置如图 8-3 所示。

图 8-3 “高斯模糊”滤镜参数设置

3）使用“涂抹工具”对“高斯模糊”后的文字进行涂抹，设置强度为 50，效果如图 8-4 所示。再对其添加图层样式中的外发光效果，参数设置如图 8-5 所示。

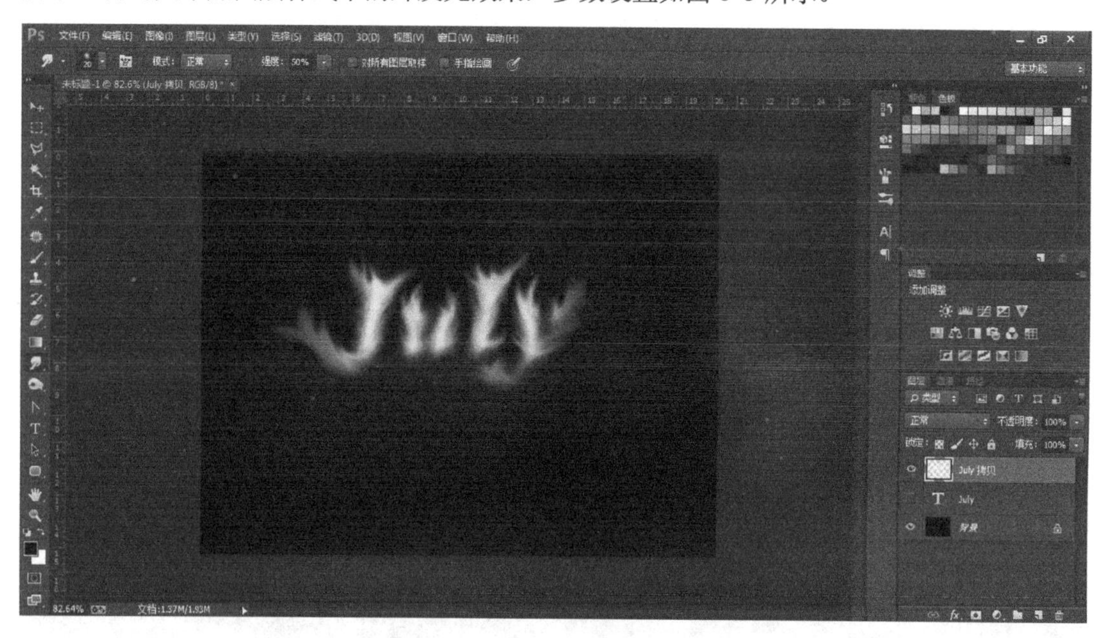

图 8-4 对“高斯模糊”后的文字进行涂抹

4）取消隐藏的另一个文字图层，按住〈Ctrl〉键的同时使用鼠标左键单击图层缩略图，载入文字选区，在画布中单击鼠标右键，选择“描边”命令，对其进行描边，设置描边宽度为 2 像素，然后把选区范围内的图形删除，得到镂空文字，效果如图 8-6 所示。

5）对镂空文字图层使用“动感模糊”滤镜，选择菜单“滤镜”→“模糊”→“动感模糊”命令，参数设置如图 8-7 所示。

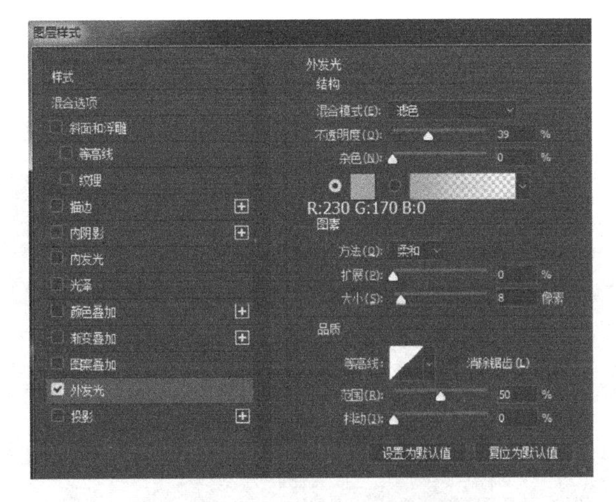

图 8-5　外发光参数设置

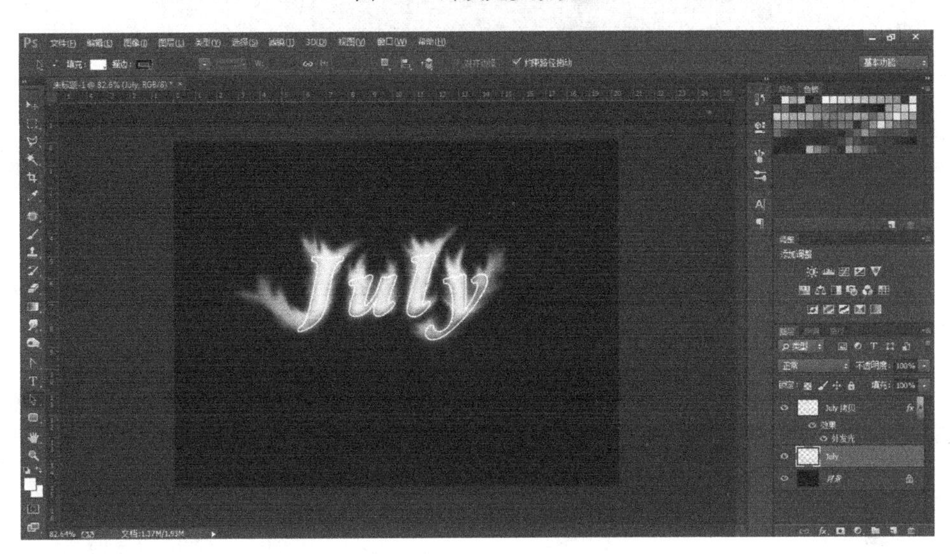

图 8-6　镂空文字效果

图 8-7　“动感模糊”参数设置

6）复制镂空文字图层，按〈Ctrl+T〉组合键对其进行位移和旋转，将两个镂空文字图层合并。使用“涂抹工具”涂抹镂空文字的端点和转角处，效果如图 8-8 所示。

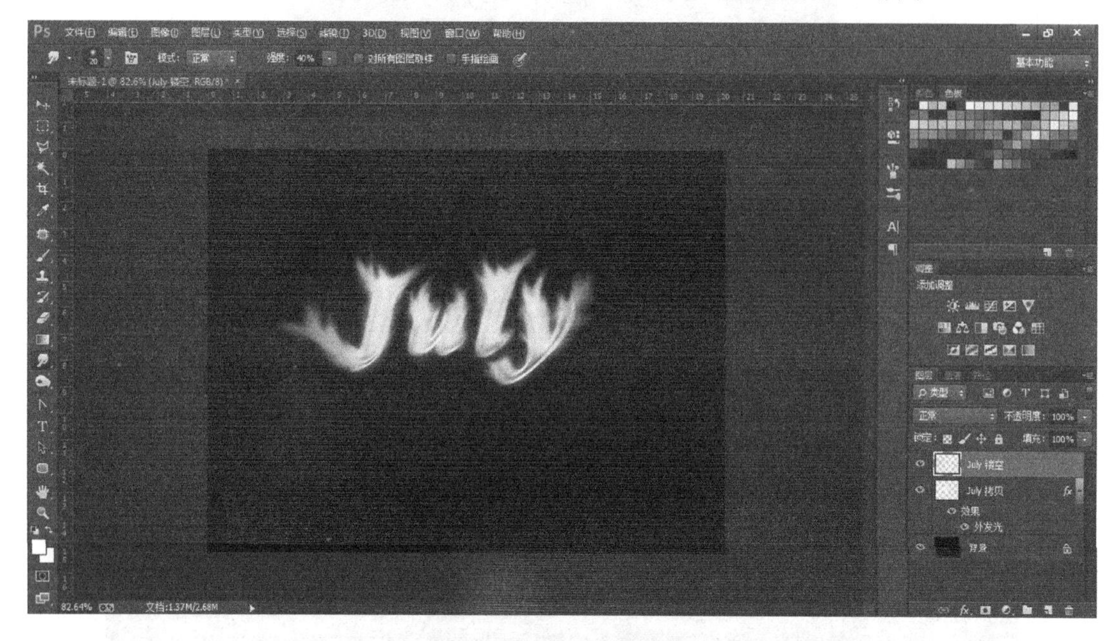

图 8-8　使用“涂抹工具”涂抹镂空文字的效果

7）新建图层，填充渐变，设置渐变颜色为中间黄色、两边橙色，在图层上填充线性渐变，如图 8-9 所示。然后把图层混合模式设置为“柔光”，效果如图 8-10 所示。

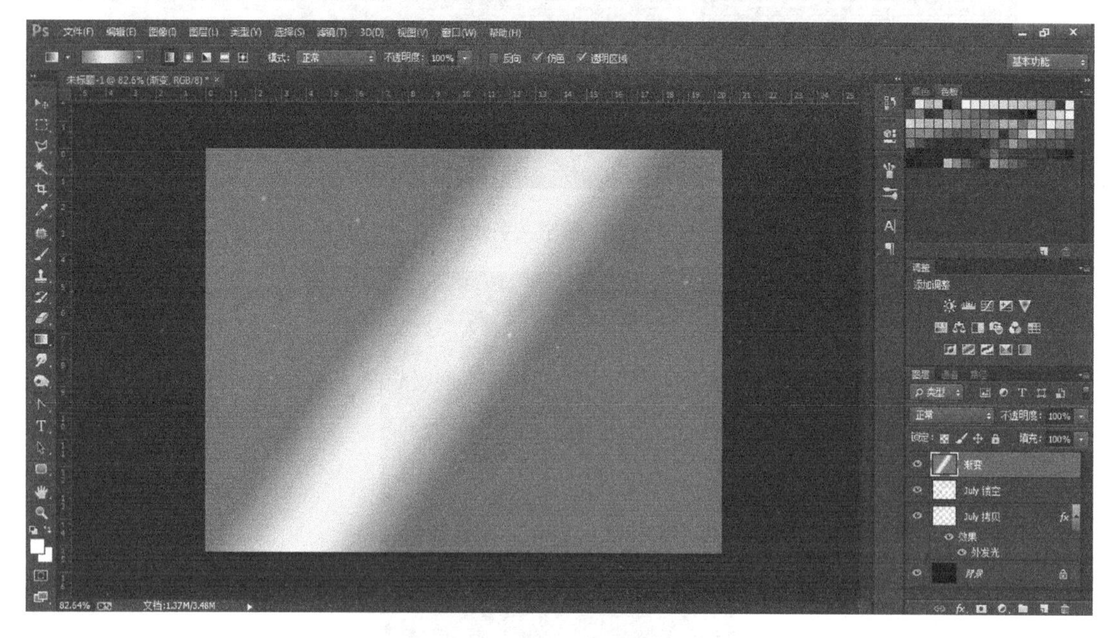

图 8-9　在图层上填充线性渐变

8）新建图层，将图层混合模式设置为“叠加”，使用“画笔工具”在火焰字范围进行涂抹，设置画笔硬度为 30，涂抹颜色可选择饱和度高的红、黄、蓝等，效果如图 8-11 所示。

图 8-10　将图层混合模式设置为“柔光”

图 8-11　涂抹后的效果

9）复制镂空文字图层，置于顶层，并将透明度设置为 80%，效果如图 8-12 所示。

10）新建图层，命名为“点缀”，选择“画笔工具”，将前景色设置为白色，画笔设置如图 8-13、图 8-14 所示，在火焰字的周围用画笔点缀，效果如图 8-15 所示。

11）将第 3）步制作的图层复制，按〈Ctrl+T〉组合键对其水平翻转并旋转 180°，调整位置，制作成倒影状，并将图层透明度设置为 10%，最后用“橡皮擦工具”擦掉下端边缘，火焰字的倒影就完成了，最终效果如图 8-1 所示。

图 8-12　透明度设置后的效果

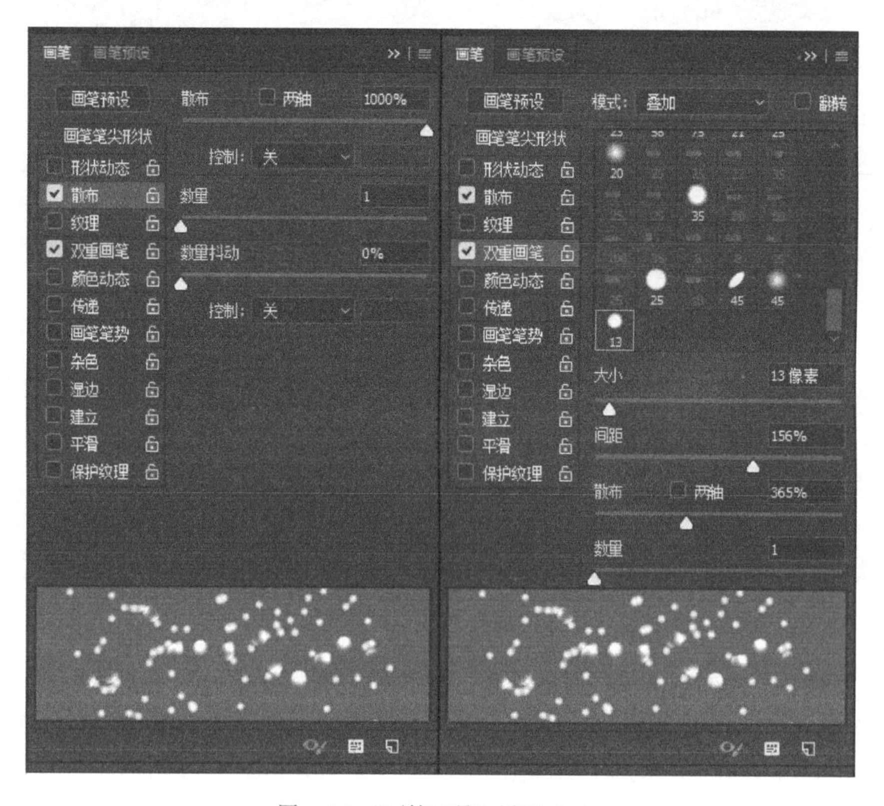

图 8-13 “画笔工具”设置（1）

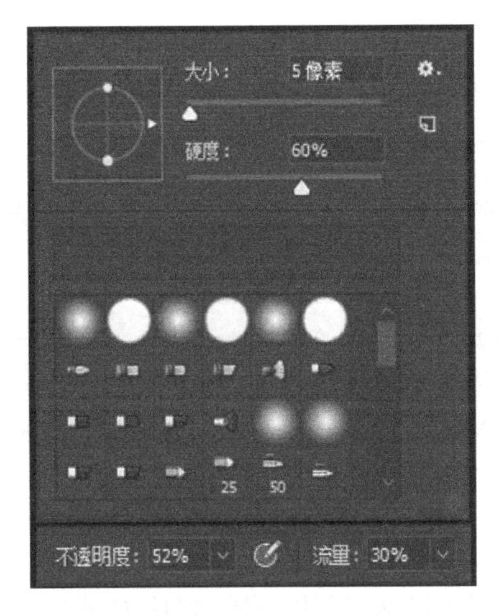

图 8-14 “画笔工具”设置（2）

图 8-15 画笔点缀后的效果

二维码 8-2
玻璃字

8.2 【案例 8-2】玻璃字

玻璃字案例的效果如图 8-16 所示。

【案例设计创意】

在特效字体中有一种质感像玻璃的字体效果，简称玻璃字。这种字体看起来剔透灵巧，适合清新凉爽的平面风格。

在开始制作前，先分析玻璃字的特点。从图 8-16 可以看出，玻璃字的光泽有层次感，并且玻璃材质本身是透明的。在制作中，把图层填充设置为 0，然后运用图层样式给文字边缘和中间区域增加高光，在文字底部增加投影，增加层次感，就可以获得玻璃字效果。

图 8-16 玻璃字案例的效果

【案例目标】

通过本案例的学习，读者可以掌握利用不同的图层样式制作文字效果的方法。在此案例基础上根据实际需要进行制作，可以改变玻璃字的色彩等，从而得到更加丰富的效果。

【案例的制作方法】

1）新建画布，大小为 1000 像素×750 像素，分辨率为 72 像素/英寸。用径向渐变填充背景，具体颜色设置如图 8-17 所示，由画布中心向四周拖出径向渐变，如图 8-18 所示。

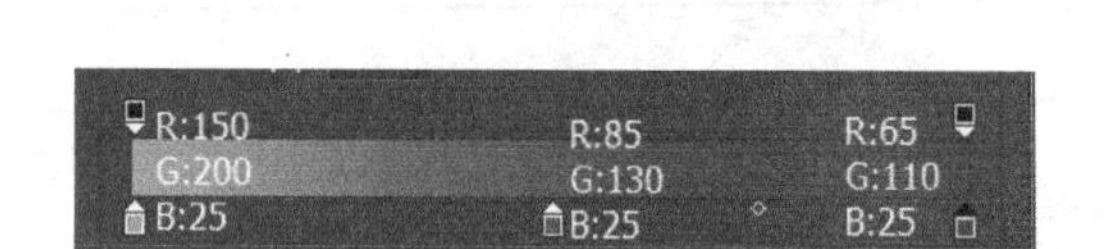

图 8-17 颜色设置

图 8-18 径向渐变

2）用“文字工具”输入文字，选择较粗、较圆滑的字体，这里用的是 Anja Eliane 字体，字号为 200 点，颜色为黑色，如图 8-19 所示。

图 8-19 字体设置

3）将文字图层栅格化后双击“图层”面板，设置图层样式，参数设置如图 8-20、图 8-21、图 8-22 所示。再将图层填充设置为 0，得到的效果如图 8-23 所示。

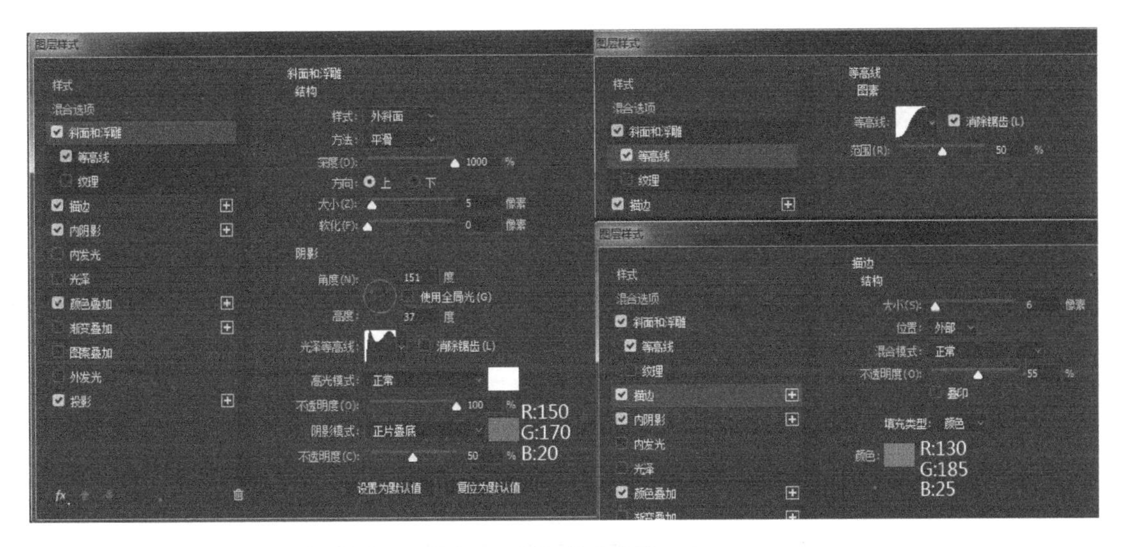

图 8-20　图层样式设置（1）

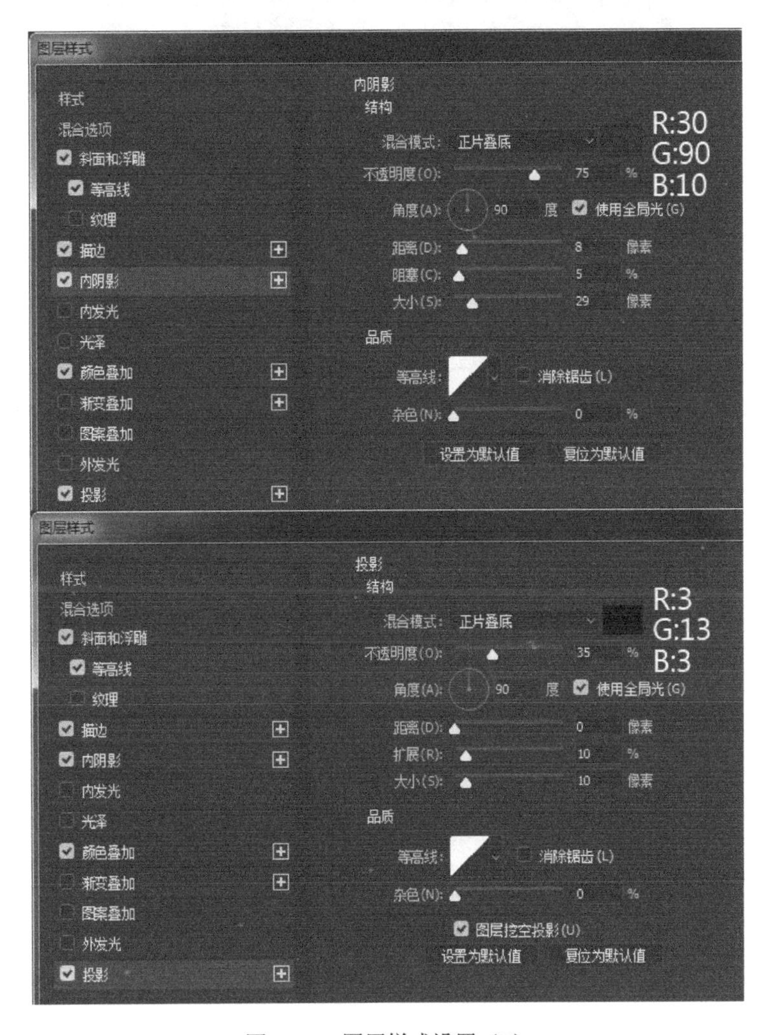

图 8-21　图层样式设置（2）

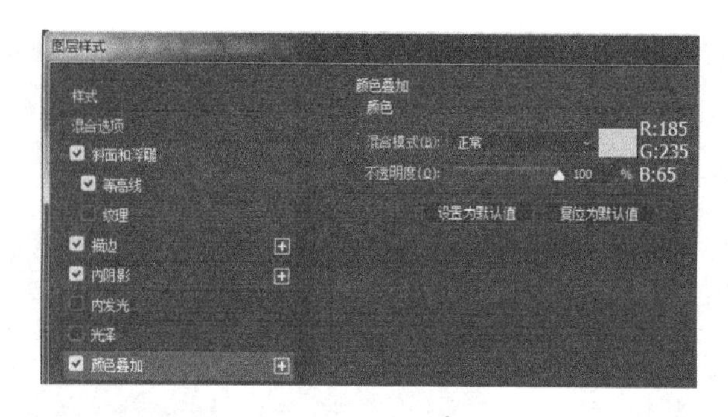

图 8-22 图层样式设置（3）

图 8-23 图层填充后的效果

4）把当前图层复制一层，然后在“图层”面板单击鼠标右键，选择“清除图层样式”命令。重新设置该图层的图层样式，具体设置如图 8-24、图 8-25 所示。再将图层填充设置为 0，得到的效果如图 8-26 所示。

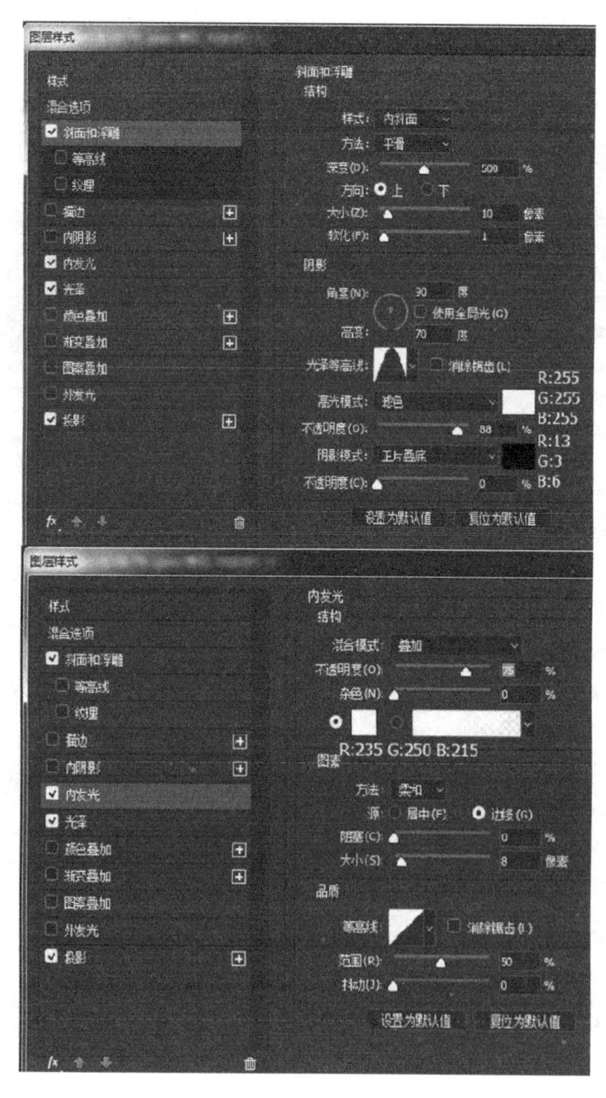

图 8-24 斜面和浮雕、内发光设置

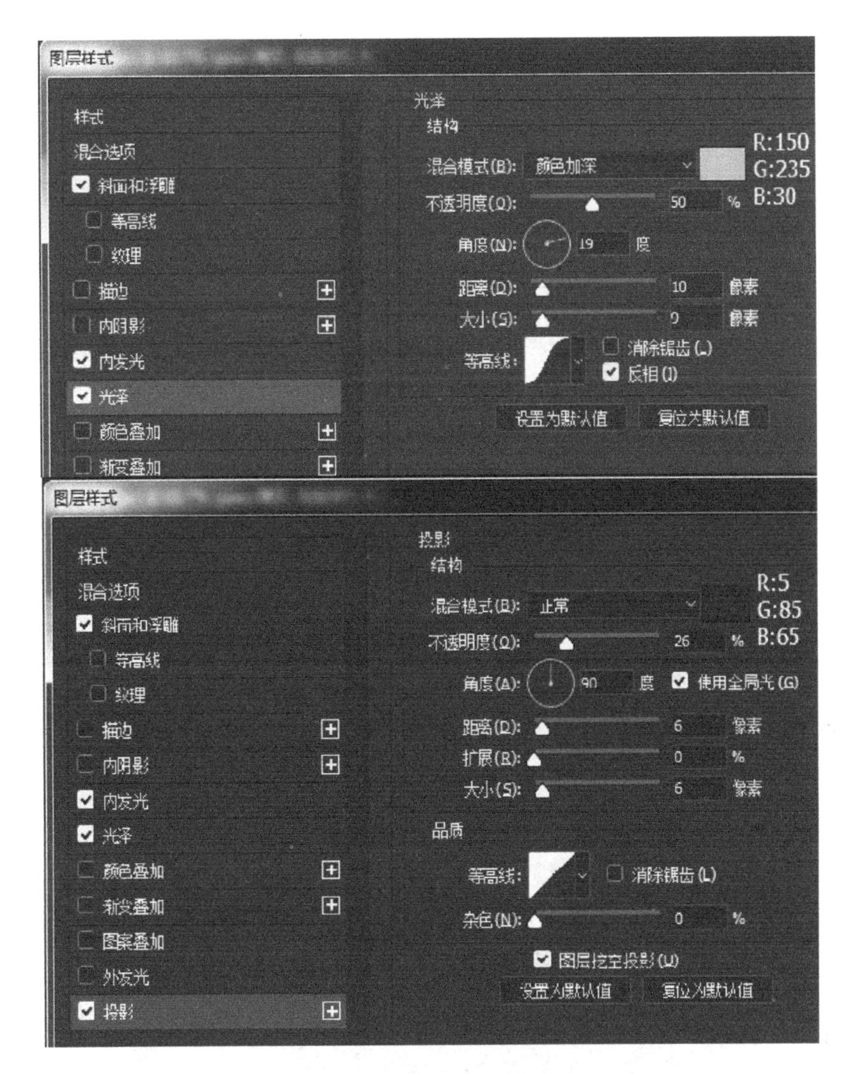

图 8-25　光泽、投影的设置

图 8-26　图层填充后的效果

5）再复制当前图层，清除图层样式，然后添加图层样式，具体设置如图 8-27 所示。然后把不透明度设置为 50，将填充设置为 0，效果如图 8-28 所示。

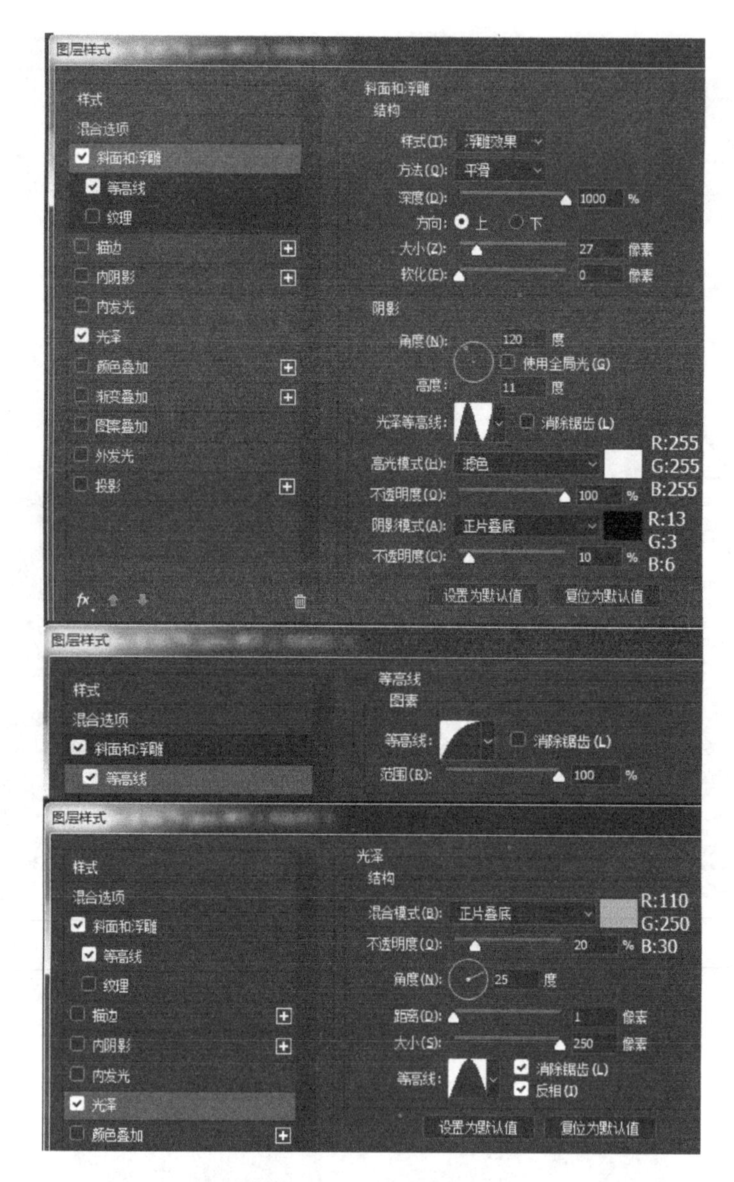

图 8-27　添加图层样式

图 8-28　更改不透明度后的效果

6）把当前图层复制一层，将不透明度设置为 60%，按住〈Ctrl〉键，使用鼠标左键单击图层缩略图调出文字选区，然后选择菜单“选择”→“修改”→“收缩”命令，设置数值为 10，单击“确定”按钮。然后按〈Shift+F6〉组合键，羽化两个像素。接着清除图层样式，重新设置图层样式，具体设置如图 8-29 所示。最后将图层填充设置为 0，得到的最终效果如图 8-16 所示。

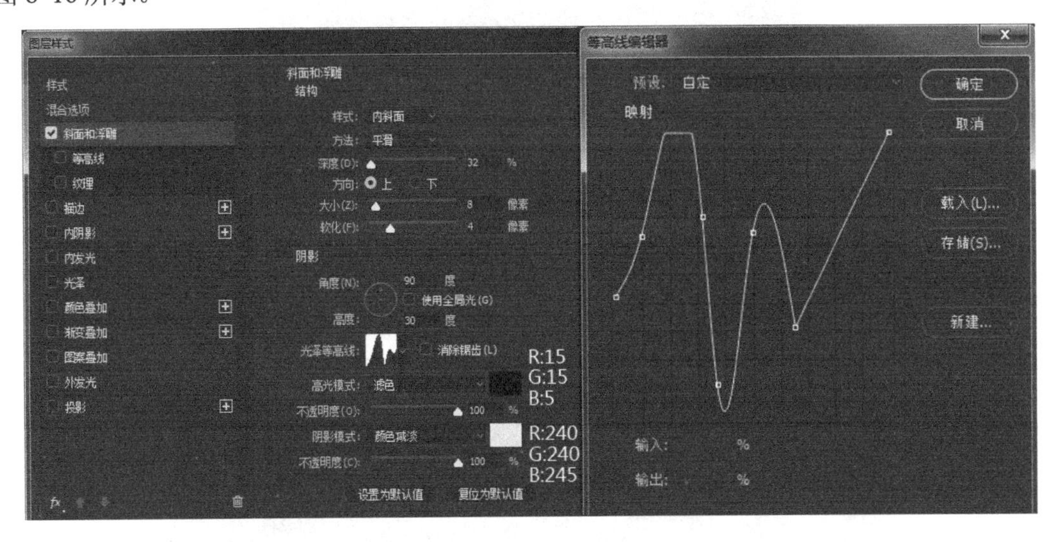

图 8-29　重新设置图层样式

8.3 【案例 8-3】钻石字

钻石字案例的效果如图 8-30 所示。

图 8-30　钻石字案例的效果

二维码 8-3
钻石字

【案例设计创意】

钻石字呈现出一种华丽璀璨的效果，在商业广告中比较常见，本节讲解在 Photoshop CC 2017 中利用图层样式、滤镜、画笔等工具制作钻石字。从图 8-30 可以看出，钻石字的主要元素为字形、描边及钻石颗粒。

【案例目标】

通过本案例的学习，读者可以掌握修改选区范围的方法、使用不同滤镜效果制作文字特效的方法，以及画笔的点缀用法。并在此基础上根据实际需要进行制作，可获得效果更丰富的钻石字。

【案例的制作方法】

1）新建一个 800 像素×600 像素的画布，分辨率为 100 像素/英寸，填充为深灰色，并使用文字工具输入颜色为白色的文字，选择较粗的字体，这样比较容易做出钻石字效果，如图 8-31 所示。

图 8-31　使用文字工具输入颜色为白色的文字

2）通过图层样式来制作钻石字的描边。先将字体栅格化，双击图层缩略图，给图层添加内阴影样式，具体参数设置如图 8-32 所示，得到的效果如图 8-33 所示。

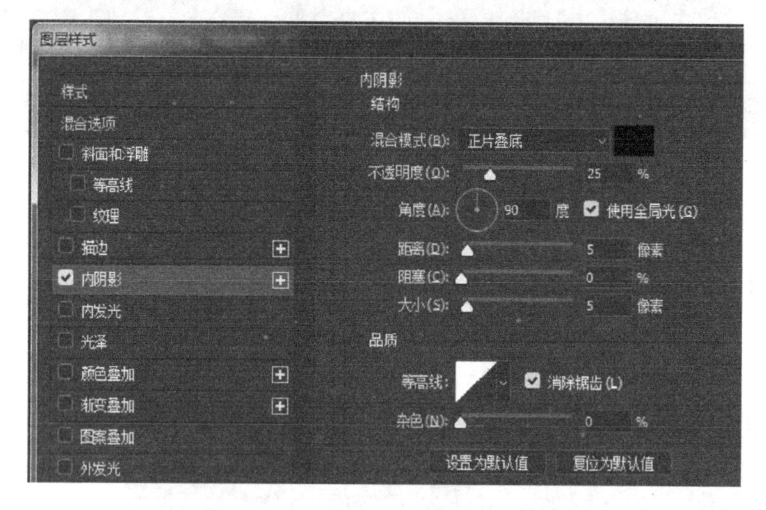

图 8-32　内阴影设置

图 8-33　设置内阴影参数后的效果

3）接着给图层添加斜面和浮雕的图层样式，具体参数设置如图 8-34 所示，得到的效果如图 8-35 所示。

4）再添加描边图层样式，参数设置如图 8-36 所示；描边的填充类型为渐变，颜色设置如图 8-37 所示；钻石字的光泽描边效果基本完成，效果如图 8-38 所示。

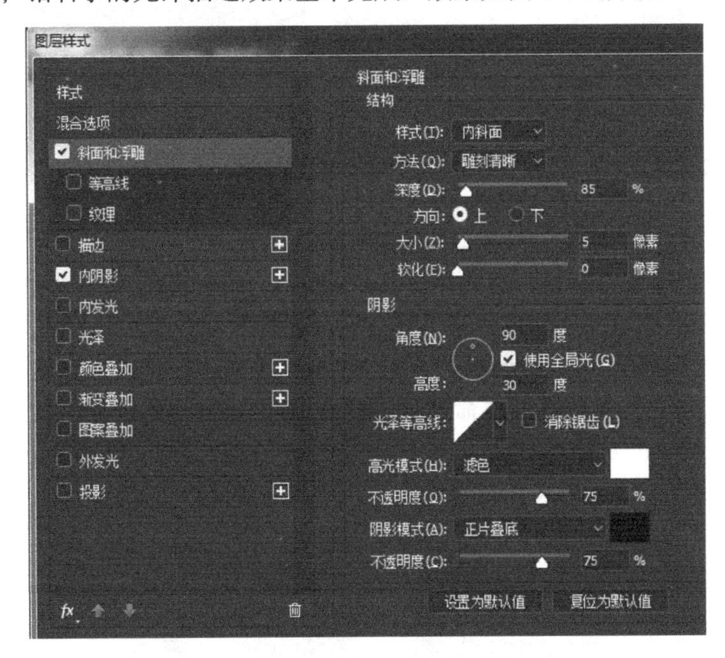

图 8-34　斜面和浮雕设置

图 8-35　设置斜面和浮雕后的效果

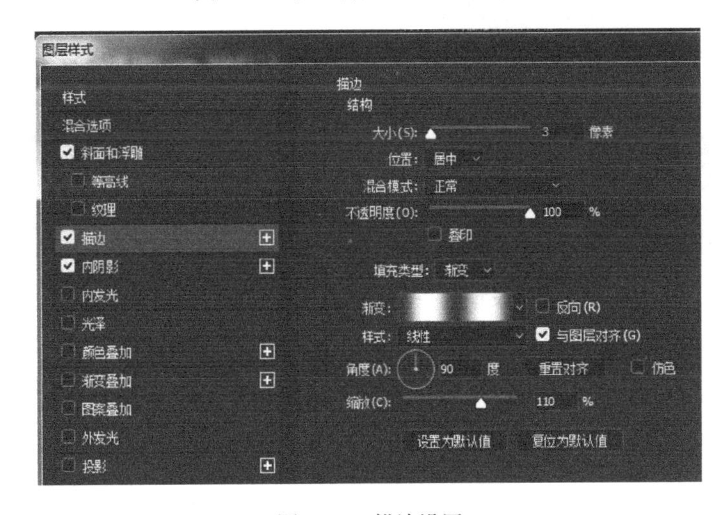

图 8-36　描边设置

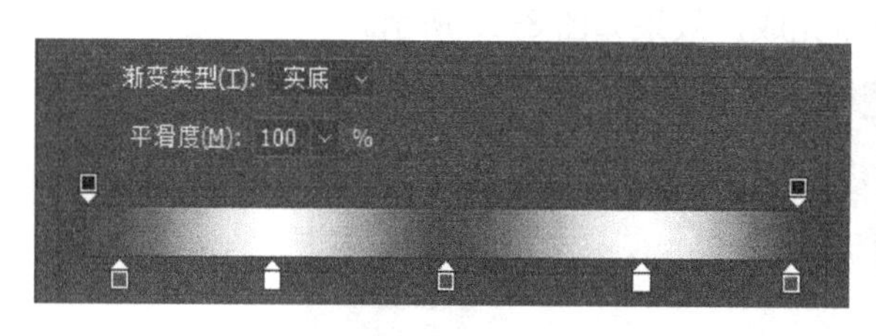

图 8-37　描边的填充类型

图 8-38　描边后的效果

5）制作字形内部的钻石颗粒。按住〈Ctrl〉键同时单击 class 图层缩略图，载入该图层选区。将该选区范围缩小，操作过程为选择菜单“选择”→“修改”→“收缩”命令，收缩距离为 4 像素，效果如图 8-39 所示。

6）保持选区状态，新建图层并命名为“钻石填充”；使用快捷键〈D〉，将前景色和背景色设置为黑白色。在“钻石填充”图层，选择菜单“滤镜”→“渲染”→“云彩”命令，选区内便填充了云彩纹理。云彩纹理颜色较暗，通过选择菜单“图像”→“调整”→“亮度/对比度”命令，将亮度调整为 150，得到的效果如图 8-40 所示。

图 8-39　收缩效果

图 8-40　填充云彩纹理后的效果

7）对“钻石填充”图层执行“滤镜”→“滤镜库”→“玻璃”命令，具体参数设置如图 8-41 所示，按〈Ctrl+D〉组合键取消选区，得到的效果如图 8-42 所示。

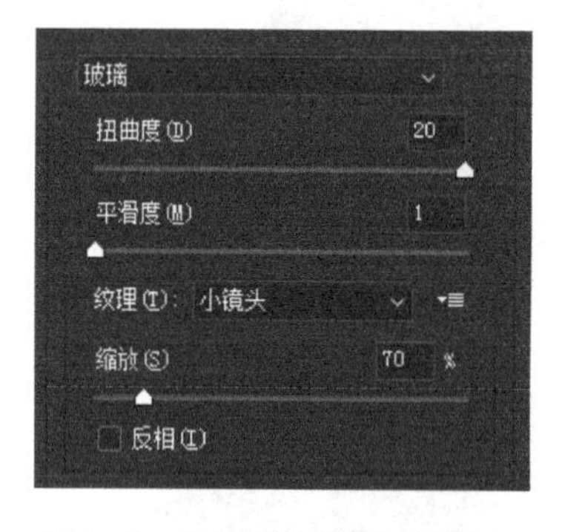

图 8-41　“玻璃”滤镜参数设置

图 8-42　设置参数后的效果

8）新建图层，命名为“闪光”，制作钻石字的闪光效果。使用“画笔工具”，选择“星形笔刷”，如图 8-43 颜色，设置为白色，在钻石字边缘绘制若干闪光点，效果参考图 8-44 所示。再选择“柔边笔刷”，如图 8-45 所示，在闪光星形中间使用柔边笔刷功能，效果如图 8-46 所示。

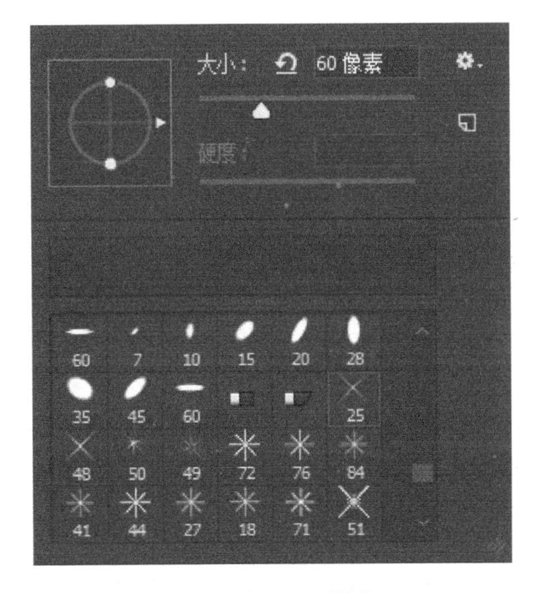

图 8-43 选择星形笔刷

图 8-44 绘制闪光点后的效果

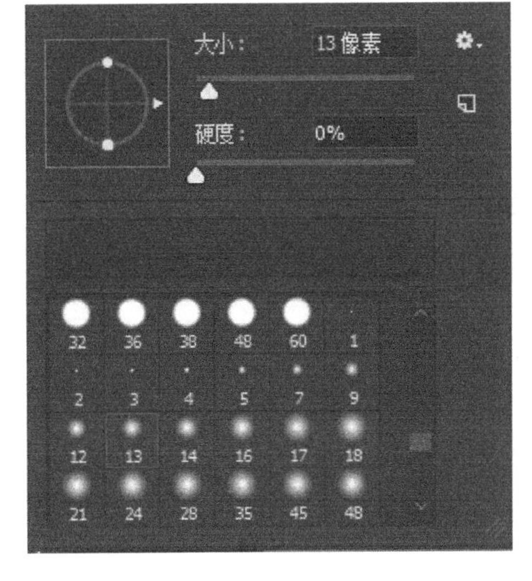

图 8-45 柔边笔刷设置

图 8-46 对闪光星形中间使用柔边笔刷功能后的效果

9）钻石字基本制作完成，可以换一个亮色背景，并添加投影图层样式，以提升整体效果，最终效果如图 8-30 所示。

8.4 【案例 8-4】冰凌字

二维码 8-4
冰凌字

冰凌字案例的效果如图 8-47 所示。

【案例设计创意】

冰凌字呈现出一种冰冷锐利的效果。本节介绍在 Photoshop CC 2017 中利用滤镜、图层混合模式等工具制作冰凌字的方法。在开始制作之前，先分析冰凌字的构成要素。冰凌字的主要元素为字形、纹理及冰柱样式。

图 8-47 “冰凌字”案例效果

【案例目标】

通过本案例的学习，读者可以掌握“字符”面板的使用方法、利用不同滤镜命令制作文字特效的方法，以及使用图层混合模式制作背景的方法。在此基础上，对设置参数稍做变更，即可制作出不同效果的冰凌字。

【案例的制作方法】

1）新建 800 像素×600 像素的画布，设置分辨率为 72 像素/英寸、RGB 颜色模式。为背景填充径向渐变，颜色设置如图 8-48 所示，填充后的效果如图 8-49 所示。

图 8-48 颜色设置

图 8-49 填充后的效果

2）在画布中间输入文字，范例的字体为 Atlantic Inline，字号为 180 点，颜色为白色，具体在“字符”面板中的设置如图 8-50 所示，然后将文字图层栅格化。

3）对文字图层执行“滤镜”→“滤镜库”→“纹理”→“龟裂纹”命令，参数设置如图 8-51 所示，执行后的效果如图 8-52 所示。

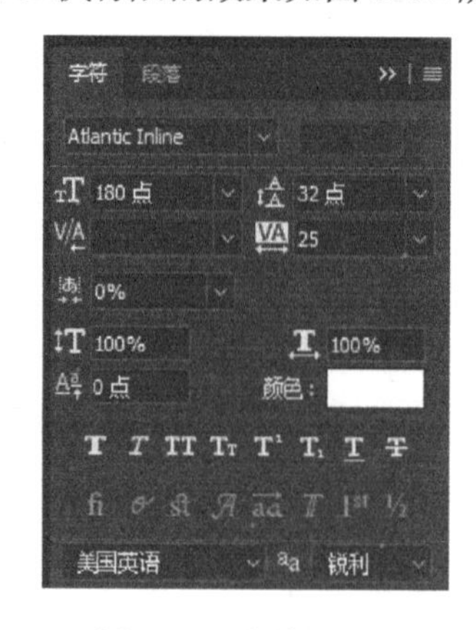

图 8-50 字体设置

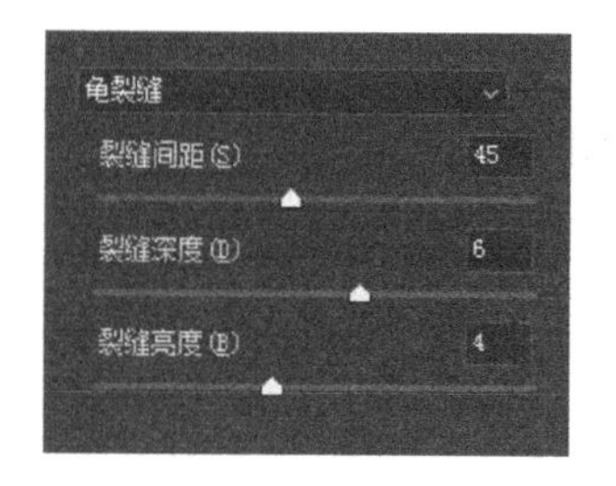

图 8-51 “龟裂纹”滤镜

4）再对文字图层执行“滤镜”→“滤镜库”→“素描”→“铬黄渐变”命令，参数设置如图 8-53 所示，执行后的效果如图 8-54 所示。

图 8-52　执行后的效果

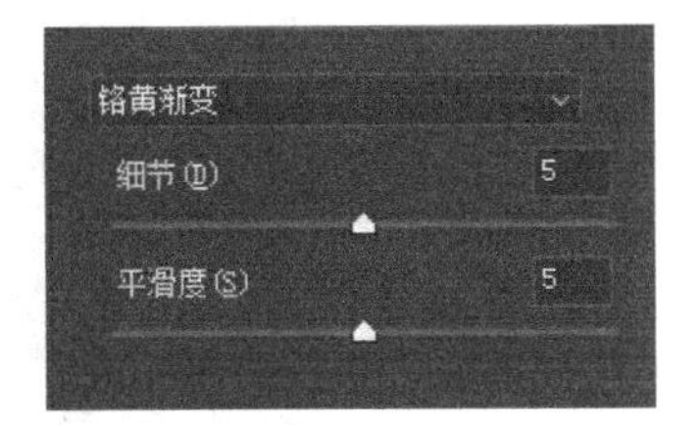

图 8-53 “铬黄渐变”滤镜设置

5）再对文字图层执行“滤镜”→“像素化”→“晶格化”命令，参数设置如图 8-55 所示。执行后的效果如图 8-56 所示。

图 8-54 “铬黄渐变”滤镜执行后的效果

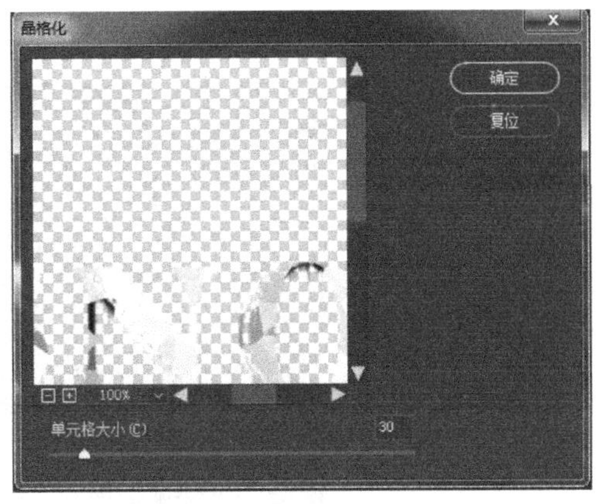

图 8-55 “晶格化”滤镜设置

6）晶格化之后执行“滤镜”→“滤镜库”→“扭曲”→“海洋波纹”命令，参数设置如图 8-57 所示，执行后效果如图 8-58 所示。

图 8-56 “晶格化”滤镜执行后的效果

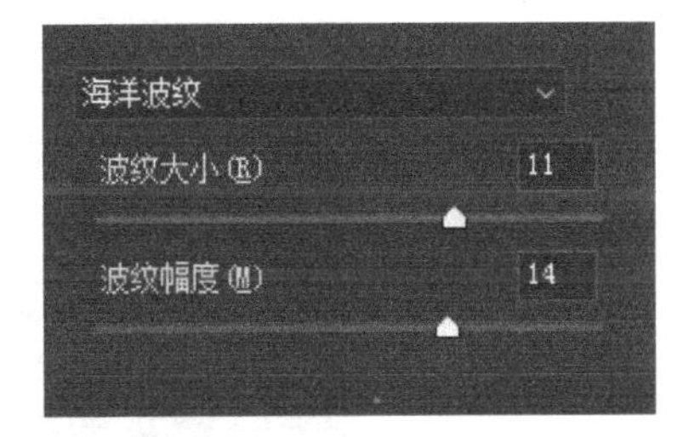

图 8-57 “海洋波纹”滤镜设置

图 8-58 “海洋波纹”滤镜执行后的效果

7）对文字图层添加图层样式，“颜色叠加”“投影”“外发光”具体参数设置如图 8-59、图 8-60、图 8-61 所示，效果如图 8-62 所示。

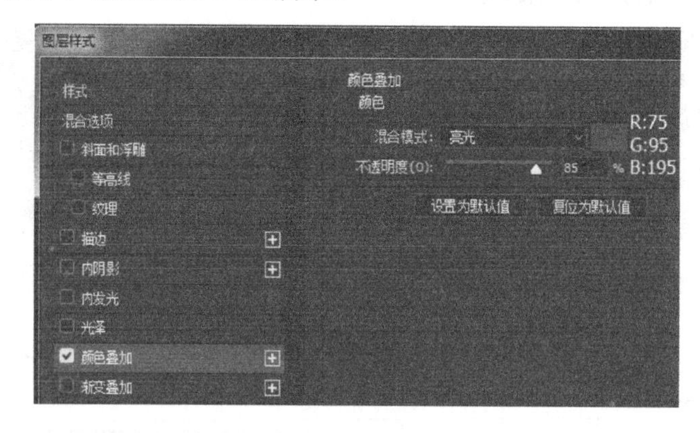

图 8-59　颜色叠加参数设置

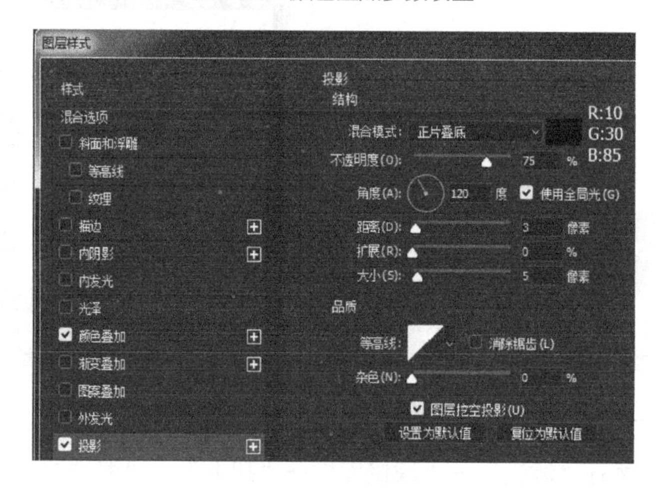

图 8-60　投影参数设置

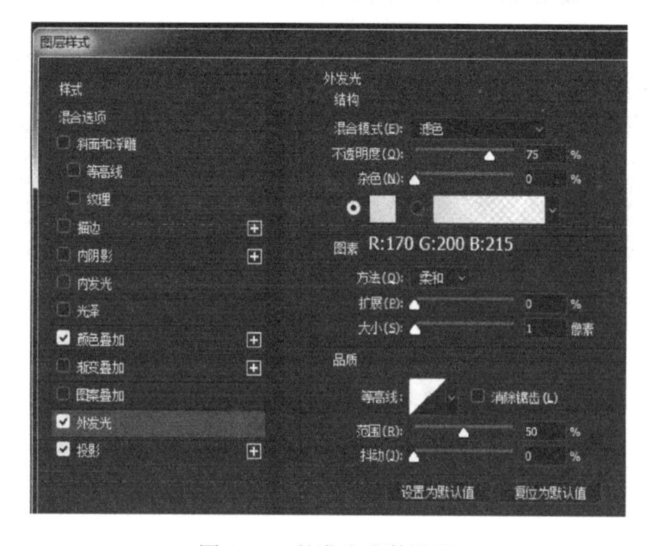

图 8-61　外发光参数设置

图 8-62　执行后的效果

8）按〈Ctrl+T〉组合键，将文字旋转 90°，如图 8-63 所示。执行“滤镜”→“风格化”→“风”命令，参数设置如图 8-64 所示。执行后将文字转回之前的水平状态，效果如图 8-65 所示。

图 8-63　文字旋转 90°

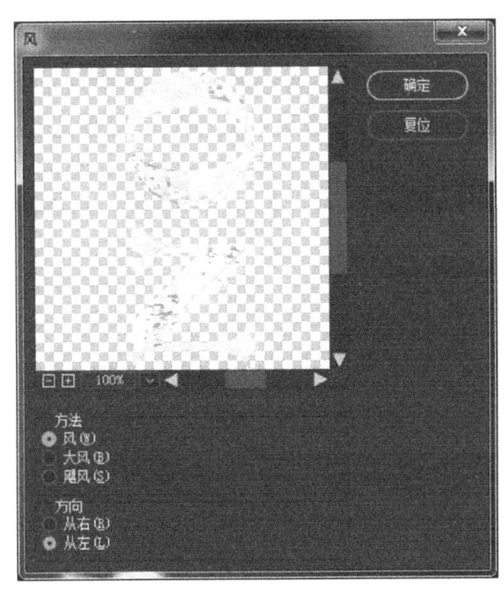

图 8-64 “风”滤镜参数设置

9）执行“滤镜”→“模糊”→“高斯模糊”命令，将模糊半径设置为 0.5 像素，效果如图 8-66 所示。

图 8-65　执行后的效果

图 8-66 “高斯模糊”滤镜效果

10）此时冰凌字基本完成。为了给画面添加氛围，可以使用背景素材，如图 8-67 所示，将素材图层置于渐变背景图层之上，将混合模式设置为“颜色加深”，最终效果如图 8-47 所示。

图 8-67　添加背景素材

8.5　本章小结

对于特效文字的制作还有许多方法，本章只介绍了 4 种特效字的制作方法。在实际应用中，要根据画面的氛围、色调和其他实际需要进行适当调整。Photoshop CC 2017 功能强大，制作特效文字时常用的工具有图层样式、滤镜、图层混合模式等。读者在熟悉基本工具的基础上合理运用各种工具并将其结合起来，将会得到丰富的效果。

8.6　练习题

1．运用火焰字和冰凌字的制作方法，制作一张“冰火对决”海报。

2．运用钻石字的制作方法，制作一只钻石小熊。

第9章 视频动画

【教学目标】

通过前面章节的学习，读者对 Photoshop CC 2017 软件操作界面及工具箱有了比较全面的了解，本章将对 Photoshop CC 2017 中 GIF 动画的制作方法及具体应用进行详细讲解，并通过实际案例对这些知识点进行应用。本章知识要点、能力要求及相关知识如表 9-1 所示。读者通过本章的学习，能够掌握 Photoshop CC 2017 中 GIF 动画的制作方法。

【教学要求】

表 9-1　本章知识要点、能力要求及相关知识

知识要点	能力要求	相关知识
视频和动画概述	理解	动画的概念
创建 GIF 动画	掌握	创建 GIF 动画的方法及相关命令解析

【设计案例】

转呼啦圈的 GIF 动画

9.1　Photoshop 中的视频和动画概述

在 Photoshop CC 2017 中执行“窗口”→“时间轴”命令，将弹出“动画”面板，它以帧的模式出现，并显示动画中的每一个帧的缩略图。使用面板底部的工具可以浏览各个帧，设置循环选项，添加或删除帧，以及预览动画。

值得注意的是，Photoshop 9.0 之前的版本是没有“动画”选项的，需要通过 ImageReady 进行 GIF 小动画的相关编辑。

9.2　创建 GIF 动画

9.2.1 【案例 9-1】转呼啦圈的 GIF 小动画

转呼啦圈的小动画案例的效果如图 9-1 所示。

【案例设计创意】

本案例制作的是转呼啦圈的 GIF 小动画，利用“钢笔工具”绘制出图像，并在 Photoshop CC 2017 的“动画”菜单中加以编辑，最终获得 GIF 格式的小动画。

【案例目标】

通过本案例的学习，读者可以初步认识 Photoshop CC 2017 中“动画”菜单的用途及使用方法。

二维码 9-1
转呼啦圈的
GIF 小动画

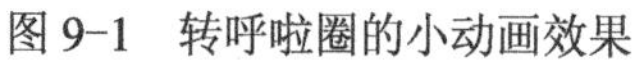

图 9-1　转呼啦圈的小动画效果

【案例的制作方法】

1）在 Photoshop CC 2017 中新建一个文件，并将它命名为“转呼啦圈的小动画”，如图 9-2 所示。

2）在 Photoshop CC 2017 的“图层”面板中单击“新建图层”按钮，生成“图层 1”。双击“图层 1”，将其重命名为“A”。在图层“A”上绘制第一帧的画面，“图层”面板如图 9-3 所示，画面效果如图 9-4 所示。

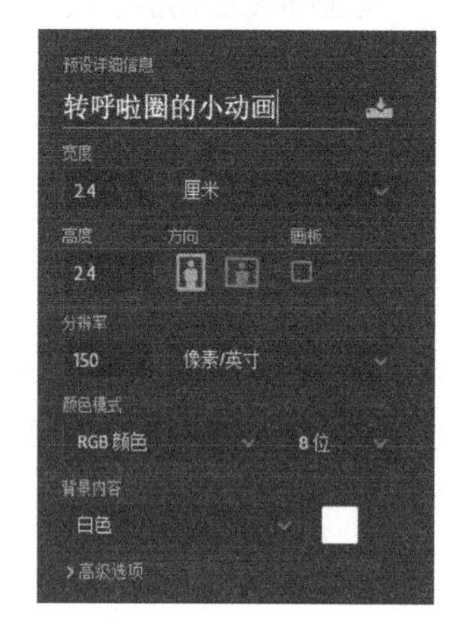

图 9-2　新建文件

图 9-3　“图层”面板

3）在图层“A”上新建一个图层，并重命名为图层“D”，将图层“A”的不透明度修改为 50%，在图层“D”上绘制出最后一帧的画面，画面内容的位置可以参考图层“A”，效果如图 9-5 所示。

4）在图层“A”与“D”之间新建两个图层，分别命名为“B”和“C”，依照案例步骤 2）的方法分别在这两个图层上绘制出相应的图像，图层“B”画面效果如图 9-6 所示，图层“C”画面效果如图 9-7 所示，图层关系如图 9-8 所示。

5）将图层“A”设置为可视，隐藏“B”“C”“D”图层，执行“窗口”→“时间轴”命令，将弹出“动画”面板，图层“A”上的图像将自动被设置为“动画”菜单的第一帧，如图 9-9 所示。

图 9-4　图层“A”画面效果

图 9-5　图层“D”画面效果

图 9-6　图层“B”画面效果

图 9-7　图层“C”画面效果

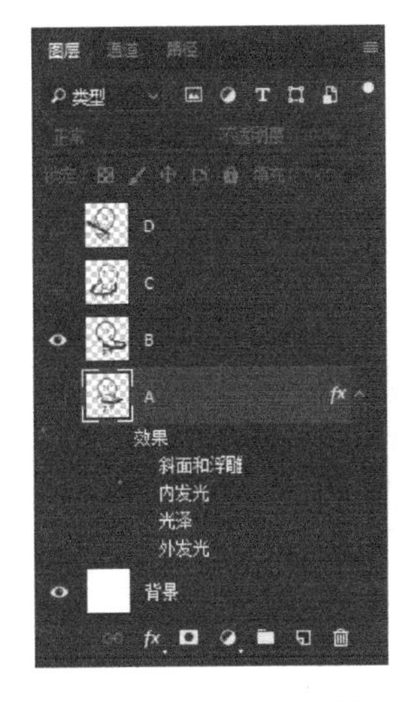

图 9-8　图层叠放示意图

图 9-9　动画菜单的第一帧效果

6）单击“动画”菜单中的“复制选中的帧”按钮，生成与第一帧相同的画面。此时，将图层“B”设置为可视，隐藏“A”“C”“D”图层，第二帧的画面自动调整为图层“B”的图像，如图 9-10 所示。

7）依照案例步骤 6）的方法制作出 GIF 小动画的第三、四帧，如图 9-11 所示。

图 9-10　动画菜单的第二帧效果

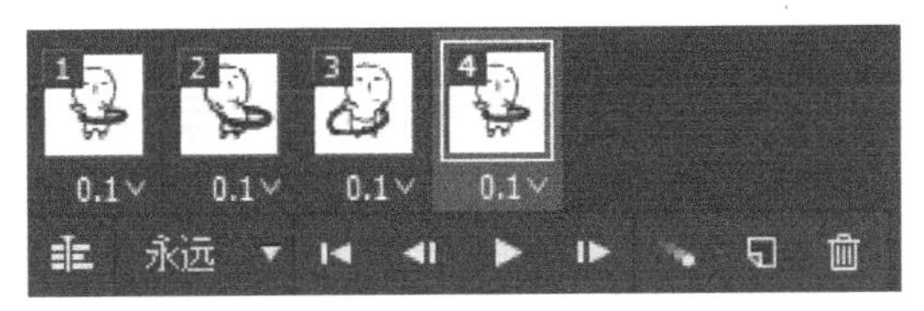

图 9-11　动画菜单的第三、四帧效果

8）单击“选择帧延迟时间”上的黑色小三角 10∨，将每一帧动画的时长设置为 0.1 秒，如图 9-12 所示。

9）单击“选择循环选项”上的黑色小三角 一次 ▾，将其设置为“永远”，如图 9-13 所示。

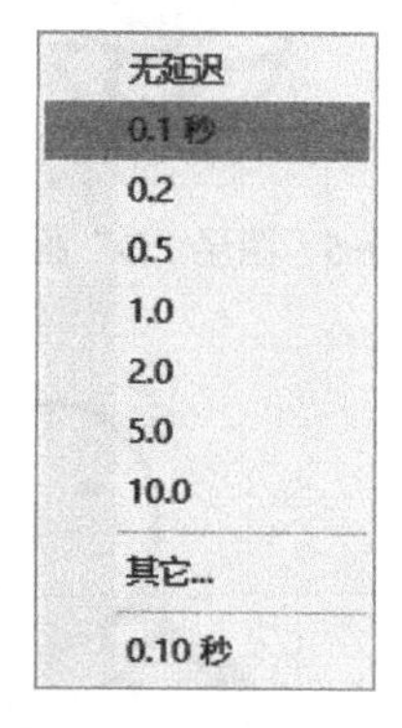

图 9-12　选择帧延迟时间

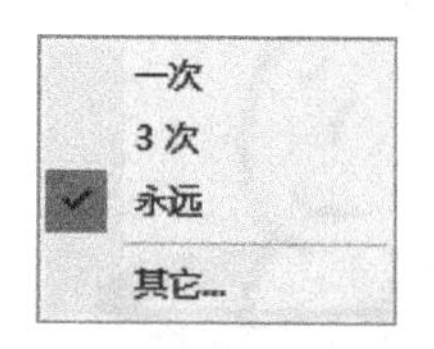

图 9-13　选择循环选项

10）完成整个动画后，执行“文件”→“存储为 Web 所用格式”命令，可以预览最终的显示效果，并导出 GIF 格式的动画。

至此，整个 GIF 小动画已全部制作完成。

9.2.2 【相关知识】“动画”面板

在 Photoshop CC 2017 中执行“窗口”→“时间轴”命令，将弹出“动画”面板，如图 9-14 所示。下面分析其主要的几个命令。

图 9-14　“动画”面板

- “选择第一帧”工具：单击按钮，可以直接选中“动画”面板中的第一帧。
- “选择上一帧”工具：单击按钮，可以从“动画”面板上已选中的那一帧转至上一帧。
- “播放动画”工具：单击按钮，可以播放动画，在播放动画的时候，此工具会自动切换为“停止动画”工具。
- “选择下一帧”工具：单击按钮，可以从“动画”面板上已选中的那一帧转至下一帧。
- “动画帧过渡”工具：单击按钮，将弹出名为“过渡”的对话框，如图 9-15 所示，“要添加的帧数”文本框中的数字就是将要添加的帧数。
- “复制选中的帧”工具：单击按钮，可以将已经选中的帧复制成新的一帧。
- “删除选中的帧”工具：单击按钮，可以将已经选中的帧删除。

● “转换为时间轴模式”工具：单击按钮，可以将图像模式转换为时间轴模式，如图 9-16 所示，再次单击按钮，可以切换回图像模式。

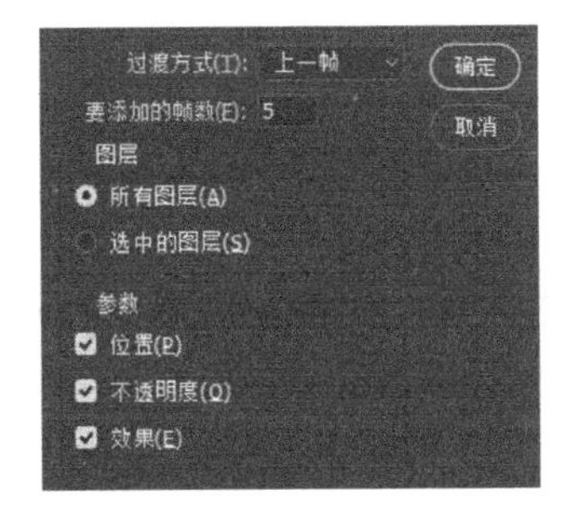

图 9-15 “过渡”对话框

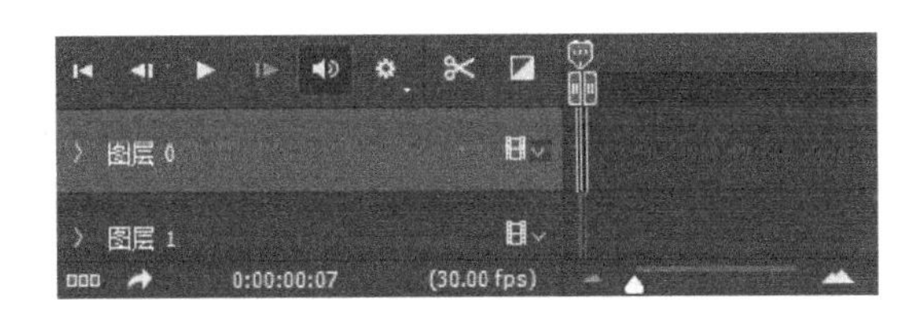

图 9-16 “动画”面板时间轴模式

9.3 本章小结

本章系统介绍了 GIF 动画的创建方法与具体运用。用户可以使用 Photoshop CC 2017 提供的动画制作工具制作各种生动有趣的 GIF 小动画。

9.4 练习题

根据提供的素材，大胆发挥想象力，制作 GIF 小动画，要求动画连贯，生动有趣，允许带有夸张成分。

参 考 文 献

[1] 陈昶，谢石城，等．Photoshop 平面设计与创意案例教程[M]．北京：机械工业出版社，2012.
[2] 高志清．边学边用 Photoshop 7.0 图像处理[M]．北京：人民邮电出版社，2004.
[3] 江燕英，黄汉昌，胡章君，等．图形图像处理（Photoshop 平台）Photoshop CS3 试题解答[M]．北京：北京希望电子出版社，2012.